KB000841

우리도시예찬

P L A C E

우리 도시 예찬

PLACE

그 동네
그 거리의
매력을
찾아서

김진애 지음

다산초당

진짜 도시인과의 만남을 기다리며...

In Praise of Our Cities

도시 3부작을 펴내며

도시는 여행, 인생은 여행

도시 3부작을 낸다. "도시란 모쪼록 이야기가 되어야 한다"는 마음으로 쓴 책들이다. 눈에 보이지 않는 콘셉트를 눈에 보이는 물리적 실체로 만들어서 인간들이 펼치는 변화무쌍한 이야기를 담아내는 공간이 도시다. 도시가 이야기가 되면 될수록 좋은 도시가 만들어질 가능성이 높아진다는 희망이 나에게는 있다.

오랜 시간 동안 해온 작업을 묶은 책들이다. 저자에게는 오랜 시간이지만 도시의 기나긴 역사에 비추어 본다면 아주 짧은 시간일 뿐이다. 도시의 긴 시간 속에서 이 책들이 어떤 의미를 가질지는 모르겠으나 하나의 흔적이 되면 충분할 것이다.

첫째 권, 『김진애의 도시 이야기: 12가지 '도시적' 콘셉트』는 3부작의 바탕에 깔린 주제 의식을 풀어놓은 책이다. 도시를 읽는 핵심적인 시각을 도시적 콘셉트로 제시하고자 한다. 이야기란 현상의 영역인지라 수없는 변조와 변용을 통해 너무나도 다채로워지고 끊임없이 진화하기 마련인데, 콘셉트의 얼개를 통하면 현상 아래에 깔려 있는 구조를 훨씬 더 선명하게 볼 수 있다. 내가 제시하는 열두 가지 도시적 콘셉트가 다채로운 도시 이야기들의 바탕에 숨어 있는 핵심 구조를 짚어내는 데 도움이 되기를 바란다.

둘째 권, 『도시의 숲에서 인간을 발견하다: 성장하고 기뻐하고 상상하라』는 『도시 읽는 CEO』를 개편한 책이다. 도시란 인간의 성장과 밀접한 관련이 있다는 나의 태도가 녹아 있는 제목이다. 인간이 만드는 가장 복합적인 문화체인 도시를 헤아리다 보면 인간과 인간세계에 대한 호기심과 통찰력, 느끼고 즐기는 역량, 미래를 상상하는 능력까지 우리 자신이 겪는 다채로운 성장 방식을 깨닫게 된다. 외국 도시들과 우리 도시를 대비하며 통찰하는 글쓰기를 시도했는데, 글을 쓰는 과정에서 나도 성장했다. 대비의 시각은 통찰의 깊이를 더해준다.

셋째 권, 『우리 도시 예찬: 그 동네 그 거리의 매력을 찾아서』는 21세기 초에 돌아봤던 그 동네, 그 도시의 진화를 담고 있는 책으로 클래식한 제목 그대로 낸다. '우리 도시 예찬'을 하는 태도는 아주 중요하다고 믿는다. 다른 문화권 도시들이 아무리 근사하면 뭣하랴, 막연하게 부러워할 필요가 없다. 우리 도시들을 구체적으로 들여다보면 볼수록 캐릭터와 특징과 장점과 약점이 오롯이 드러나면서 자연스럽게 우리 도시들을 예찬하게 된다. 우리의 이야기이기 때문이다.

도시가 보다 더 대중적인 관심 주제가 되었으면 한다. 어느 누구 하나 비껴갈 수 없는 도시적 삶, 그 안에 존재하는 탐욕, 비열함, 착취, 차별, 폭력과 같은 악의 존재를 의식하는 만큼이나 도시적 삶의 즐거움, 흥미로움, 두근두근함 그리고 위대함의 무한한 가능성에 대해서 공감하는 폭이 넓어지기를 바란다. 무엇보다도 도시적 삶이 자신의 삶과 어떤 상호작용을 하는지 일상에서 헤아려보기를 바란다.

인생이 여행이듯 도시도 여행이다. 인간이 생로병사生老病死하듯 도시도 흥망성쇠興亡盛衰한다. 인간이 그러하듯 도시 역시 끊임없이 그 안에서 생의 에너지를 찾아내고 새로워지고 자라고 변화하며 진화해나가는 존재다. 그래서 흥미진진하다. 도시를 새삼 발견해보자. 도시에서 살고 일하고 거닐고 노니는 삶의 의미를 발견해보자. 도시 이야기에 끝은 없다.

복간에 부쳐

16년 만의 복간(復刊)이다. 책을 준비했던 기간까지 고려하면 20여 년 만이다. '우리 도시들을 다녀 보고 책을 쓰겠다' 라고 결심했던 내 나름의 밀레니엄 프로젝트였다. 개정이 아니라 복간을 하는 이유는, 이 책이 우리 도시에 대한 하나의 기록이 되기를 바라기 때문이다. 우리 도시들이 워낙 빨리 변하는지라 한 시대의 모습이나 이슈가 완전히 잊힐 때가 많은데, 이 책이 도시의 기나긴 역사 속에서 한 시점을 기록하는 역할을 해주기를 바란다.

【 우리 이야기란 그리도 좋다 】

그동안 사회 분위기는 크게 바뀌었다. 우리 도시를 예찬하는 분위기가 더 커졌다고 할까? 정확히는 동네 예찬, 거리 예찬이 많이 늘었다. 뿌듯하다. 나름의 보람도 있다. 삶을 즐기고, 다양한 공간을 탐험하고, 문화 공간을 찾고, 인증샷을 남기고, SNS에 올리는 트렌드와도 맞물린다.

물론 여행이 대세가 된 것이 가장 큰 이유다. 대중매체의 역할도 컸다. 해외여행 프로그램도 늘었지만, 우리 도시를 탐방하는 여행 프로그램이 늘어나는 현상이 반갑다. 2018년 하반기에 tvN 〈알쓸신잡 3〉에 출연했는데, 여행지가 해외 도시와 우리 도시를 섞은 구성이었다. 해외 도시도 물론 의미 있었지만, 우리 도시에 갔을 때 나누었던 출연자들 사이의 대화가 훨씬 더 무르익고 마음 편하게 느껴졌다. 우리의 공간이고 우리의 이야기이기 때문일 터이다.

우리 이야기를 한다는 것은 그리도 좋다. 그냥 좋고, 푸근하고, 호기심이 나고, 사랑스럽고, 자랑스럽기도 하고, 공연히 제멋에 겨워하기도 한다. 그렇다고 문제를 외면하거나 비판적 시각을 거두는 것은 아니다. 아직 갈 길이 멀다는 것을 알고, 할 수 있는 더 많은 게 있다고 믿으며, 사람들과 공감을 넓히는 더 많은 이야기가 필요하다고 생각한다.

【 22개 동네의 진화 모습은 다채롭다 】

이 책에서 다룬 22개의 동네 중에서 크게 변한 데도 있고 전혀 바뀌지 않은 데도 있다. 캐릭터가 더욱 강해진 동네도 있고, 이미지가 달라진 동네도 있다. 안타깝게 사라진 데도 있고 완벽하게 재탄생한 공간도 있다. 이들의 진화 모습을 보면 마치 사람이 성숙하고, 더 생기 있어지며 또한 늙어가는 모습을 바라보는 일처럼 흥미진진하다. "그때 이렇게 예측했었는데, 이렇게 되었구나!" 도시 예찬자로서, 도시 관찰자로서, 무엇보다도 한 명의 도시인으로서 나의 지각과 감수성을 발동하며 동네를 다시 걸어보곤 한다.

서울 성수동은 천지개벽이라 할 만큼 변했다. 영등포, 구로와 더불어 서울의 3대 준공업지대가 바뀌는 모습은 드라마틱하다. 그중에서도 성수동은 진화와 돌연변이가 동시에 일어나는 동네가 되었다. '인더스트리얼 디자인의 매력'과 '젊은 벤처의 힘' 덕분이다. 거친 배경과 세련된 디테일이 근사하게 어울린다. 공장도 창고도 참신하게 리모델링되고 있고, 카페와 작은 레스토랑, 공유 오피스와 스타트업 창업까지 들어선다. 이 동네의 변화는 지금도 현재진행형이다. 내가 '뜰 동네'라고 했을 때 전혀 믿지 않았던 사람들이 뒤늦게 감탄한다.

그런가 하면, 목포 개항지구는 전혀 안 변했고 오히려 쇠락했다. 근대문화유산이 점점이 보전되고 있어 명맥을 유지하고는 있지만, 동네 전체의 쇠락을 막을 수는 없었다. 20여 년 전 이 개항지구의 무한한 가능성에 설렜는데, 실제 도시 재생은 그렇게 어렵다. 인천 차이나타운이 크게 번성하게 된 현상과는 너무도 다르다. 목포 개항지구는 최근 도시 재생과 역사문화지구로 지정되면서 새로운 계기를 맞고 있는데, 어떤 영웅들이 나타나서 이 동네를 구할까? 동네 재생을 성공시키는 사람들이야말로 도시의 영웅과 다름없다고 나는 생각한다.

너무 흥해서 외려 탈이 날 정도가 된 동네라면, 전주 한옥마을이다. 고즈넉한 분위기는 사라졌다. 큰길은 물론이고 작은 골목 곳곳에 식당이나 카페뿐 아니라 전시관, 공연장, 공방, 작업장 등의 문화시설과 기념품과 한복 대여점, 전통 술집, 패스트푸드점, 노점상이 빼곡하게 들어섰고 곳곳에 한옥스테이도 성행하고 있다. 한옥을 보전할 뿐 아니라 한옥을 신축하는 규모도 상당하다. 전국의 한옥마을 중에서 제일 큰 성공을 거두었지만, 최근에는 임대료가 천정부지로 솟는 젠트리피케이션에 시달리고 오버투어리즘 문제가 대두되고 있다. 도시 재생은 너무 흥해도 걱정, 너무 안 돼도 걱정이라는 딜레마를 여지없이 보여 준다.

완전히 없어진 동네도 있다. 경주의 쪽샘마을이다. 대릉원이라는 이름으로 잘 알려진 왕릉 옆에 귀족들이 만든 고분들 사이에 민가를 짓고 천 년 이상 살아오며 마을이 되었는데, 경주시는 고분군을 복원하려고 쪽샘마을의 민가들을 철거했다. 내가 간절히 바랐던 '삶과 죽음이 같이 존재하는 공간의 보전'은 너무 큰 꿈이었던 모양이다. 잘 가꿔진 고분군을 보며 이제는 누구도 쪽샘마을을 기억하지 않으리라는 것이 아쉽다. 경주시는 쪽샘유적관을 만들었지만, 실제 공간의 기록은 역사 너머로 사라졌다.

세운상가의 재탄생은 아주 반가운 일이다. 이명박, 오세훈 전 서울시장 시절에 세운상가를 허물고 주변의 재개발을 추진하는 계획을 세웠는데, 이후 박원순 시장이 우리 사회 최초의 주상복합 프로젝트였던 세운상가를 보전 활용하면서 주변 청계천, 을지로 지역의 도심 제조업의 생태계를 살리는 쪽으로 정책 방향을 바꾼 덕분이다. '다시 세운 프로젝트'라는 이름으로 새로운 벤처, 제조·조립 산업과 유통, 교육과 훈련 기관, 스타트업 창업 등의 기능이 들어왔다. 옥상정원을 따라 남산과 북한산으로 향하는 남북의 경관은 여전히 숨 막히게 아름답다.

제주도는 지난 10여 년 동안 이미지가 크게 달라졌다. 비행기로 훌쩍 다녀오는 신혼여행지가 아니라 섬길을 따라 오랜 시간 걸으며 섬의 풍광과 문화에 젖어드는 '제주올레'가 정착한 덕분이다. 대구 도심의 읍성은 내가 소망했던 대로 다시 시민의 기억 속에 떠올랐다. 읍성의 흔적을 되살리는 방식으로 유효한 디자인 요소가 되면서 근대문화유산까지 풍부하게 체험할 수 있게 해준다. 그 과정에서 내가 아주 좋아했던 동화 같은 건물이 없어져서 아쉽긴 하다.

지나친 상업화와 상가 젠트리피케이션은 여러 동네들의 캐릭터를 그리 흔쾌하지 않은 방향으로 바꾸고 있다. 한번 뜬 동네가 필연적으로 밟는 운명인가 하는 회의가 깊어지기도 한다. 강남의 청담동, 홍대앞, 대학로, 인사동은 원조 명물 동네들인데, 여전히 많은 사람이 찾지만 예전 같지 않다는 느낌이다. 큰 매장이 작은 가게를 대신하고, 브랜드가 개성을 대신하는 일이 뜬 동네들의 운명이어야 할까? 동대문시장은 DDP(동대문디자인플라자)가 개장하면서 새로운 에너지를 불어넣었으나 패션 시장의 판도 변화 자체가 새로운 변수가 되고 있다. 부산 남포동을 유니크한 공간으로 만들었던 부산국제영화제가 해운대와 수영만으로 거점 공간을 옮기면서 남포동 역시 예전과 다른 느낌이다. 물론 찾아오는 관광객들은 그저 지금의 공간을 즐기고 있음이 눈에 확연하다.

완전히 새로 등장한 공간이라면 역시 광화문광장이다. 거리에서 광장이 되었으니 말이다. '거리를 광장으로 만드는 마술'을 부렸던 우리 시민들은 광장 자체를 어떻게 받아들일까? 정작 광장 공간이 생기자 처음에는 좀 어정쩡해 하는 측면도 있었고 거대한 중앙분리대라는 조롱을 듣기도 했다. 지나치게 행사 위주로 연출된다는 비판도 있고 시위 집회가 끊이지 않아서 불만도 생겼다. 그러나 광화문광장에서는 우리 사회의 민주주의 수준을 보여주는 표현의 자유가 마음껏 펼쳐지고 있다. 분노해서, 한을 달래려고, 고발하려고, 시민들의 공감을 구하려고, 언론의 주목을 받으려고 수많은 집회와 시위가 연이어 열렸고, 2016년 말에는 천만이 넘는 시민들이 참여한 촛불집회로 클라이맥스를 이루었다. 이후에도 진보와 보수를 넘나들며 각종 집회가 봇물이 터지듯 일어났다. 실제로 만들어진 광장 공간에서 우리가 광장 민주주의의 가능성을 실험해보고 있음을 여지없이 보여주는 공간이 바로 광화문광장이다.

【 좋은 동네가 좋은 도시를 만든다 】

좋은 동네들이 모여서 좋은 도시가 된다. 이 책에 실린 22개의 동네 외에도 지난 10여 년 동안 참으로 많은 동네와 거리가 우리 곁에 성큼 다가왔다. 도시 공간에 대중화한 어휘들도 많다. 벽화마을, 도시 재생, 올레길, 나들길, 둘레길, 한옥마을, 북촌, 서촌, 읍성, 철길, 전통 시장, 걷고 싶은 거리, 이름이 붙은 골목길, 광장 등 도시를 만들어갈 공간 어휘들은 앞으로 더욱 다채로워질 것임이 분명하다.

세계인들이 흠모해 마지않는 파리의 매력을 개선문이나 에펠탑이나 루브르박물관 등 명소에서만 찾는 것은 스쳐 가는 관광객의 시각일 뿐이다. 파리의 진짜 도시적 매력은 동네 하나하나가 생생하게 살아 있다는 점이다. 동네마다 독특한 명소들이 있어서 한번 들여다보기 시작하면 찾아볼 곳이 너무도 많다. 어디나 그리 다를 바가 없어 보이면서도 거리마다, 동네마다 각각 다르다. 역사의 기억과 이야기가 풍부한 덕분도 있지만 공공에서 문화적 투자를 잘 분배한 지혜도 큰 역할을 했다. 그래서 아무리 관광객들이 붐벼도 파리 시민들은 그저 담담하게 도시 속에서 도시의 삶을 사랑하면서 살아간다.

우리 도시도 마음에 품은 동네가 더욱 많아지는 도시가 되면 좋겠다. 우리가 사는 제1동네, 우리가 일하는 제2동네 그리고 우리가 즐겨 찾는 제3동네는 어디인가? 살고 일하는 동네는 하나밖에 없더라도 즐겨 찾는 제3의 동네는 가짓수가 훨씬 더 늘어날 수 있다. 찾아볼 제3동네를 많이 가진 사람은 진짜 도시인이 되어 도시의 삶을 즐길 테고, 제3의 동네들을 많이 품은 도시는 더욱 매력적인 도시가 될 것이다. 매력적인 동네들이 매력적인 도시의 삶을 만든다.

2019. 11.

김 _ 진 _ 애

우리 도시 예찬

I. 이. 동.네.의. 매.력.을. 찾.아.서.

【 동네산조 1 전통은 진화한다 】

【 동네산조 2 가슴을 열어 세계를 품으리라 】

II. 진.짜. 도.시.인.은. 도.시.를. 사.랑.한.다.

감사의 말

동네 산조(散調)를 읊게 해준 수많은 사람들에게 감사 드린다. 맘먹고 지방 도시들을 돌아다녀서 신났었다. 나의 취재 기행에 응해준 분들, 고맙다. 옛 지도와 옛 사진을 꺼내들고 자랑하고 싶어 눈이 반짝반짝하던 시 공무원들, 이 자료 저 자료 주지 못해 성화를 부리시던 전문가들, 당신 고장 얘기를 하고 싶어 견디지 못하던 시민들, 제 고장 사랑은 뜨겁다.

당신의 동네, 당신의 도시를 제가 잘 읊던가요? 힘은 모자랐지만, 마음은 정말 즐거웠습니다.

신문 연재 중 이메일을 보내준 독자들, 길에서 만나 말을 건네주던 독자들에게 감사한다. 격려였다. 당신 동네, 당신 도시를 세상에 알려주어 고맙다는 얘기, 당신이 모르는 당신 도시의 그 어떤 부분을 꺼내주어 좋았다는 얘기를 많이 들었다.

그 중 인상적인 멘트. 한 부산 시민이 진주 글을 보고 "이 가까운 도시를 다시 볼 수 있게 해 주어 감사한다" 하셨을 때는 정말 기분 좋았다. 진주, 나의 고향은 아니지만 나의 남자의 고향이고, 작가 박경리 선생이 진주여고를 다니셨다 해서 은근히 더 신비롭게 생각했었고, 촉석루 옆 아주 작은 '논개사당'은 내가 아주 좋아하는 건축공간 중 하나다.

아뿔싸! 서울의 낙산을 '우백호'라 부르는 실수를 저지르고야 말았다. 좌청룡 · 우백호(左青龍 · 右白虎)의 기준을 어떻게 세우느냐 배웠을 때의 그 혼동이 무의식 속에 남아 있었나 보다. 나의 실수를 지적해 주시는 이메일을 십여 통 받았다. 좌청룡 낙산을 잊지 않고 계시는 시민들이 아직도 많구나…, 고마워라!

고등학생 딸에게 감사한다. 경주 동행이었다. '쪽샘마을'을 위에서 찍긴 찍어야겠는데, 한옥들만 있어 찍을 곳이 영 마땅치 않았다. 유일하게 고분 위에서만 가능하겠는데, 어떻게 한다? 천마총 고분공원에 들어가서 망설이고 있으니, 딸이 부추긴다. "이때 아니면 언제 해 봐?" 관리인을 찾으니 당신은 경비만 하는 거라고 관리사업소에 가서 허락을 맡으란다. 시간은 문 닫기 30분 전. 공원 밖에 있는 사업소에 뛰어가 허락을 얻어내고 부랴부랴 공원에 돌아와서 98호 고분에 올랐다.

누구도 밟은 것 같지 않은 처녀지 같은 잔디, 45도 경사를 올랐다. 예전엔 여기서 '신라의 달밤'을 불러댔다는데…. 석양과 함께 아득해지는 하늘과 변화하는 고분들의 그림자, 그리고 쪽샘마을을 가득 채운 한옥 지붕의 색깔이 변하는 모습…. 동네 산조 여행 중 가장 아늑한 순간이었다.

딸아, 너는 참 아름다웠다. 너의 생기가 나에게 왔다. 너의 시대에는 부디 더욱 아름다운 도시에서 더욱 감동적인 순간을 맞으면서 살렴.

이 책은 2002년 1월부터 7월까지 조선일보에 연재된 '뜨는 동네를 찾아서'가 기본 바탕이 되었다. 2002년 6월 월드컵 거리 응원 덕분에 새삼 발견한 '광장이 된 거리' 이야기를 추가하여 1부를 꾸몄다. 우리 동네의 매력을 요모조모 찾아보는 여행이다. 마치 전통의 소리 '산조' 가락처럼 자유롭게 우리 동네를 누벼 본다.

2부에는 '진짜 도시인은 도시를 사랑한다'라는 제목으로 꾸며 봤다. 도시에 사는 우리가 도시를 사랑하고 예찬하는 진짜 도시인이 될 때 우리 도시에 희망은 커진다. 우리 도시를 특유의 '잡종 도시'로 정의하고, 잡종 도시의 매력을 긍정하면서 진화하는 동네를 보전하자는 메시지가 담겨 있다.

또한 '우리 동네, 이렇게 가꾸자', '흥겨운 동네 탐험 비결' 등 동네 탐험 과정에서 떠올랐던 여러 생각들을 다소 호흡이 긴 글로 정리했다. 신문에 연재되었던 글은 제목을 다듬고 시제를 다듬는 외에는 고치지 않았다. 길지 않은 글이지만 이렇게 공들여 본 적이 없는 듯 싶을 만큼 힘을 들여 쓴 글이다. 수많은 정보와 자료들 사이에서 가닥을 잡아 한가락 산조를 읊는다는 것이 얼마나 어려운가 새삼 깨달았다. 그 대신 연재 중에는 길이 제약 때문에 싣지 못했던 이야기들, 에피소드, 역사, 건축물, 세계 도시 이야기들을 각 동네에 '박스'로 추가해서 읽을 만하게 갖춰 봤다. 사실은 한 동네 한 동네가 책 한 권 될 만하게 얽힌 이야기들이 많다. 모으기보다 추려내기가 더욱 힘들었다.

신문 연재에는 싣기 어려웠던 그림들도 많이 넣었다. 사진들을 추가했고, 무엇보다도 아름다운 옛 지도들, 손맛 나고 때깔 고운 지도들을 실을 수 있어 좋았다. 언제나 감탄을 자아내게 만드는 옛 지도를 이 시대 지도와 대비해 보면 항상 흥미롭고, 무언가를 찾을 수 있다.

7여 년 전, '우리 도시 문화 견문기' 라는 시리즈를 만들어 보자는 취지에서 14개 도시의 전문가들과 연구 모임을 한 적이 있다. 아쉽게도 그 모임의 성과가 책으로 묶이지는 못했지만 그 때의 귀한 체험은 남아 있다. 머리 한 쪽을 묵직하게 당기던 숙제. 언제 우리 도시를 읊어 보나?

나의 의식 속에 있던 이 숙제를 다시금 떠올리게 한 작은 만남, 2001년 10월, 청담동의 전시회 마당에서 시인이자 건축평론가인 전진삼과 나누던 10여 분 간의 대화에 감사한다. "왜 건축하는 친구들은 동네를 풀이하는 작업은 안 하는 거야? 여기 청담동에도 얘기 거리가 얼마나 많은데, 기록할 것이 얼마나 많은데…." 결국은 말이 씨가 되어 그 숙제가 내 어깨에 떨어져 버렸다. 그 청담동을 '보보스인 척하는 동네' 라 이름 붙였던 것이 괜찮았던가? 갑작스런 나의 제안을 받아들여 준 조선일보 김명환 기자에게 감사한다. 윗사람들 설득에 힘들었을 것이다. 때로는 독촉하고 때로는 나의 큰소리도 참아주고 때로는 나에게 호통을 치기도 하던, 그런가 하면 당신이 자란 마포나루 동네 체험을 늘어놓던 긴 전화 통화도 인상적이었다. "어느 동네를 쓰느냐가 아니라 어떻게 쓰느냐가 중요하다."라고 일갈하던 모습도 기억에 남는다. 그렇다. 어떻게 보고 어떻게 느끼느냐가 가장 중요하다.

참고로, 김명환 기자에게 가장 인상적인 구절은 미사리 카페촌 글 중에서, "낭만이란 같이 밤을 보내는 것이 아니라 같이 밤을 지새는 것이다." 였단다. 우리는 얼마나 삶의 멋, 사람의 맛을 꿈꾸는가.

우리 동네 산조는 그렇게 멋들어져야 하리라. 이 봄에 살맛 나는 우리 도시를 꿈꾼다.

2003. 5.

김 _ 진 _ 애　서울포럼에서

서언

'동네 산조(散調)'라 부르는 까닭

산조는 매력적이다. 가슴 속 줄을 뜯는 듯, 단순한 몇 개의 가닥만 있는 듯 싶으면 어느새 가락이 되어 있고, 너무 천천하다 싶으면 어느덧 휘황찬란하게 휘몰아친다. 느린 진양조로 시작하여 중모리, 중중모리, 자진모리, 휘모리, 단모리로 점점 빠르게 이어지며 회오리치는 산조….

산조는 즉흥에 그 매력이 있다. 악보는 있지만 즉흥의 맛이 강하다. 그래서 연주하는 사람에 따라 분위기는 판연하게 달라진다. 산조의 연주자는 끊임없이 선 밖으로 나가고픈 듯, 더 풍부한 가락을 넣기를 갈망한다.

산조는 변주의 연속이다. 무쌍하게 변화한다. 그 어떤 규칙이 있는 것 같지 않다. 그렇지만 산조에는 가닥이 숨어 있다. 그 가닥을 찾아야 변주의 맛도 더 느낄 수 있다. 마치 진화하는 생물 같다. 도대체 어느 판으로 넘어갈지 모를 우리의 감정 같다. 모르긴 몰라도, '첫 가닥'을 어떻게 당기느냐에 따라 그 어떤 방향으로 펼쳐질 지 모른다는 것이 산조의 매력 아닐까.

산조는 공간을 휘젓는다. '소리'란 공간의 울림이지만, 개중에서도 산조는 닫힌 공간에서가 아니라 열린 공간을 헤집고 다니는 것이 매력이다. 벽 사이사이로, 지붕을 감아 돌고, 창문을 넘어 틈새를 비집고, 사람을 휘몰아가는 듯, 마치 그 소리의 흐름을 그림으로 그릴 수 있는 듯한 느낌이다. 산조는 열려 있는 것이 특색인 우리 공간에 딱 어울리는 소리의 맛이다.

우리 도시도 산조 같다. 산만하게 흩어지는 듯 싶은가 하면 가닥이 있고 가락이 있고 매듭이 있다. 긴장이 팽팽한가 하면 어느새 풀어진다. 시작과 끝이 분명한 듯도 싶고 분명치 않은 듯도 싶다. 잘 잡히지 않으면서도 굽이굽이 잘도 넘어간다.

산조가 끝이 없는 소리인 것과 마찬가지로 우리 도시, 우리 동네도 끝이 없는 진화의 과정을 따라간다. 그곳에 살고 있는 사람들은 제각기 자신의 가닥을 잡으려 애쓰는 듯 싶다. 확실히 서구의 교향곡이나 오케스트라의 성격과는 다르다. 조직적이고 체계적인 서구 도시에는 확연한 질서가 있다. 눈에 보이는 질서가 잘 잡혀 있다. 시작도 끝도 선명하고, 단락도 분명하다. 스타일을 오더(order, 질서)라 부를 만큼 명쾌하다.

우리 도시, 우리 동네, 우리 공간은 짚어내기 훨씬 어렵다. 조직적이지도 않고 체계적이지도 않다. 닫힌 공간이 아니라 열린 공간이다. 질서가 손에도 눈에도 잘 잡히지 않는다. 무질서해 보이는 것은 당연하다. 이런 우리 도시에서, 어떻게 우리 도시 고유의 산조를 짚어볼 것인가? 그 안에 숨겨진 가닥은 무엇이고 매듭은 무엇인가? 어떻게 전개되며 어떻게 진화되는가? 사람은 그 사이에 어떻게 흐르는가? 흥미로운 과제다.

산조 가락처럼 우리의 동네를 6가지로 풀어본다.

【 동네산조 1 **전통은 진화한다** 】

전통은, 알 듯 모를 듯 숨어있는 뿌리다. 아예 없어진 듯, 아예 잃어버린 듯 싶다가도 그 어딘가에 배어 있고 그 어딘가에서 배어 나온다. 끈질긴 생명력이다. 숨쉬는 공기와도 같다. 우리는 모르는 사이에 전통을 숨쉬며 산다. 전통이 화석이 되어서는 맛이 덜하다. 옛 모습 그대로의 복원만이 능사가 아닌 이유다. 가장 강력한 전통이란 옛 모습 그대로보다도 오히려 현재 우리 모습에 끈끈하게 남아있는 것이리라. 놀랍게도 전통은 곳곳에 있다. 묻혀있는 전통을 찾아내는 것은 더욱 흥미롭다. 변하는 듯 안 변하는, 안 변하는 듯 변하는 전통. 진화하는 전통의 단서를 찾는 맛은 더욱 흥미롭다.

【 동네산조 2 **가슴을 열어 세계를 품으리라** 】

'세계'란 우리에게 결코 친한 어구는 아니었다. 백여 년 전 개항 시기에 세계는 '외세'였고, 경계의 대상, 거리를 두어야 할 대상이었다. 일제 강점기를 거치고 세계의 이념 전쟁을 대신 치렀던 우리이니 어디 편하게 세계를 볼 수 있으랴. 21세기 우리에게도 '세계'란 여전히 딜레마다. 우리 도시에서는 일제 강점기의 도시 변화를 꼭 짚어야 한다.

일제 세력에 의해 '근대적 도시의 태동'을 강요당한 우리의 도시, 많은 부분이 왜곡되었고 많은 부분이 아프다. 회한이 쌓이는 대목이다. 그러나 지금의 우리 도시에 세계가 어떤 의미로 다가오는가를 깨달으려면 돌아보아야 할 역사다. 국제자유도시, 경제특구가 아니더라도, '세계'는 바로 여기이기 때문이다.

【 동네산조 3 **노는 물이 좋아 동네를 찾다** 】

우리가 그 어떤 동네를 가 보는 것은 그 동네가 기막히게 아름답다거나 아주 멋지다거나 해서만은 아니다. 한마디로, 우리는 '놀러 간다'. '그 동네, 그 물'이 어딘가 편한 것이다. 일생을 통해 우리는 끊임없이 우리가 놀 만한 물을 찾아서 이 동네, 저 동네를 유랑하는 것이리라.

우리 도시 안에서, 다른 도시에서, 세계의 또다른 도시에. 우리는 어떤 물을 찾아 어떤 동네로 놀러 가나? 동네를 유랑하는 우리의 심리를 짚어보는 것도 재미있다. 젊은이가 꼭 넘어야 할 통과의례 동네가 있는가 하면, 우리의 환상을 자극하는 동네도 있고, '이상향' 같은 동네도 있고, 추억을 되씹으러 가 보는 동네도 있다. 노는 물이 다양할수록 그 도시는 아주 풍성한 동네들을 품에 안게 되리라.

【 동네산조4 이 시대 새 동네의 딜레마 】

이 시대에도 동네는 만들어질 수 있는 걸까. 그 애틋한 감정을 불러일으키는 '동네'라는 말을 붙일 수 있을 만한 동네가. 동네 만들기란 얼마나 어려운가. 도시 만들기란 얼마나 어려운가. 이 시대에 만들어지는 동네란 사실 그리 마땅치 않다. 편리하고, 투자 잘되고, 사업하기 괜찮고, 폼 나는 도시를 만들기는 쉬워도, 정 붙일 동네를 만들기란 결코 쉽지 않다. 물론, '정'이란 금방 생기는 것은 아니다. '정'이란 사람이 만들고, 사람들의 이야기가 배어들고 쌓일 만큼 시간이 필요하고 역사가 필요하다. 우리는 그렇게 시간이 가면 정들 동네를 잘 만들고 있는 걸까?

【 동네산조5 도시란 '인간자연'이다 】

도시와 자연은 꼭 대립항일까? 사실, 도시란 인간화한 자연이라 봐야 하지 않을까. 도시를 인간 자연으로 본다면, 지금처럼 도시를 인공으로 뒤덮는 일도 안 생길 터이다.

농촌도 사람의 손이 닿는 바에야 이미 자연 그대로는 아니다. 마찬가지로 도시란 사람의 손이 조금 더 정교하게 닿은 자연이다. '도시화'를 '필요악'으로만 보는 고정관념에서 탈피하여 인간의 손이 닿은 인간 자연을 만드는 과정이라고 본다면, 우리의 공간은 훨씬 더 자연스러워지고, 건물은 보다 더 서로 잘 어울리고, 이른바 '도시 생태'가 순환될 터이다. '인간 자연으로서의 도시'를 만들 수 있는 발상의 전환이 필요한 시점이다.

【 동네산조 6 **'광장'이 된 '거리'** 광화문 네거리와 시청앞 광장 】

2002년 6월 월드컵에서 우리는 크나큰 감동을 맛봤다. 울고 웃으며 그 감동에 빠졌다. 나에게 가장 인상적이었던 현상은 '거리를 광장으로 만드는 마술'이었다. 우리가 그 언제 이렇게 긍정적으로 광장성을 맛봤던가. 순간적으로 광장으로 바뀐 거리에서 우리는 마음껏 우리 몸, 우리 소리로 '우리'를 확인했다. 마치 마술과도 같이 거리를 광장으로 만드는 사람들. 이 현상 이후 새삼 도시에 광장을 만들자는 움직임도 커졌다.

과연 우리는 우리 도시에 '광장'을 만들어야 하는 것일까? 서구 도시의 대표적 산물인 광장을 과연 우리 도시에 꼭 만들어야 하는 것일까? 광장은 우리에게 어떤 의미일까?

6개 주제를 따라 22개 동네를 엮어 봤지만, 빠진 동네들도 적잖다. 쓰고 싶었지만 여러가지 사정으로 다루지 못했다.

서울 같으면 내가 잘 아는 동네도 워낙 많다. 남대문시장, 명동, 신촌, 북촌 가회동, 이태원 등 모두 흥미로운 동네다. 미아리 점집 동네나, 요새는 이름만 '충무로'('영화판'이라는 상징어로서의 충무로)인 충무로도 좀 더 들여다보고 싶은 동네다. 신도시도 좀 더 연구하고 싶었고, 호반의 도시, 연애의 도시 춘천도 보고 싶었다. 부산도 남포동 영화가 뿐이랴. 요새 재미있는 곳은 바닷가다. 특히 민락동 일대는 독특한 문화를 새로이 만들어 내고 있는 중이다. 그러나 과감히 욕심을 눌렀다.

'시장'의 모습은 좀 더 다루고 싶었지만 그렇게 하지 못했다. '재래시장'은 그 나름으로 별도의 책이 필요할 만큼 엄청난 경제 · 사회 · 문화 메커니즘이 있기 때문이다. 서울의 중부시장, 경동시장, 부산의 자갈치시장 등은 흥미 만점의 동네들이다. 포항의 오래된 죽도시장은 시장 옆에 바로 배가 들어와, 그 자리에서 생선 사고 먹거리를 준비할 수 있을 뿐만 아니라 바로 도심에도 연결된 흥미로운 곳으로, 취재도 끝냈지만 결국 쓰질 못했다.

그 도시는 너무 좋아하지만, 마땅하게 '동네'를 찾기 어려워서 취재를 못한 곳도 있다. 예컨대, 나는 백제권 도시를 각별히 좋아하는 듯 싶다. 공주의 그 올망졸망, 보드라운 능선들이 펼쳐지는 것이 그리 좋을 수 없다. '무령왕릉 가는 길'의 공주는 가슴이 푸근해지고, 강가로 떨어지는 공주성 자락은 마음이 아담해지는 느낌이 좋다. 이상하게도 부여는 나에게 언제나 '평온'하게 느껴진다. 부여에서도 특히 정림사지 5층 석탑 부근 동네의 고요함이 강렬하게 남아 있다. 언제나 유연하고 세련된 이미지의 백제문화권 도시를 이 책의 속성상 다루지 못한 아쉬움이 남는다.

강릉은 드라마틱한 세팅을 갖고 있다. 그 높은 '영(嶺)'들을 타고 산맥에 올라서다 갑자기 뚝 떨어진다. 강릉은 그 드라마틱한 세팅 때문에 각별히 자긍심 높은 선비들, 자존심 높은 문인들이 나왔던 것이 아닐까 싶다. 그랬던 만큼 관광도시로 변화된 요새의 강릉을 그 어떤 동네로 잡아서 그리기가 더욱 어려웠다. 아쉬움이 남는 숙제다.

여수와 통영(충무)은 언제나 마음 설레게 하는 도시다. 이 아름다운 '바다도시'에 하나를 더 보탠다면, 지금은 사천 시로 통일되어 이름이 없어진 '삼천포'다. 삼천포의 한 작은 어항 동네의 올망졸망 포구와 집과 아름드리 나무들, 이순신 장군의 전장도가 강렬한 그림으로 남아 있는 통영의 옛 도심, 한려수도를 건너 마치 섬과 섬이 엮인 듯한 여수…. 내 머리 속에 그림으로 남아있는 장면들이다.

그러나 이 책에 다 담지 못했다. 언젠가 내 생전에 나 자신이, 또는 다른 어느 누가 그 도시, 그 동네의 산조를 읊기를 기대한다.

이 책 바탕에 깔려 있는 나의 우리 도시에 대한 생각, 우리 동네에 대한 생각, 우리 건축에 대한 생각, 우리 삶에 대한 생각들을 짚어 본다면 다음과 같다.

- '카오스' 적 질서의 맛을 알자는 것
- 변화하지 않는 그 어떤 것은 없다는 것
- 급격한 변화보다는 진화가 더 좋다는 것
- 건물(하드웨어)보다는 사람(소프트웨어)이 더 중요하다는 것
- 그러나 건축과 공간은 또한 무척 중요하다는 것
- 역사는 인생의 스토리와도 같이 삶을 풍부하게 해 준다는 것
- '작은 곳', '작은 것', '디테일' 에서 무언가가 우러나온다는 것
- 도시는 '또 다른 자연' 이라는 것
- 서구 콤플렉스, 질서 콤플렉스, 크기 콤플렉스, 장식 콤플렉스, 폼잡기 콤플렉스를 이제 벗어날 때가 되었다는 것
- 우리 도시를 우리 눈으로 보자는 것
- 우리 도시의 잡종적 매력을 알자는 것
- 온몸으로 도시를 즐기자는 것
- 진짜 도시인이 되자는 것

이 책에서 일부러 안 다루는 것, '도시의 기념비성, 정제된 예술성, 그리고 타임리스(timeless, 영원한, 항시적인)한 절대성' 같은 것들이다. 이들이 중요치 않다는 것은 물론 아니다. 도시가 권력과 명예와 인간의 무한 욕망과 무한 능력을 담는 그릇이라면, '기념비성', '예술성', '절대성' 은 확실히 중요한 속성이

다. 다만, 이 책은 '사람 냄새 나는 동네', '사람들이 모여 살다 보니 생겨나는 이야기' 들에 좀 더 주목할 뿐이다.

사람의 입장에서 본다면, '내 손으로 만지고 싶은 도시', '내 몸을 기대고 싶은 도시', '내 발로 걷고 싶은 도시'는 좋은 도시다. 물론 이에 더하여 '내 손으로 무언가 만들고픈 도시'가 되면 더할 나위 없이 좋다. '동네'란 이런 도시 만들기의 단초 아닐까? 관심 있는 독자는 이 책의 2부 '진짜 도시인은 도시를 사랑한다'를 읽어주기 바란다.

정작 내가 독자들에게 바라는 것은 독자들이 이 책을 보면서 자신의 동네를 그려보는 것이다. 큰 도시건 작은 도시건 오래된 도시건 역사가 짧은 도시건 간에 어느 도시에나 '맘을 붙일 그 어떤 동네'는 분명 있다. 꼭 어렵게 물어볼 것은 없다. 자신에게 아주 쉬운 질문을 해보자.

- 당신 도시에서 어떤 동네의 노는 물이 각별히 좋은가?
- 친구가 당신 도시에 온다면 어디로 데려갈 건가?
- 외국인 친구가 당신 도시에 온다면 어디로 데려가 볼 건가?
- 당신의 도시에서 가장 자랑스럽게 생각하는 것은 뭔가?
- 당신의 도시를 떠나 있을 때 어떤 느낌이 드는가?
- 떠나 있다가 다시 돌아올 때 어떤 느낌이 드는가?
- 아이들을 데리고 가고 싶은 동네는 어딘가?
- 홀로 있고 싶을 때 가는 동네는 어딘가?

독자들이 자신의 동네를 그려보고 찾아보기를 진정으로 바란다. 사실 이런 욕구가 모든 사람의 마음속에 있다고 나는 믿는다. 이 책 뒷부분에 실린 '홍겨운 동네 탐험 비결' 이 독자들에게 다소 도움이 되기를 기대한다.

|

내가 이 책에서 읊는 여러 동네들. 단언하건대 5년 뒤, 10년 뒤에 보면 또 다른 동네들이 되어 있을 것이다. 당연하다. 다만 바라건대, 그 동네 산조의 그 가락이 그 어딘가에 남아 있고 또 느껴졌으면 좋겠다. '그 동네의 유전자' 를 지켜가기를 바란다. 그리고 그 가락을 또 다른 사람은 또 다른 산조로 풀이해 보기를 기대해 본다. 우리의 동네들이 끝없이 진화하리라는 것, 우리 동네 산조가 무궁무진하게 우리 도시공간 사이를 흐르리라는 것을 기대하면서, 지금 우리 동네 산조를 풀어 본다.

DOOTA
Reds

I

이 동네의 매력을 찾아서

【동네산조 一】

전.통.은.. 진.화.한.다.

전통은, 알 듯 모를 듯 숨어 있는 뿌리다. ● 아예 없어진 듯, 아예 잃어버린 듯 싶다가도 그 어딘가에 배어 있고 그 어딘가에서 배어 나온다. ● 끈질긴 생명력이다. ● 숨쉬는 공기와도 같다. ● 우리는 모르는 사이에 전통을 숨쉬며 산다. ● 전통이 화석이 되어서는 맛이 덜하다. ● 옛 모습 그대로의 복원만이 능사가 아닌 이유다. ● 가장 강력한 전통이란, 옛 모습 그대로보다도 오히려 현재 우리 모습에 끈끈하게 남아 있는 것이리라. ● 놀랍게도 전통은 곳곳에 있다. ● 묻혀 있는 전통을 찾아내는 것은 더욱 흥미롭다. ● 변하는 듯 안 변하는, 안 변하는 듯 변하는 전통. ● 진화하는 전통의 단서를 찾는 맛은 더욱 흥미롭다.

사진_박.정.환

진주

남가람동네

비단결 강 따라 자존심 드높아라

진주는 우리나라 도시 중 가장 아름다운 '강의 도시'다. '남가람(남강)'이라는 이름에 걸맞게 숨막히도록 인상적인 풍광이다. 이름도 진기한 '뒤벼리' 절벽을 돌아들어 굽이굽이 남가람을 따라 도시로 들어가면 '새벼리' 절벽이 다가서고 진주성의 성벽과 절벽이 강을 따라 펼쳐진다. 짙푸른 남가람과 푸르른 진주성 녹음 위로 촉석루가 사뿐히 내려앉아 있는 듯 싶다. 누가 설계했는지도 잘 모른다는 진주교와 천수교의 아치 다리는 우연히 그렇게 아름다워졌을까?

【 가장 아름다운 강의 도시, 진주 】

우리 옛 도시는 산(山)에 기대고 강(江)을 끼지만 천(川)을 도시에 품었다. 물이 풍부한 반면 강의 범람을 걱정하기 때문이었을 것이다. 그래서 강에 바짝 붙은 옛 도시는 희귀하다. 대동강변 평양과 남강변 진주 정도라 할까? 철통같은 수비를 자랑하던 고도(古都)다.

도시가 확장되면서 현대 도시는 강을 가슴에 품게 된다. 남가람은 진주의 가슴을 두 번 휘젓는다. 마치 안동 하회 마을처럼. 강의 폭은 넓지 않다. 50-60여 미터 정도로 걸어서 건너기에 적당하다. 지금은 잃어버린 풍경이지만, 얼마나 걷기에 좋았으면 진주교 밑에는 배다리(배를 이어 만든 다리)가 있어서 찰랑찰랑 물에 닿는 느낌에 온갖 방물장사들이 행상을 펼쳐서 너그러운 풍경을 이루었다. 지금도 진주는 이탈리아 꽃의 도시 피렌체를 연상시킨다.

강변의 죽림은 담양만큼은 못해도 군데군데 자연발생적으로 군집이 되어 푸른 뭉텅이가 풍성하다. 새하얀 모래사장이 유명하던 남가람 덕분에 소싸움이 명물이 되었던가. 지금은 남강 상류에 만들어진 진양호 덕분에 물이 항상 여유작작해서 뱃놀이도 즐길 수 있다.

강변 북측 진주성 안에 있는 국립진주박물관과 강변 남측 경남문화예술회관은 현대건축의 두 거목인 고(故) 김수근, 김중업의 작품이다. 진주 한 문화인의 소개말이 인상적이다. "진주에는 김수근과 김중업이 있습니다."

진주박물관이 이 지역 특산 석재를 소재로 하여 땅속으로 파고드는 '고분' 같은 형태가 인상적이라면, 문화예술회관은 마치 '전통 매듭' 같은 장식적 기둥의 날아오를 듯한 형태가 인상적이다. 하나가 산 속으로 들어가는 형국이라면, 다른 하나는 강에 사뿐히 발을 담그고 있는 형국이다.

진주성 내의 촉석루, 북장대, 서장대 등의 아름다운 고건축물보다 낮게 임하려던 박물관 설계, 남가람에 발을 담그며 진주성을 올려보고 싶어 한 문화예술회관의 설계(이 건물 옥상의 야외 공연장에서 멀리 진주성을 바라보면 정말 아름답다. 특히 석양 무렵에)는 진주를 빛내주는 설계였다.

【 '자존심'은 진주의 힘 】

진주의 문화 자존심은 그렇게 높다. 이천여 년 전 삼한, 가야 시절부터 중심적인 도읍이었고 고려 983년 '진주'

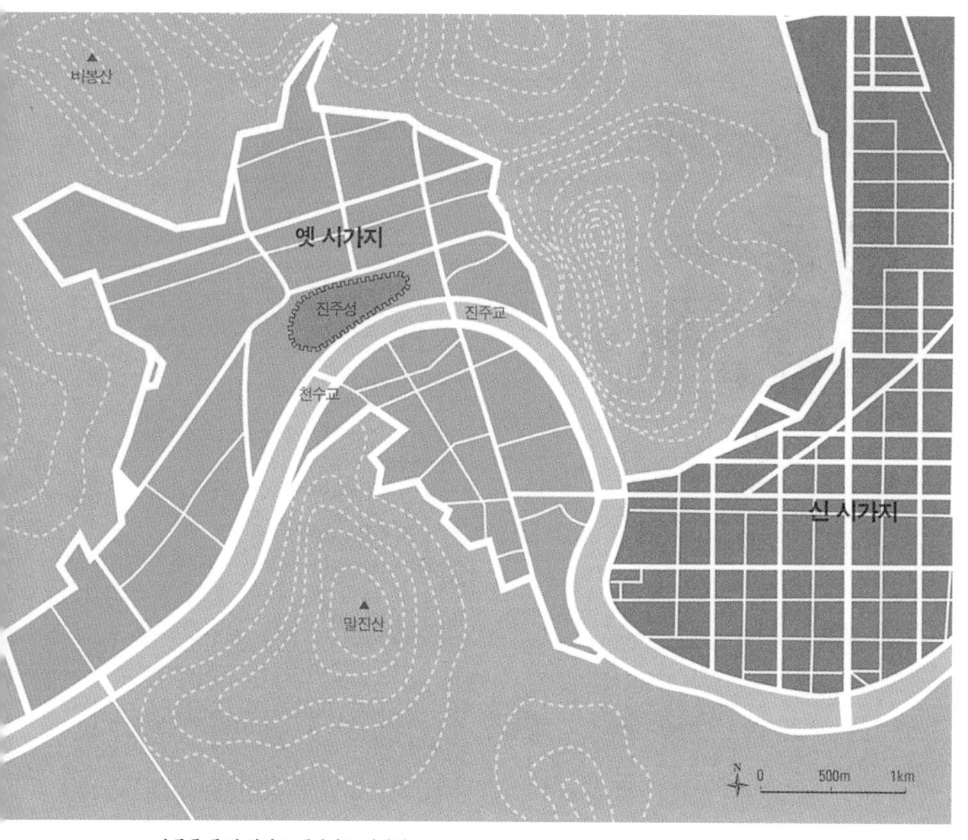

▲ 진주를 두 번 휘감고 돌아가는 남가람

▲ 진주 인사동

라는 이름을 얻은 천년 고도, 비옥한 농지에 남해 어장과도 가까운 부자 동네. 조선시대 향교로부터 교육 도시로서의 명성으로 이름도 깨끗한 하동(河東)과 산청(山淸), 함양, 사천, 삼천포 지역까지 아우르는 중심 도시. 그리고 진주대첩, 동학혁명, 독립운동의 맥을 이은 호국 충절의 도시라는 자존심까지. '자존심은 진주의 힘' 일지도 모른다.

하동 평사리에 살던 『토지』의 최서희는 이 지방의 자존심을 상징할 듯도 싶다. 최참판 댁을 찾기 위해 용정에서 돌아와 힘을 모았던 진주. 작가 박경리 선생은 진주여고를 나오셨다.

그 자존심 덕분인지, 진주성은 1982년부터 20년 동안의 노력 끝에 드디어 원형을 거의 찾았다. 북쪽의 공북문(共北門)까지 복원되었다. 진주성(내성)이 제 모습을 찾는 동안 공북문 근처에 골동품 거리 '인사동' 도 생겼다. 서울의 인사동(仁寺洞)과 한자까지도 같다. 인근 지역에서 골동품들이 모이는 것이다. 길거리에 늘어선 석물들과 기왓장이 진주성 성벽과 따뜻하게 어울린다.

진주시는 남가람의 가치를 높이는 중이다. 남측 변을 따라 강변 공원이 완성되고 있다. 북측에는 개발 시대에 만들었던 주차장도 없앴다. 걸을 수 있는 환상적인 강변 공간으로 다시 태어난 것이다.

남가람 강변 동네가 완성되면서 진주는 강 남측과 북측의 경관을 자랑하는 도시가 되었다. 북측 진주성에서 남측의 죽림과 예술문화회관을 바라보는 경관과, 남측에서 북측 진주성의 기암절벽과 촉석루와 의암을 바라보는 절경. 그 어느 쪽이 더 아름답다고 하기 어려운, 강을 통해 하나되는 진주다. 진주교에는 논개가 끼었다는 쌍금가락지가 아치 상부에 끼워져 있다. 논개는 이윽고 웃으리라. ☰

▲ 남가람의 진주교, 천수교는 아름다운 아치가 돋보이는 다리다. 같은 형태로 만들어진 진주교 아치 상부에는 논개의 쌍금가락지 모양의 조형물이 끼워져 있다.

▼ 경남문화예술회관
고(故) 김중업 설계. 남가람의 남측 강변에 위치하며 강변에 발을 담그는 형국. 지붕에서 촉석루를 조망하는 석양이 일품이다.

'비단길' 같은 진주 남가람

●

교통상 서울과 멀어서였는지, 논개와 진주대첩이 너무 유명해서였는지 진주의 명품은 잘 알려진 편이 아니다. 진주 비단은 국내 생산의 70%를 차지하고, 물 맑은 덕에 제지도 유명하고, 진주 비빔밥은 전주 비빔밥과 쌍벽을 이룬다. 진주 음식은 경상 맛과 호남 맛을 잘 섞어서 입에 찰싹 붙는다. 싱싱한 생선, 장어, 불고기, 나물과 젓갈 등 땅과 바다 음식이 다 맛있다. 농업 중심지답게 대학의 농·의학도 발달되어서 바이오 산업의 미래를 기약할 수 있다.

대전-진주 간 고속도로가 완성되면서 서울-진주 거리가 2시간 줄었다. '가보고 싶은 도시 진주'로 만들기 딱 좋은 계제다. 촉석루와 문화예술회관과 진주교와 천수교의 불빛 밝은 남가람은 그 자체로 비단길이다. 시월이면 열리는 유서 깊은 '개천예술제'와 '세계유등축제'도 좋고, 주말 남가람 모래사장에서 열리는 소싸움도 명물이다.

봄이면 도심 북측의 비봉산과 황학산의 배꽃 동네도 명물로 만들 수 있고, '진주성 돌기' 같은 새 명물도 생기리라. 임진왜란 흔적을 찾아 역사 탐방을 온다는 일본 사람을 사로잡을 새로운 비단길 명물은 또 없을까?

김수근과 김중업

●●

건축가로서 대중적으로 가장 유명한, 고(故) 김수근(1931-1986)과 김중업(1922-1988). 그런데 진주박물관이나 홍보물에서조차 건축가 이름은 찾아볼 수 없다. 속상한 일이다. 생전에 신문 지상을 통해 '전통 논쟁'을 벌일 정도로 치열한 고민을 했던 두 건축가는 그 열정을 진주의 두 기념비적 건축 설계에 바쳤다.

김수근의 공간사옥과 김중업의 프랑스 대사관은 현대 건축물 중 가장 한국적인 아이콘으로 꼽힌다. 김수근이 '한국 특유의 공간 조영'에 천착했다면, 김중업은 '한국 특유의 형태 조영'에 천착해서 나온 작품이다. 김수근의 진주박물관 설계 역시 '공간 조영'의 맥을 따르고 있고, 김중업의 경남문화예술회관은 '형태 조영'의 맥을 따르고 있다.

이 두 대가의 작품을 가진 것은 진주의 역사적 자산이다. 이런 이야기들이 시민들에게도 회자될 정도가 되어야 비로소 우리도 문화사회라 할 만하지 않을까?

피렌체의 건물 있는 다리, 폰테 베키오

●●●

르네상스 자존심 드높은 꽃의 도시, 피렌체(일명 플로렌스)는 두오모 성당, 벨베데어, 우피치 미술관 등의 명소로 유명하지만, 가장 신기한 곳은 폰테 베키오('오래된 다리' 라는 뜻)다.

다리 위에 건물이 있는 '다리 건축'이다. 이 다리로 그 유명한 마키아벨리도 출퇴근을 했다고 하고 『나의 친구 마키아벨리』, 『로마인 이야기』의 저자인 시오노 나나미는 이 다리 근처에 살고 있다. 빛나는 르네상스 패트론이었던 메디치가(家)는 이 다리 위에 있던 푸줏간들을 없애고 대신 보석상을 들였단다.

고대 로마부터 이천 년 동안(지금 다리는 1345년 석조로 재축) 이렇게 유지해 왔다는 폰테 베키오. 진주 남가람의 옛 '배다리'를 기억하며 지금의 진주교, 천수교 위에 가게가 들어온다면? 상상에만 그쳐야 할까?

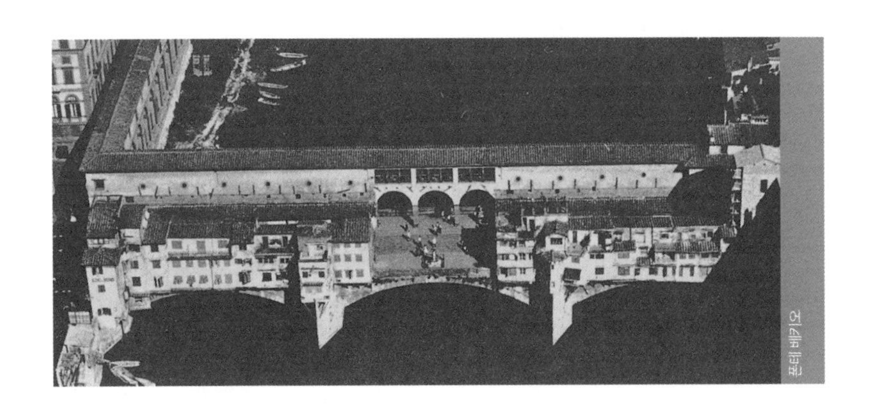

폰테베키오

사진 _ 박정훈

대구 약전골목

옛 성 따라 동서남북 길이 생기다

한방이 뜨는 것은 반가운 일이다. ______ 병만 고치는 게 아니라 몸의 기(氣)를 살려 주니 지혜롭다. ______ 신비로움이 아니라 자연스러움이 한방의 요체다. ______ 거래 규모에서는 서울경동시장에 못 미치지만 수입 당재(唐材)보다 우리 땅에서 나는 초재(草材)가 주로 거래되어 믿을 만하고, 한방다운 품격이 있는 동네라서 더 좋은 약전골목, 무궁무진한 가능성이 있는 동네다.

【 東城로 - 西城로 - 北城로 - 南城로 】

이른바 'TK' 대구에 옛 역사가 있다는 것은 상상이 잘 안 되지 않는가? 그런데, 대구의 역사는 아주 흥미로운 모습으로 지금의 대구에 남아 있다. 바로 '대구부성'의 성벽 흔적을 따라 생긴 길이다. 이름도 방향에 따라서 동 · 서 · 남 · 북을 붙였다. 북성로와 서성로는 차 많이 다니는 큰길이, 동성로는 유명한 패션거리가 되었고, 남성로는 대구 약령시를 담은 약전골목이 되었다.

옛 성 흔적 그대로다. 성을 허문 자리에 그대로 길이 나는 경우는 우리 도시에서는 희귀하다. 대구는 평평한 달구벌 위의 도시이기 때문에 가능했을 것이다. '세기말'에 성을 허물고 만든 그 유명한 비엔나의 링 스트라세(Ring Strasse) 거리를 연상시킨다.

대구, 전주, 원주의 3대 약령시 중 하나로 불렸던 이곳 대구 약전골목은 1658년에 시작되었다. 북문 근처의 객사(客舍) 앞 너른 마당에서 열리다가 일본 세력이 북문 지역을 장악하고 성과 객사를 허물면서 남성로 동네로 옮겨온 것이 오늘날에 이른다.

달구벌대로와 중앙대로가 만나는 도심이라 목도 좋다. 700여 미터 길이의 약전골목은 바로 동성로와 연결되는데, 2km를 올라가면 대구역을 만난다. 옛 성이 있었다는 것을 상상하며 걸으면 각별한 맛이다. 성이 있었다는 흔적은 그 어디에도 남아있지 않고 살짝 힌트조차 안 되어 아쉽지만.

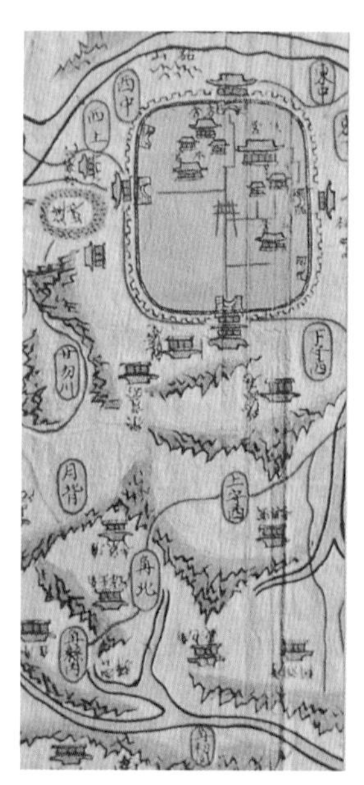

▲ 대구읍성 고지도

동성로 패션거리는 전체가 보행전용길이 되면서 더욱 활발해졌다. 보수적인 대구에서 절대로 터줏대감 자리를 안 놓친다는 대구백화점, 동아백화점도 있고 '밀라노'라는 이름이 붙은 쇼핑센터도 생겨서 젊고 화려하다.

약전골목으로 꺾으면 분위기는 바뀐다. 300여 한의원, 한약재상이 있기 때문만이 아니다. 시간의 깊이가 느껴지고, 나지막한 건축물들의 이야기가 들리며, 물론 약초 달이는 당귀, 천궁, 작약, 숙지황의 사물(四物) 향기도 난다. 뭔가 사려는 사람들은 한약방과 떡골목, 가구골목, 염매시장의 가게들을 부지런히 드나들겠지만, 약전골목 동네에는 가게 이상의 이

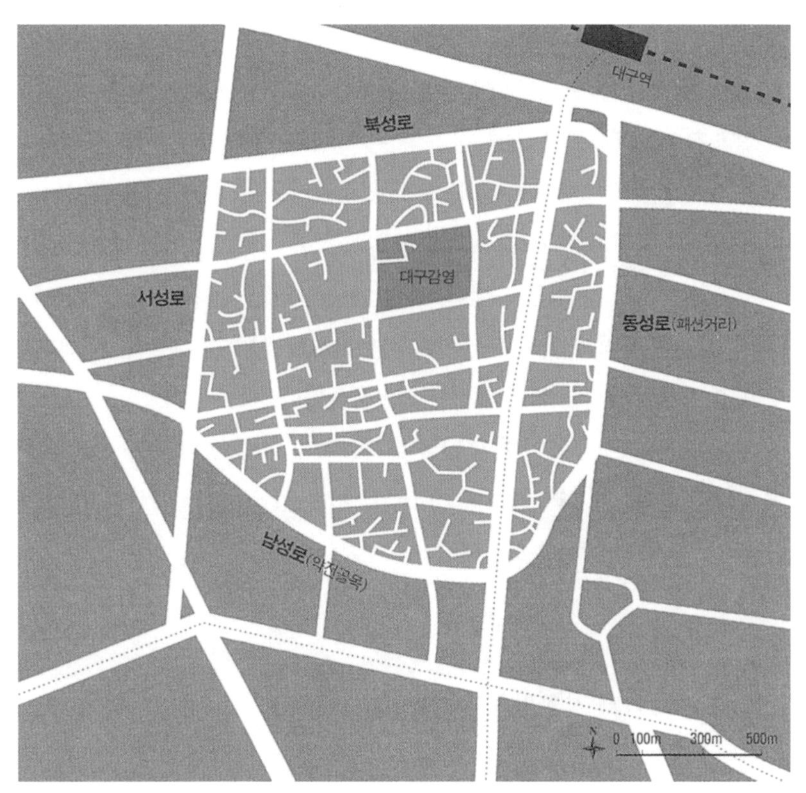

▲ 대구읍성 동서남북을 따라 길이 생겼다. 동성로는 패션거리(보행전용),
남성로는 약전골목으로 발달. 성 안의 작은 골목길은 옛 골목 패턴 그대로 남아 있다.

야기 거리가 많다. 빼어나게 아름다운 벽돌 건물인 계산성당과 제일교회도 있고, 제법 잘 살던 동네라 한옥들도 아름답다. 특히 '진골목'을 따라 있는 고래등 같은 한옥들은 눈길을 끈다. 큰길 외에 사이사이 작은 골목길 사이로 들어가는 재미도 쏠쏠하다. 북쪽의 '경상감영'으로 통하는 골목길을 통해 아전들이 등청했었단다.

옛날 동화 같은 집들도 많다. 특히 남문이 있던 자리에 있는 '대남 한의원' 건물은 한식과 화식과 양식이 버무려져서, 그 아름다움과 기기묘묘한 공간 감각이 놀랍기 짝이 없는 근대건축물이다.

화교 동네도 있다. 구한말 청국 대사관이 있었고, 한약재 무역과 더불어 상당한 화교들이 살았었는데 1970년대 이후 없어졌다니 애석하지만, 약전골목의 숨은 가능성 중 하나다.

【 시인 이상화와 김원일의 『마당 깊은 집』 】

약전골목에는 문인 이야기도 많으니 뼈대있는 동네라 할까. '빼앗긴 들에도 봄은 오는가'의 시인 이상화는 이 동네에서 네 집을 옮겨 다니며 살았고 '상화 고택'이 지금도 남아 있다.

소설가 김원일의 『마당 깊은 집』은 1950년대 이 동네의 생존을 위한 꿈틀거림을 그려냈다. 청마 유치환도 한약상 아버지를 따라 약전골목을 누볐던 체험을 시로 표현했는가 하면, 육사(陸史)는 독립운동용 무기를 한약재 수입 루트를 통해 들어오려고까지 했다니, 이 동네의 이야기는 한도 끝도 없는 셈이다.

대구시는 약전골목 큰길을 가꾸는 계획을 세우고 있지만, 사실 이 동네 전체가 대구의 보고(寶庫)가 아닐 수 없다. 지난 몇 년 대구에 찾아오는 외국인 관광객들이 "전통동네 어디에요?" 하고 묻는 통에 대구는 이제야

▲ 약전골목 입구

▲ 약전골목 내의 전형적인 한옥

▲ 옛 남성로
한때 전통한옥과 화식건물이 들어찼던 곳은 이제 큰길이 되어, 아쉽게도 간판 중심의 거리로 변모해 가고 있다.
대구시는 이 길을 일방통행으로 만들면서 전통 거리로 탈바꿈하려 하고 있다.

▲ 시인 이상화의 마지막 거처(계산동 2가 84번지)
『대구약령시 한방문화연구』, p309

대구 역사의 무궁무진한 가능성에도 눈을 뜨게 되었다고 할까.

약전골목의 한약 달이는 냄새는 서울 경동시장과 달리 역겹지 않다. 동물성 약재를 거의 쓰지 않는 순 식물성이라는 해설이다. 더 자연스럽고 더 건강할까? 한방음식, 한방떡, 약초차, 약초 키우기 취미까지 퍼뜨리고, 자연 건강을 찾는 세계인의 사랑을 듬뿍 받는 우리 동네가 되면 좋겠다. 약전골목 사람들은 한방 묘약의 전통뿐 아니라 건축과 조원의 전통도 같이 이으면 더 말할 것 없이 좋겠다. 솔직히 한방전시관이나 새로 지은 건물들은 선인들 뵙기 민망할 정도로 지나치게 현대적이고 전통적인 맛이 느껴지지 않으니 말이다.

아름다운 5월이면 이 동네에서는 '약령시 축제'가 열린다. 400여 가지 기기묘묘한 우리 약초의 영험함을 축복하라! ≡

푸르러진 대구, '디자인 도시'로 변신할까?

대구의 가장 성공적인 도시 프로젝트는 단연 '나무심기, 분수 만들기'다. 400만 그루의 나무, 87개의 분수를 있는 공간 없는 공간 족족 찾아서 심고 만들었더니 그 텁텁한 대구의 여름이 서늘해졌다는 것 아닌가.

동성로 패션가 보행자용도로

대구 시내를 흐르는 '신천'에 만든 분수도 시원하다. '섬유도시 대구'에서 '패션도시 대구'로 변신해 보겠다는 '밀라노 프로젝트'. 이것은 확실하다. 도시가 미적 감각이 있어야 패션 디자인 감각도 생긴다. 투박스럽다는 대구 남자, 퉁명스럽다는 대구 여자도 디자인 도시에서 살다 보면 감각 넘치는 대구 남자, 여자로 변신할 게다.

동성로의 분수

밀라노가 정치도시, 교통도시에서 디자인 도시로 바뀐 지 반세기밖에 안 되었다. 그 자유스럽고 개방적인 분위기 덕택이다. 대구의 레오나르도 다빈치가 나올 법도 하다.

약전골목의 '포스트모던' 근대 건축, '대남 한의원'

●●

이 집을 발견한 것은 대구 동네 탐험 중 가장 큰 즐거움이었다. 옛 남문 있던 자리에 자리잡은 독특한 지붕의 집이다. 집주인 말로는 1930년대에 처음 지었고 60년대에 증축도 했단다. 선친이 지어 한의원으로 써 왔고, 위층은 청요리집이었단다.

스타일로 보면 혼합 스타일이다. '로마네스크 · 비잔틴, 화식, 중식, 1960년대 모던 스타일'이 다양하게 절충되어 있다. 하나의 건물인가 여러 건물인가 잘 모를 정도로 복잡한 구성이다. 공간은 미로와도 같이 뻗어나가고 앞계단, 뒷계단, 옥상 테라스, 숨어 있는 창고, 지붕 밑 공간 등, 로맨스가 무궁무진하다. 마치 아르누보의 디자인 같은 창문과 창살과 발코니 난간들….

이런 근대건축물은 잘만 고쳐 쓰면 기막힌 문화재가 된다. 요즈음 만드는 메마른 건축물과는 격이 다르다. '이야기가 숨어 있는, 은밀하고 비밀스러운 공간의 맛'이다. 우리는 더 이상 이런 공간을 만들어내지 못하나? 불행히도 약전골목에 새로 지어지는 건물들은 멋대가리 없는, 간판만 붙은 박스 건물 투성이다. 부디 이 건물이 지방문화재로 살아남기를, 새로운 기능을 넣어서 대구에 즐거운 공간의 선물을 주기를.

대남 한의원

비엔나의 링 스트라세 (Ring Strasse)

●●●

20세기 말 21세기 초는 '새천년(new millenium)'으로 불리는 반면, 19세기 말 20세기 초는 '세기말(fin-de-siecle)'이라 불린다. 유럽이 세계의 중심이었던 때다. 불안과 퇴폐, 희망과 변화가 교차하던 시절이었다.

많은 유럽 도시들이 세기말에 격변을 겪었다. 세계도시 비엔나도 그 중 하나다. 가장 큰 사건. 성곽을 무너뜨리고 길을 만들며 외곽으로 확장하는 대대적인 도시개발 프로젝트였다. 공공 건물도 늘리고, 공원도 만들고, 새로운 주택사업도 펼치고, 전차도 깔았다. 이때 생긴 링 스트라세, 우리말로 뜻풀이를 하자면 '순환 도로'다. 옛 도심을 한 바퀴 빙 돈다. 도심과는 달리 웅장한 건물, 화려한 장식, 잘 가꾼 공원들이 이 길 연변에 즐비한데, 지금도 전차를 타고 한 바퀴 돌며 감상하기 그럴 듯하다. 도시만 변한 것이 아니라 비엔나의 세기말에는 새로운 사상, 새로운 과학, 새로운 예술이 만개했다. 화가 구스타프 클림트, 유명한 비엔나 세제션 운동, 디자이너 호프만, 새로운 근대 건축을 만든 오토 바그너, 철학자 비트겐슈타인, 정신분석의 프로이트 등 수많은 인재들이 세기말 르네상스를 이끌었다. 20세기 유럽은 세계대전의 지옥으로 걸어 들어가 버리고 말았지만 세기말의 시대정신은 언제나 번득이는 영감을 찾을 수 있는 역사의 보고다.

일제 강점기 중 대부분의 성곽도시의 틀이 무너진 우리의 도시들, 우리 손으로 성곽을 허물고 새로운 도시를 키웠더라면 무언가 새로운 시대정신, 세기초 르네상스를 만들지 않았었을까? 정말 안타깝기 짝이 없는 역사의 시간이다. 그러나 언제나 때는 지금이다. 대구의 약전골목과 대구역까지 쭉 뻗은 동성로 패션가를 보면서, 이 시대의 르네상스를 꿈꿔볼 만하다.

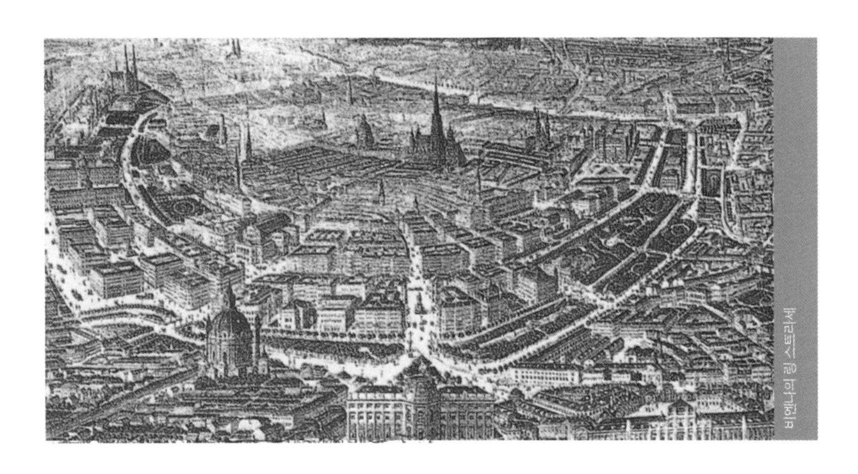
비엔나의 링 스트라세

사진 : 임정의

전주

풍남동·교동

진품명품 800채 한옥마을의 재탄생

800채 한옥이 모여 있는 전주 풍남동과 교동 한옥마을. ——— 불과 15년 전만 하더라도 서울의 가회동이나 보문동도 이러했건만 거의 다 잃어버렸고, 이제 한옥 동네로는 유일한 '진품', 즉 주민이 직접 만들고 사는 동네, 삶의 윤기로 반들반들 닦여지는 '명품'이 되고 있다. ——— 진품명품 한옥동네, 전주 사람들의 긍지를 높일 만하다. ——— '온고을 전주'답다. ——— 기적같이 살아남아 뿌리 실하게 탐스런 꽃을 피운다.

【 풍남문 성문 밖 신식 한옥동네 】

이 한옥동네도 옛적에는 '신식 동네'였다. 1930년대에 전주성의 성벽을 허물고 도시를 확장하면서 풍남문 밖으로 토지구획이 일어났고, 호남평야를 기반으로 번성하게 된 토종 '신 농업 자본가와 신종 도시 부르주아'가 이 일대에 새로운 주택을 마련하였다.

집도 신식 도시한옥으로 지었다. 토종 건축업자들이 고안한 개량한옥인 셈이다. 방 두 칸이 앞뒤로 들어가는 '겹집' 으로 공간 쓰는 효율성이 높아졌고 화장실, 부엌도 사용하기 더 편하게 지었다.

▲ 이 동네의 한옥은 규모가 꽤 크다.

이 동네가 보전된 것은 집과 마당이 제법 큰 덕택도 있다. 아파트가 등장하기 전까지만 해도 살고 싶은 동네로 손꼽혔던 명문 동네였다. 설령 살지 않았더라도 이 동네의 '은행나무' 모르는 전주 시민 없고, 존경받는 인사들의 생가도 적잖다. 『혼불』의 작가 고(故) 최명희의 생가도 이 동네에 있다.

그렇지만 한옥을 지키기란 참 힘드는 일이다. 고치자니 돈 들고 적합한 자재나 장인도 구하기 쉽지 않다. 방문객은 기분 좋지만 사는 사람들은 재산권 행사 제한, 생활 불편 등 골치 아픈 문제가 하나 둘이 아니다. 이 동네도 우여곡절을 겪었다. 1977년 '한옥보존지구'로 지정되었다가 1987년 '미관지구'가 되었고, 그마저 1995년 폐지되었다. 이후 높은 양옥들이 들어오며 분위기가 깨진 후에야 시민과 전주시가 고민 끝에 다시 나섰다.

지금은 제도가 훨씬 더 현실적으로 보완되었다. 한옥만 지어야 하는 지구는 '전통문화특구'로 축소하되 개축을 하면 보조금을 주고, 주변의 한옥권장지역에서도 한옥으로 지으면 보조가 가능하게 되었다. 아직도 일부 주민 반대가 있지만 한옥 보전활용으로 분위기가 잡혔으니 천만다행이다.

【 '태조로'와 한옥마을의 전통 보고(寶庫) 】

전주시는 전통 보전과 복원에 대폭 투자를 늘렸다. 먼저 풍남문에서 오목대까지 이르는 500여 미터의 길, '태조로'가 조성되었다. 그 유명한 '용의 눈물' 드라마 현장이었던 '경기전'에 모신 태조를 기리는 길 이름이다.

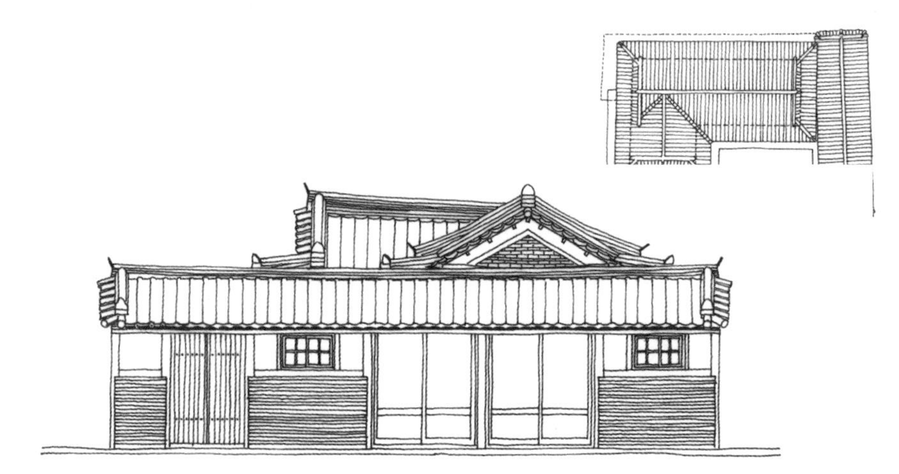

▲ 전주 한옥의 입면과 지붕 평면

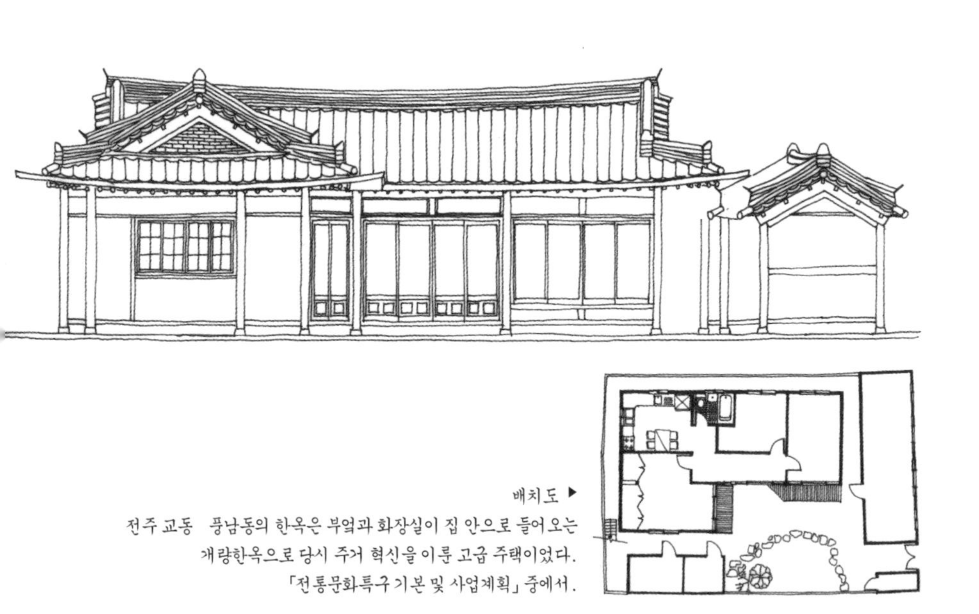

배치도 ▶
전주 교동 풍남동의 한옥은 부엌과 화장실이 집 안으로 들어오는
개량한옥으로 당시 주거 혁신을 이룬 고급 주택이었다.
「전통문화특구 기본 및 사업계획」 중에서.

▶ 전주 부성도

▲ 교동, 풍남동의 동네배치 : 필지도 크고 한옥도 개량한옥으로 규모가 큰 편이다.
이곳은 성 밖 동측 지역으로 20세기에 들어서 신흥 주택가로 개발되었다.
「전통문화구역 지구단위계획」 중에서.

이 길을 따라 주렁주렁 전통 넝쿨이 열린다. 서쪽에는 전주성 유적 '풍남문'이 장엄하고, 동쪽 끝 풍치 좋은 언덕에는 '오목대'와 '이목대'가 전주성을 굽어본다. 아름드리 나무 아래 '경기전'의 품격이 드높고 천주교 순교터에 지은 로마네스크 양식의 '전동성당'의 격조가 두텁다. 한국 명장면 중 하나다. 이 길을 돌면 '향교'가 나오고, 저 길을 돌면 '서예관'이 나오고, 잠시잠깐 걸으면 전주천이 흐른다. 골목길 구석구석에는 전통찻집, 전통소리문화관, 한정식집들이 보석처럼 박혀 있다.

한옥 동네를 거닐어 본 사람은 안다. 소곤소곤 말을 걸어오는 분위기를. 정겨운 담장, 은밀한 대문간, 기웃기웃 작은 쪽 창문으로 이어지는 골목의 이야기들을. 한옥에 살아 본 사람은 안다. 나무의 향내, 기왓장의 묵직함, 처마와 쪽마루의 정취를. 특히 이 동네는 한지의 고향답게 창호지 문 디자인이 이채롭고, 물이 풍성해서 집집마다 우물도 있다. 전주시는 양옥이 있던 필지를 사서 한옥을 더 짓고 있으니 근사한 일이다. 한옥에서 자 보게 해주는 '전통한옥체험관', 전통 풍류를 보여주는 '술박물관', 전통공예의 솜씨를 자랑하는 '공예전시관', 전통 상가와 놀이마당 등, 순 한옥식이다. 이 동네 유일한 고층건물인 리베라 호텔에서 내려다보는 한옥마을의 풍경은 한 폭의 '한국화'다. 이 골목 저 골목 들어선 전통찻집과 한정식집에 앉아있노라면 풍경 소리에 섞여 그 어디선가 '소리'가 들려온다.

1930년대에 태어나 고희(古稀)를 넘긴 한옥마을. 전주의 자랑이자 한국의 자랑이다. 관광객이 많아짐에 따라 전통상가, 공방, 먹거리집도 늘겠지만, 사람 사는 진품 한옥으로 남는 것이 중요하다. 주민들 손으로 다듬을 것도 많다. 담장, 대문, 창문을 개비해야 할 때 한옥 맛을 낼 수 있도록 손쉽고 경제적인 개조 방식을 전주시에서도 개발하며 주민을 도와주어야 할 것이다. 진품 동네에 사는 긍지로 명품 동네를 만드는 주민. 멋과 맛을 아는 그 사람들을 우리는 그저 부러워 할 뿐이다.

전주 골동상 ▲

▼ 태조로에 새로 지은 전통 공예전시관

풍남문, 경기전, 전동성당, '다문' 찻집, 그리고...

'풍남문'은 세 칸 성문과 성벽 날개가 아주 독특한 성문이다. 태조로에서 보면 성벽만 보여서 오히려 호기심을 자아낸다.

'경기전'과 '전동성당'이 어우러지는 장면은 정말 명장면이다. 로마네스크 양식의 전동성당은 특히 벽돌 색깔이 아름답다. 경기전 앞의 수백 년 된 나무그늘 탓에 더 그러려니 싶다. 임실에 사는 친구 따라 전주에 처음 발 디딘 것이 1972년. 이 장면에 완전히 매혹되었다. 전동성당 안에 깔려 있던 마루가 특히 인상적이었는데, 지금은 그 위에 타일을 깔아 버려 맛이 덜하다. 순교지 위에 세운 전동성당은 성자들의 모습을 그린 스테인드 글래스가 아름답다. 이탈리아도 아니고 프랑스도 아닌, 우리의 색감이다.

이제 갈 곳은 더욱 많다. 2002년 봄에 완공되어 개장한 '전통한옥체험관', '공예전시관', '술박물관' 같은 새로운 전통 건물들 덕이다. 천만다행하게도 원목 나무 제대로 써서 제대로 만든 한옥이라는 것이 좋다. 전통한옥체험관에서 하룻밤을 자며 이 동네를 맛보면 아주 좋을 것이다. 외국인의 발길도 그치지 않는다. 소품들도 손맛 나는 옛 물건들을 제대로 쓰고 있고 파는 공예품들도 솜씨있는 격조를 뽐내고 있어서 이제 시간의 때만 묻으면 이 동네에 포근히 안길 것이다.

오래된 한옥을 고쳐 만든 찻집 들르는 맛도 좋다. 그 중에서도 '다문'. 집 고친 솜씨도 좋고, 마당 안의 깊은 우물의 조형미가 뛰어나고, 가슴에 하얀 별이 달린 검둥개 '탄우'도 멋지다. 전주의 풍류패들이 수시로 모여 이 동네와 전주의 미래를 꿈꾸는 찻집이라니, 한옥 마을의 사교장이자 풍류를 즐기는 마당인 셈이다.

다문찻집 우물

전주 전동성당

전주 문화패들, 풍류 한옥마을을 만들다

●●

전주 문화패들은 뿌리도 깊고 가지도 넓고 열매도 풍성하다. '소리' 없는 전주 없고, '한지' 없는 전주 없고, '글씨' 없는 전주 없고, '합죽선' 장단 못하는 전주 사람 없다. 물론 '비빔밥' 없는 전주 없고 '배술' 한잔과 '한정식' 한 상 없는 전주 있을쏘냐. 물 맑은 전주천을 따라 손맵시와 목소리 좋고 풍류를 아는 전주 사람들. 후백제 견훤과 태조 이성계의 긍지는 예술로 이어진다.

태조로와 한옥마을이 자칫 상업적인 관광마을로 격이 떨어지지 않으려면 전주 문화패들의 각별한 기여가 필요할 것이다. 중국의 항쪼우나 일본의 교토처럼 모습도 내용도 풍요롭게 될 수 있음에랴.

꿈꾸기로는 태조로를 따라 온통 한옥으로, 이왕이면 한지를 소재로 창호들이 디자인되고, 곳곳에 글씨 솜씨가 보이고 닥종이 공예와 공방도 생긴다면, '경기전'에서 사시사철 일어나는 시민 솜씨자랑과 '풍남제'와 더불어 한국 특유의 풍류를 맛볼 동네가 되련만.

전주 한옥

경주

쪽샘마을

"아…!" 고분에 기대 한옥에 살다

그 이름만도 찬란한 석굴암, 불국사, 분황사, 황룡사, 첨성대, 안압지, 계림…. ――――― 그 중에서도 도시 한가운데, 집 사이사이로 뒷동산 앞동산처럼 솟은 고분들은 가장 '서라벌(徐羅伐)'답지 않은가. ――――― 시간은 멈출 듯 멈출 듯, 아득해진다. 죽은 자들의 안식처와 산 자들의 거처가 어쩌다 한데 섞였을까?

【 대릉원 고분공원 옆 '쪽샘마을' 】

고분공원, '대릉원(大陵院)'은 경주에 가면 누구나 찾는 곳, 설령 찾지 않더라도 시내를 다니며 그 존재를 느끼는 것만으로도 "아…!" 하는 탄성이 나오는 곳이다.

그런데, 이 대릉원이 새로 만든 공간, 새로 지은 이름이라는 것을 사람들은 곧잘 잊는다. 1976년, 185채의 한옥을 없애고 남아 있던 고분들을 다듬고 작은 봉분들은 없애며 전체 약 12만 평, 23기의 고분을 품에 안으면서, '미추왕릉' 덕분에 '대릉원'이라는 이름이 붙여졌다.

이 대릉원 옆에 한옥들이 빼곡한 '쪽샘마을'이 있다는 사실 또한 잘 모를 것이다. 대릉원 동편 담장길이 봄이면 벚꽃으로 유명한 '쪽샘길'이고, 경주 특유의 '쌈밥집'이 많아서 적잖이 이 쪽샘마을에 드나들면서도 말이다. 450여 채의 한옥이 모여 있는 이 땅 밑에 수십여 기의 고분이 있다는 것은 더더욱 모를 것이다. 쪽샘마을은 사적지로 문화재 보호구역으로 지정되어 있는 동네다. 1963년부터이니 40여 년 되었다. 말하자면, 쪽샘마을은 '원칙적으로는' 없어질 동네다. 대릉원처럼 고분공원으로 조성될지도 모르는 것이다. 큰 능은 아니더라도 이 일대 황남동, 황오동이 서라벌 반월성 시대의 귀족 능지였음은 조선 영조 시대의 기록에도 나와 있다.

'신라 고도, 경주'가 아니라 여느 도시였다면, 한옥이 많다는 것만으로도 보전 대상으로 여겨질 전통 동네였을 것이다. 흥미롭게도 서울의 인사동과 크기도 비슷하고, 인사동 길처럼 조선시대 '경주 읍성'으로 직통으로 연결되던 '쪽샘 1길'을 굵은 줄기로 하여 미로 같은 골목길이 여기저기 뻗어 있다. 고분 사이사이로 집들이 들어섰다가 길이 났다는 흔적이 역력하다. 인사동과 다르다면 100% 한옥이라는 점일 게다.

쪽샘마을이 아주 번성하던 적도 있었다. 통금이 있던 시절에 유일하게 통금이 적용되지 않던 이 동네에 '신라의 달밤'을 즐기러 오는 사람들로 밤이면 들끓었단다. 신라 시절 귀족들이 살던 화려한 '금입택(金入宅)' 까지는 아니라 하더라도, 이른바 '요정'이라는 이름으로 마치 서울 '삼청각' 같은 한옥들이 생기기도 했다. 지금은 식당들과 골동품상들이 전통 명맥을 유지하고 있다. 관광객은 머무르기보다는 스쳐 지나간다.

【 음택(陰宅)과 양택(陽宅), 죽은 자와 산 자 】

그런데 참 신기하지 않은가. 어쩌다 사람들은 이렇게 고분 '위'에, 고분 '사이'에 살게 되었을까? 고려 시대부터

▲ 대릉원 : 복원된 고분공원

▼ 쪽샘마을. 고분과 한옥들이 섞여 있는 동네

라는데, 처음에는 소외층이 살지 않았을까? 그러다가 자연적으로 봉분이 스러져버린 땅 위에 집을 짓고 살면서 점차 무덤이라는 기억을 잊었던 걸까? 아니면 왕족의 고분은 오히려 행운이 있다고 생각했던 걸까? 고려시대에 쪽샘마을은 '황촌(皇村)'이라 불렀다고도 한다. 음택과 양택이 섞이며 죽은 자와 산 자들이 어떤 교감을 이루었던 걸까?

'쪽샘'이라는 마을 이름도 신선하다. 쪽박으로 떠먹는 샘물이라는 뜻으로 쪽샘이 되었다는데, 경주의 3대 샘물 중 하나로 꼽혔었단다. 이 마을 곳곳에는 지금도 130여 개의 쪽샘이 있다고 하니 사람들은 고분 밑에서 솟아오르는 물을 떠 마시는 것을 아주 자연스럽게 생각했다는 증거 아닌가.

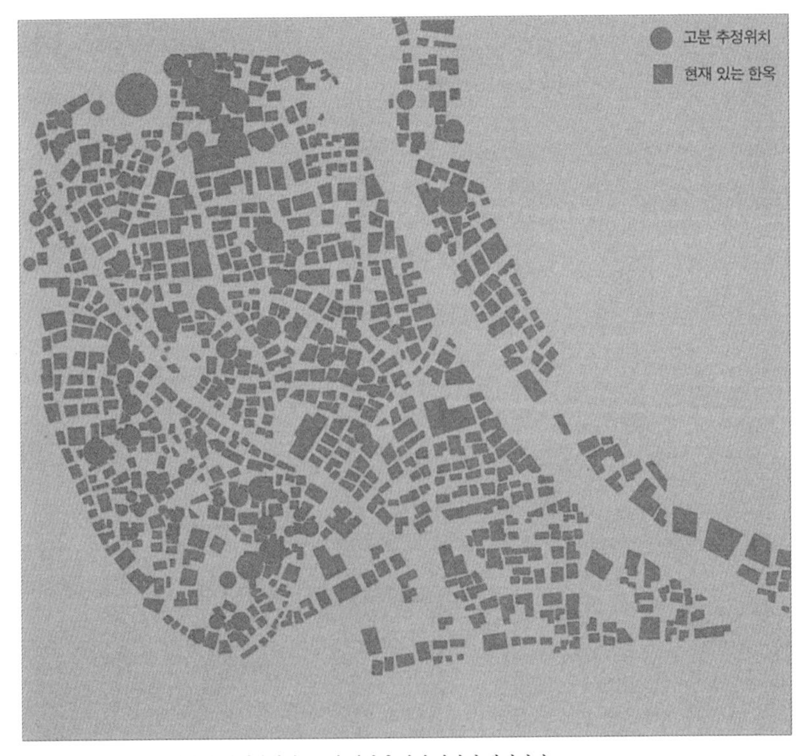

▲ 쪽샘마을에는 현재 한옥이 빼곡하지만, 고분 복원을 위해 없어질 예정이다.

상상만 해도 신기하다. 땅 속 그 어딘가에는 부서진 나무관, 돌로 잇던 덧널이 있을지도 모르고, 천마총 금관까지는 아니더라도 토기 부스러기라도 숨어 있으리라. 그 사이로 샘물은 솟아오르고 덮여진 땅 위에는 고려 사람, 조선 사람, 대한민국 사람이 집을 짓고 텃밭을 일구고 백일홍나무, 석류나무를 심으며 산다니….

【 경주 이천 년 시간의 켜를 】

그러나 현실은 현실이다. 박정희 정권 때 사적지로 지정된 후 언제 떠나야 할지 몰라 집수리도 제대로 못하는 통에 마을 사람들은 살기 힘들어하고, 경주시는 어서 국비를 배정받아 민가들을 매입하고 싶어한다.

그런데, 고분과 한옥이 앞으로도 같이 어울려 살게 할 방법은 정녕 없을까? 쪽샘마을 자체도 귀중한 역사의 한 부분일 것이다. '고분공원'이란 개념이 사실 이 시대의 창조물인 것에 비하면, 쪽샘마을은 오히려 지난 천 년의 역사를 생생하게 눈으로 보여주는 문화유적 아닌가.

고분도 살리고 한옥마을도 살리며 경주의 이천 년 시간의 켜를 느끼는 '쪽샘고분마을'이 될 수 있다면. 대릉원처럼 '외경스럽게' 잘 가꾸어진 고분공원이 아니라, 고분에 기대 보고 자연스러운 오솔길도 걸어 보고 한옥 전시관과 찻집과 골동품 아트샵에도 들러 보고 민박도 해 보며 신라의 달밤을 맞을 수 있다면…. 여기 묻힌 이름 모를 선인 신라인들이 말을 걸어오지나 않을까. ☰

왕경 서라벌의 격자형 도시계획

경주박물관에 가면 모형으로 만든 서라벌의 '왕경도(王京圖)'를 볼 수 있다. 장엄하다. 고분들은 물론 서라벌의 모태인 '반월성' 내의 상당한 규모의 건축물, 엄청난 규모의 황룡사를 보면서 나오는 탄성, "아!"

글로 남아 있는 것을 그림으로 옮긴 것이지만 상상만은 아니다. 서라벌의 원형은 건축 유적을 통해, 또한 땅에 묻힌 도로 유적을 통해 남아 있다. 경주는 이제 건축 유적 복원뿐 아니라 도로의 흔적들도 발굴하고 있다. 서라벌이 정말 그렇게 정연한 도로 격자로 이루어졌었음을 실증하게 되는 것이다.

한국과 일본의 고대 도시들이 중국 『주례고공기(周禮考工記)』의 도시계획 이론을 따랐음은 잘 알려진 사실이다. 일본의 교토나 나라, 우리나라에서도 고구려의 국내성과 장안성, 발해의 상경성이 그렇다. 그런데 그 중에서도 격자형 도시계획이 가장 정연한 도시는 왜 하필 서라벌일까?

물론 서라벌도 그대로 따른 것만은 아니다. 첫째로 가장 흥미로운 점. 경주는 격자도시면서도 성곽도시가 아니다. 경주를 둘러싼은 산에 산성이 있을 뿐이다. 둘째로 경주는 중국 도시와 달리 기능의 배치에서 대칭이 아니다. 왕궁을 중심으로 남쪽에 관아를 두고 북쪽에 상업 지역을 두는 '전조후시(前朝後市)' 형식을 채택하지 않았는데, 서라벌의 모태인 '반월성'이 남쪽에 있었기 때문에 형식 파괴가 자연스러웠을 것이다. 셋째로 가장 놀라운 점은 물론, 성내에 분묘를 품었던 고대적 매장 문화다.

서라벌의 크기는 한양보다도 컸다. 길이 3,075보(步: 길이 5.424m, 너비 5.323m) 너비 3,018보이니 동서 4km, 남북 2km인 한양의 중심지보다도 크다. 서라벌에는 360방으로 나누어진 동네에 주택 17만 호가 있었다니, 이 기록이 정확하다면 한양보다 5배 큰 규모다.

흥미로운 것은 방(坊)의 크기. 하나의 방이 하나의 동네라고 볼 수 있는데, 동서 160-165m, 남북 140-145m 정도였다고 한다. 이 크기를 서울의 강남과 비교해 보면, 강남의 한 블록은 내부에 약 36개의 방으로 나누어지는 정도의 크기다. 아파트 단지로 따지자면 3개의 동이 들어갈 수 있는 정도의 크기, 초등학교 하나 크기보다 약간 더 클 정도의 크기다. 친밀하게 이웃을 느낄 만한 스케일이라고 할까?

정연한 격자형 도시 구성 속에서 질서와 품위와 신비로움까지 담았던 서라벌. 그 안의 자유분방하면서도 품위 있던 삶의 격조가 가히 상상이 된다.

'살아있는 고도, 경주'의 역사적 상상력

●●

신라 서라벌의 역사적 무게는 휘영청 달밤처럼 찬란하다. '경주'로서의 역사는 어떨까? 935년 신라가 망하면서 왕건에게서 얻은 이름인 '경주'의 천년 역사가 이제 서라벌 천년 역사보다 길어지는 때이다.

17만 주택이 있었다는 『삼국유사』의 기록이 정확하다면 약 100만 인구의 대도시였던 서라벌. 중국 장안성을 따라 격자 도시로 조성했던 왕경(王京), 세계 10대 유적지로 꼽힌 고도(古都)이니만큼 신라 문화의 보전과 발굴의 중요성은 아무리 강조해도 지나치지 않으리라. 그러나 신라만이 경주의 역사는 아니리라. 고려의 경주부, 조선의 경주읍성도 경주의 중요한 역사 아닐까.

일본의 교토는 항상 부럽다. 보전할 것 보전하고 건물 높이도 강력하게 규제하면서도 살아있는 전통도시이자 혁신적인 미래적 디자인 도시다. 한번 가면 며칠을 묵고 싶게 만든다.

경주는 어쩔 것인가. 고층 아파트, 경마장, 고속전철이 들어오지 않더라도 이 시대의 '살아있는 고도, 경주'의 역사적 상상력을 어떻게 풀어낼 것인가. 어떻게 '묵고 싶은 경주'를 만들 것인가.

서라벌 〈왕경도〉 복원도

서울

인사동

골목이여, 텃밭이여, 잎새여…

도시란 '사람이 만드는 자연'이다. ——— 항상 거기 있었고 항상 거기 있을 듯한 느낌. ——— 기대고 싶은 느낌, 아늑해지는 느낌, 거닐고 싶은 느낌, 걸터앉고 싶은 느낌, 다시 오고픈 느낌, '도시적 자연성'의 묘미다. ——— 인사동은 그런 도시적 자연성을 느낄 수있는 동네다.

【 인사동에서 만나요 】

인사동은 우리나라에서 가장 유명한 전통동네다. 옛 모습 그대로 있는 다른 명소들도 많지만, 인사동은 활발한 도심 속에 있어서인지 훨씬 더 가깝게 느껴진다.

"인사동에서 만나요!" 분위기 풍기는 말이다. 인사동을 '제2의 당신 동네'로 삼고 있는 수많은 작가, 시인, 화가, 지식인들이 아니더라도 요새는 젊은이도, 아줌마도, 어린 학생들도 인사동에서 만나길 즐긴다. '인사동에서 만나는 그 느낌'이 어딘지 각별한 것이다.

인사동은 사실 떠도 너무 떴다. 너무 많은 사람들이 찾아온다 싶을 정도다. 주중엔 5 - 6만, 주말엔 10만여 명이 몰린다. 일요일 오후에 가면 깜짝 놀랄 정도다. 외국 사람은 또 어떻게 그렇게 많은가. 빠지지 않는 관광코스다.

인사동의 변화를 애석해하는 사람도 많다. 고즈넉하고 고급스런 진짜 전통 동네로 추억하는 세대들이다. "그때가 좋았어!" 뜨내기는 희귀했고 토박이와 단골들이 그 어떤 품격을 이루었다. 수입품은커녕 '순 우리 것' 만 있었다. 나 역시 그때를 어딘가 '옷깃을 여미는 분위기' 로 기억한다.

88올림픽 이후로 대중적인 전통동네가 된 지금, 인사동은 분위기는 있지만 옷깃을 여미는 분위기는 아니다. 전통은 '살 수 있는 소품' 으로, '마실 수 있는 차' 와 '먹을 수 있는 요리' 로, '입을 수 있는 옷' 으로, '볼 수 있는 과정' 으로 가깝게 다가온다. 한편 애석하지만 다른 한편 신선한 변화다.

【 인사동 '잎새'의 골목 전통과 텃밭 전통 】

변화하는 인사동에서 여전히 인사동이라고 느낄 수 있는 요체는 뭘까? 아무리 시간이 지나도 남아 있을 듯한 것이 뭘까? 가장 인사동다운 것이 뭘까? 물론 한옥도 있고, 기왓장도 있고, 담장도 있겠다. 그러나 인사동의 가장 인사동다움은 '골목 전통' 과 '텃밭 전통' 아닐까?

인사동길은 종로변 남인사마당부터 안국동 로터리 북인사마당까지 불과 600미터 길이다. 그러나 옆으로 뻗어있는 골목은 마치 실핏줄처럼 인사동을 누빈다. 그 총길이는 20여 킬로미터. 인사동과 비슷한 크기의 강남 코엑스 블럭의 길의 길이에 비하면 10배는 길다. 인사동이 '캐도캐도 잘 모르겠는 매력 동네' 이고, 코엑스 동네는 '한눈에 간파되는 비즈니스 동네' 인 이유다.

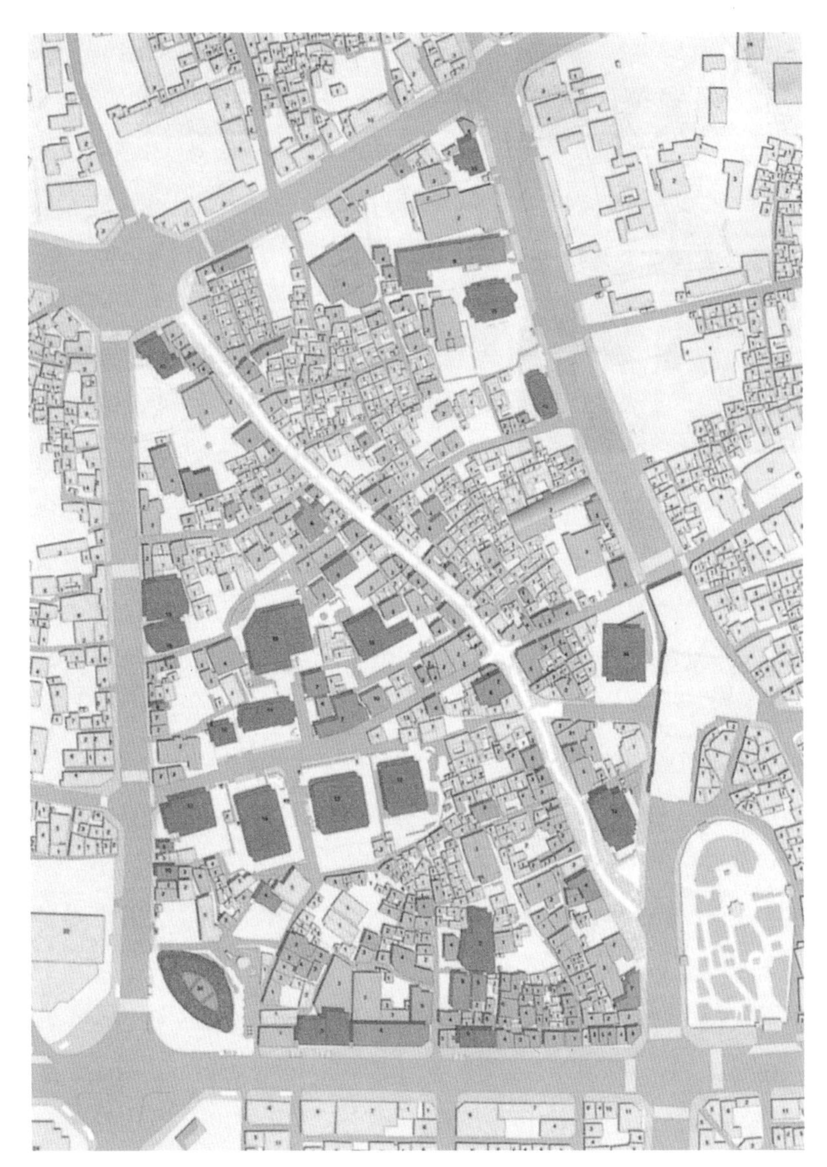

▲ 2001년 인사동. 인사동길을 따라 한옥이 남아 있지만, 큰길변은 대형건물로 들어찼으며, 특히 종로변 재개발지구 블록의 재개발이 전체적으로 추진되면 인사동 남쪽은 없어질 수도 있다.
「인사동 지구 단위계획」 중에서.

인사동은 마치 '잎새' 같은 모양이다. 또는 '뿌리깊은 나무'의 모양이라 할까? 인사동이 그 아무리 변해도 골목만큼은 지켜야 하는 이유다. 그동안 없어졌던 골목도 오히려 다시 살려야 할 판이다.

골목 전통을 받쳐주는 것이 인사동의 텃밭 전통이다. '마당 있는 집'이 아니더라도 어느 집 앞에나 있는 텃밭. 담장 밑, 대문 옆에, 기왓장이나 벽돌을 쌓아 구획을 만들기도 한다. 작은 것은 한두 자 폭, 커봤자 서너 자 길이지만 열심히 심는다. 텃밭 만들 땅이 없으면 화분이나 돌확이라도 갖다 놓고 심고 또 심는다. 주인의 손길이 느껴진다. 텃밭 천국이다.

어느 한식집은 몇십 년째 분꽃만 심는다. 어느 카페 앞에는 나지막한 조릿대가 담장에 기대 있다. 어느 찻집 앞에는 각종 초화가 유명하고 물확에 부레옥잠도 띄워놓고, 닭도 있고 새도 난다. 어느 담장 옆의 조롱박은 덩굴이 올라가 칠팔월엔 골목 위에 그늘을 드리워 준다. 채송화, 봉숭아, 맨드라미, 호박, 오죽, 매화, 백일홍, 담쟁이도 찾을 수 있다.

'사람 살던 동네'였기 때문에 텃밭 전통이 이어지는지도 모른다. 마치 몇백 년 동안 그렇게 있었던 것 같지만 인사동 골목이 생긴 것은 1930년대부터다. 워낙 양반 동네였지만, 양반들이 몰락하면서 땅을 쪼개 골목 만들어 집 지어 살고, 양반들이 내놓은 골동품을 팔면서 고서화집, 도자기집, 필방도 생기고, 큰길가의 화랑도 인사동도 마치 텃밭의 식물처럼 자라온 것이다.

북인사마당에 앉아 있으면, "이게 끝이야…" 하면서 실망하는 듯한 젊은이들의 말이 들리곤 한다. 그들은 인사동 큰길만 걸은 것이다. 그게 아니다. 인사동의 진짜는 미로 같은 골목 속에 있다. 휘는 골목, 꺾이는 골목, 막

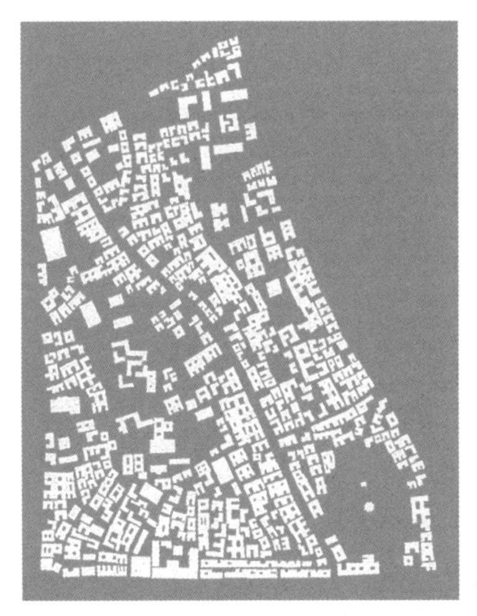

◂ 1970년대 인사동: 거의 한옥만 있었을 당시 종로변 YMCA 건물이 가장 큰 건물이었다.

▾ 1950년대 인사동: 한옥군들 사이로 '탑골공원', '태화관' 건물이 보인다.

01
02

仁·寺·洞·

07
08

인사동에서 만나요 분위기 풍기는 말이다. 젊은이도 아줌마도 어린 학생들도 인사동에서 만나길 즐긴다. 인사동에서 만나는 그 느낌이 어딘지 각별한 것이다.

01 _ 인사동 가을축제 02 _ 남인사마당 조감 03 _ 남인사마당 테라스 04 _ 바닥 전돌 05 _ 남인사마당 물동이
06 _ 2001년 겨울 인사동 07 _ 북인사동 축제 08 _ 바닥 이름 09 _ 임옥상의 '나도 예술가' 주말 이벤트
10 _ 인사동 복두꺼비 11 _ 옛찻집 골목

다른 골목, 남의 집 뒤뜰을 거치는 골목. 무한궤도 골목 사이사이를 이어가는 비취 같은 텃밭과 푸른 이파리들과 꽃송이들. 인사동은 무한동네다.

마치 '황무지' 같은 현대 도시를 그나마 덜 잔인하게 만들려면 도시를 자연으로 대하면 된다. 비록 작은 골목이지만, 비록 작디작은 텃밭이지만, 씨앗을 심으며 야들야들하고 파릇파릇한 생명의 기쁨을 맛보는 것, 그것이 삶이다. 생명은 나고 전통은 자란다. 인사동의 전통은 골목으로 텃밭으로 무한히 이어지리라. 이 봄이 가고 또 우리가 가도.

【 나와 인사동의 각별한 인연 】

나와 인사동은 각별히 인연이 있다. 30년여 인사동을 자주 찾던 단골 손님이었다가 전문인으로서도 드디어 인연을 맺었다. 1999년 '인사동길' 설계를 했고, 2000년 공사의 최종단계 설계감리를 했다. 인사동의 잎맥 중 가장 큰 줄기를 다루었을 뿐이다. '12 큰 골목'과 '12 작은골목'의 내부는 가능하면 집 앞 텃밭처럼 골목 안 사람들이 직접 가꾸면 좋겠다.

우여곡절 끝에 인사동길 하수도, 수도, 전기통신 인프라도 바꾸었다. 내가 맡은 일은 길 위였을 뿐이지만, 길 밑을 정비하지 않고 길 위를 할 이유가 없다는 나의 주장이 드디어 받아들여졌던 것이 기쁘다. 갖은 우여곡절 끝에 기왓장 색 전돌을 깔게 된 것도 기쁘다. '오래오래 갈 수 있는 바탕, 가만히 배경이 되어주는 길'로 남으리라는 것을 기대할 수 있다.

'남인사마당'과 '북인사마당'을 만들 수 있어서 기뻤다. 공중화장실을 만들 수 있어서 좋았고, 사람들이 즐겨 모여서 기쁘다. 북인사마당은 아담하고, 남인사마당은 시원하다. 남인사마당은 테라스식으로 해 놓은 것이 무대 역할을 톡톡히 한다. 계단 밑도 계단 위도 번갈아 무대 역할을 한다. 남인사마당의 물동이 세 개는 디자인이 맘에 든다. '넉넉히 차 올라 넘쳐 흐른다'는 느낌이라는 어느 미술인의 표현, 바로 그런 느낌을 만들고 싶었다. 크기로는 '어른 · 청년 · 아이'지만, '천 · 지 · 인'으로 보아도 좋다. 숫자 '셋'이 주는 넉넉함이다.

갖은 우여곡절 끝에 설계 숫자보다는 훨씬 줄었지만 인사동길에 '텃밭'을 만들 수 있어서 가장 기쁘다. 인사동 골목의 풍경을 큰길로도 끌어내고 싶었다. 바라건대는 호박 넝쿨, 조롱박 넝쿨도 올라갔으면 좋겠지만, 어떤 식물이든 자라는 것을 보는 것만도 즐겁다. "감자가 싹이 났다, 잎이 났다, 묵…" 놀이 동요처럼. '물확'에 화분이 아니라 드디어 진짜 수생식물, 부레옥잠이 자라고 꽃까지 피는 것을 보아서 2002년에는 정말 기뻤다. 각 상점이 하나씩 맡아 가꾼다는 것도 기쁘다.

인사동은 익어간다. 그리고 익어가리라. 겨울에 돌이 차가워질 때, 가게 주인들이 돌 위에 비단 방석을 하나씩 놓는 모습을 봤으면 좋겠다는 내 꿈. 글쎄, 너무 꿈 같은 얘기라는 평을 듣는다. 그렇지만, "꿈★은 이루어진다."

인사동에는 아직도 차가 다닌다. 인사동의 화랑들은 여전히 분투하고 있다. 인사동에 너무 통속적인 민속집들이 생기고 있다. 인사동에 너무 서구풍의 집들이 들어선다. 인사동에 너무 유흥적인 기능들이 생기고 있다. 인사동에 여전히 밤 포장마차가 들어서곤 한다.

그러나 여전히 인사동에는 문인들, 화인들, 언론인, 지식인들, 문화인들의 발길이 끊이지 않는다. 엄청나게 늘어난 젊은 사람들, 외국인들, 주말의 가족 인구들 사이를 비집고 말이다. 눈에 띄지 않는 '빙산'의 밑부분 같은 역할을 하며 인사동을 지키는 사람들이다.

인사동 어느 귀퉁이에 새겨놓은 것처럼, "인사동 백수백복(百壽百福), 인사동 포에버!" ☰

베이징의 류리창-교토의 본또초-서울의 인사동

●

동아시아 3국에서 가장 유명한 전통 동네라면, 베이징의 '류리창(琉璃廠)', 교토의 '본또초(先斗町)' 그리고 서울의 '인사동(仁寺洞)'이다.

국가가 엄격하게 컨트롤하는 류리창은 회색 전벽돌집이 주종이고 곧고 넓은 길과 붉고 푸른 장식이 화려하다. 본또초는 폭 2-3미터 뒷골목이 마치 인사동과 연결된 종로 '피맛길'을 연상시키는데, 전통가옥과 근대가옥이 비슷한 스케일로 어울리고 상인들이 자체적으로 그 분위기를 지킨다. 안정된 류리창과 본또초에 비해서 인사동은 언제나 위태위태하다. 종로변 남인사동 구역은 지금도 재개발구역으로 지정되어 있다는 것을 시민들은 잘 모르고 있다. 언제 고층 건물이 들어올지 아슬아슬하다. 전통적인 한옥이 비교적 잘 보전된 북인사동 지역에서도 몇 개의 필지를 합해서 큰 상가를 짓겠다는 움직임이 그치질 않는다. 2002년 봄에 2년 동안 묶였던 건축 신축규제가 드디어 풀렸다. 서울시와 종로구청이 보전장치를 나름대로 마련했지만, 불안은 언제나 남아 있다. 인사동만큼은, 인사동만큼은.

교토 본또초

골목길 패턴이 보전대상인 보스턴의 한 블록

●●

건물이 보전 대상인 경우는 허다하다. 희귀한 경우는 길의 모양이 보전 대상으로 지정된 사례다. 보스턴 도심의 '블랙스톤(Blackstone)'이라는 동네다. 길이 120여 미터 폭 60여 미터의 크지 않은 블록, 이탈리아 동네다. 워낙은 이 주변도 비슷했었는데 재개발로 다 없어지

보스턴 블랙스톤 블록

고 이 블록만 남았다. 주말이면 이 앞에서 '헤이 마켓(Hay Market)'이라는 재래 시장이 열린다. 풍성한 수산물과 유럽풍의 햄과 소시지, 신선한 야채와 과일, 그리고 내장과 족발도 파는 맛깔진 동네다. 블랙스톤 골목 내에는 5층 높이의 건물들이 꽉 들어차 있는데, 건물의 리노베이션이나 재축은 가능하지만 어떤 경우에나 골목길의 모양을 바꾸어서는 안 된다는 문화보전원칙이 적용된다. 인사동도 집들은 바뀌어도 골목 패턴만큼은 바뀌지 않아야 하지 않을까?

'카오스 질서, 복잡계 질서, 생물적 질서'의 인사동

●●●

점점 더 그 의미가 밝혀지는 '복잡계, 카오스, 생물적 순환' 이론들. 도시는 전형적인 복잡계이자 카오스이고 하나의 생물이다. 그 질서가 금방 눈에 보이지 않고 어딘가 혼돈스러운 것 같지만 어딘가 살아 숨쉬는 것 같은 느낌. 변하지 않는 듯 하면서 변하고, 변하는 듯 하면서 변하지 않는 느낌. 인사동은 그렇다. 지금의 인사동이 생긴 것도 진화적 우연이다. 인사동의 골목길들이 그렇게 미로처럼 번진 것도, 마치 뿌리처럼 자라나고 잎맥처럼 뻗쳐간 것도 그 어떤 생명의 동기 때문이다. 인사동의 골목들이 서로 연결되지 않는 것도 그런 이유다.(일부러 꼭 연결해야 할 이유도 없다. 건물 옆 공간을 비집고 들어가거나 마당을 통해서 연결되는 희한한 구조다.)

인사동의 생명질서는 자연에 가까운 도시질서다. 말이나 글로 표현하는 질서가 아니라, 사람들이 몸으로 접하며 익히는 질서. 그래서 더욱 끈질기고 사람의 몸과 가깝기에 더욱 사람의 마음에 가깝게 다가오는 것이다. 이런 생명력을 현재의 우리 도시에 어떻게 불어넣을 수 있을까?

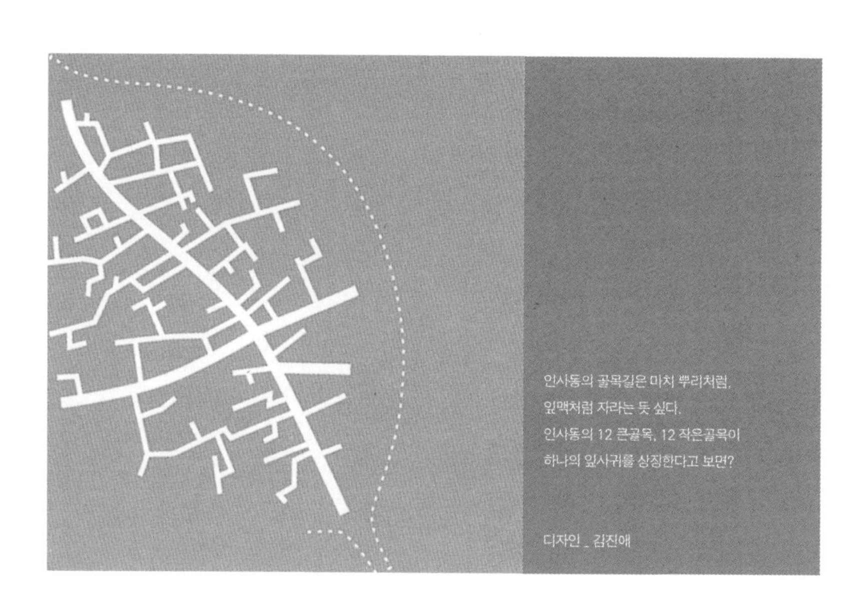
인사동의 골목길은 마치 뿌리처럼,
잎맥처럼 자라는 듯 싶다.
인사동의 12 큰골목, 12 작은골목이
하나의 잎사귀를 상징한다고 보면?

디자인 _ 김진애

사진_박영희

수원

화성

르네상스를 이룬 리더십이여, 다시 오라!

18세기 말 르네상스를 이뤘지만 '미완의 개혁'을 남겨두고 훌쩍 떠나신 정조대왕. ____ 팔달산 서장대에 다시 오른다면 뭐라 하실까? ____ 세계문화유산이 된 것에 흐뭇해 하실까? ____ 한성(漢城)은 거의 없어졌지만 화성(華城)은 길이 남으니 연무대로 가서 그 신궁 솜씨로 축복의 화살을 날리실지도 모른다. ____ 정조의 리더십은 화성을 통해 끊임없이 새로 태어나야 하리라.

【 인구 100만 수원, 인구 1만 화성 】

2002년, 수원은 인구 백만을 드디어 넘겼다. 기초자치단체로서는 첫 백만 도시다. 정조의 화성 계획인구 최대 1만 정도(주택 계획호수 1천 호)에 비하면 백 배는 커졌다. 그러나 흥미롭게도 화성 내의 현재 인구는 만오천이니(건물 3천여 동), 계획이 좋았던 것 아닐까.

팔달문과 장안문 사이 거리는 1.2km, 전체 면적은 40여만 평이지만 시가지는 20여만 평이다. 동서남북 네 구역으로 나누어져서 편안하게 걸어다닐 만한 거리로 성곽의 드라마틱한 곡선 프로필이 한 눈에 잡힌다. 남북 성

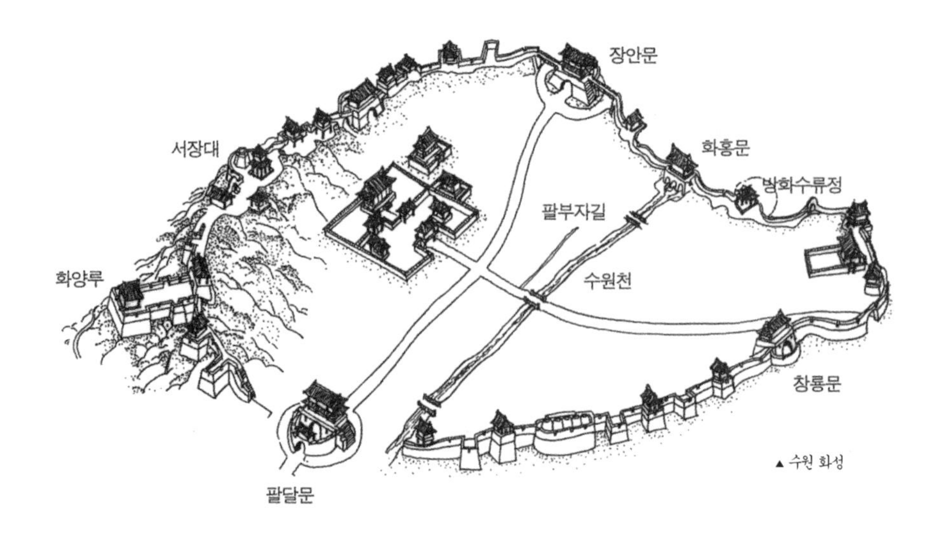

▲ 수원 화성

문 주변은 번화한 시장통이고 수원천을 따라 재래시장도 활발하니 이 동네 저 동네 기웃거리기도 좋다.

옛 도심은 다행스럽게도 크게 바뀌지 않았다. 신시가지 개발에 밀린 탓이지만 크게 보면 잘된 일이다. 사실 화성 내에서 가장 활발한 개발은 복원사업이다. 화성을 만드는 전 과정을 『화성성역의궤(華城城役儀軌)』라는 책으로 만들어 둔 덕분에 복원이 쉽다. 혜경궁 홍씨의 회갑연으로 유명한 행궁(行宮)도 2002년 드디어 1차 복원되었다.

될성부른 작품일수록 계획과 설계기간은 길고 공사기간은 짧다. 치밀하게 준비하고 실행은 재빨리 해 내는 것이다. 정조 15년의 계획 기간을 고려한다면(등극하자마자 구상을 시작했을 듯 싶고 사도세자의 능을 화산으로 옮겼을 때는 이미 구상이 완료되었던 것 아닐까?), 총 5.744km, 높이 5미터의 성곽, 577칸의 행궁과 41여개의 시설 공사를 2년 10개월에 끝낸 것은 놀라운 추진력이다. 월드컵 경기장 건설 정도의 기간이다. 탁월한 설계자로서의 다산 정약용, 훌륭한 공사 총감독으로서의 채제공과 현장감독 조심태는 화성의 숨은 영웅들이다.

탁월한 작품일수록 명분 뒤에 실리가 있다. 아버지에 대한 애도, 어머님의 노후를 기쁘게 해드리려는 효심에서 비롯되었다고 하지만 그것은 국민을 설득하고 반대 세력의 목소리를 잠재우려는 명분이었을 게다. 정조는 리더십을 강화하려는 실리적 목적을 다각적인 방법으로 모색했다.

18세기 말(1796년 완공)에 성곽도시를 새로 만든다는 것은 사실 조금은 이상한 일이다. 더구나 화성처럼 평지의 교통 요지에. 정조는 방어 목적보다는 왕이 컨트롤하는 군대 양성을 합리화하려 한 것 아닐까. 군대용 둔전(屯田)을 여유롭게 잡았던 것도 그런 이유 때문이었을 것이다.

화성에는 상업과 교역 활동을 강화하려고 일부러 특혜까지 주면서 8도의 유명 상인들을 유치했었다. 행궁 앞 종로에 가깝게 만들어진 '팔부자길(八富者길)'이라는 상가길이 지금은 동네 시장 정도로 그치는 것이 안타까울 정도다. '세계부자길'이 되어도 성에 안 찰 판인데….

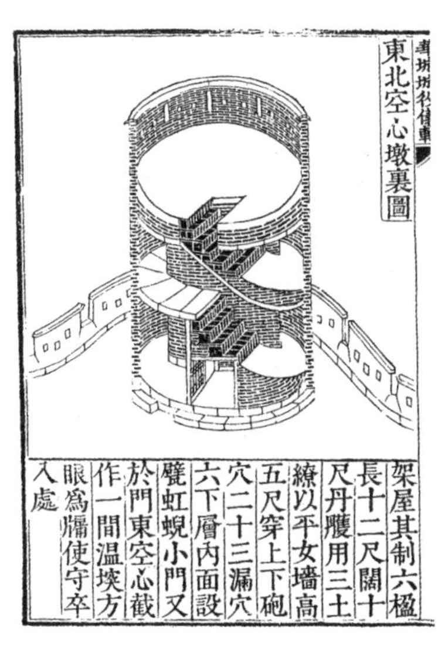

▲〈동북공심돈〉의 내부 단면도. 『화성성역의궤』 중.
이런 단면도는 전통설계도 중에서 아주 희귀한 경우다.

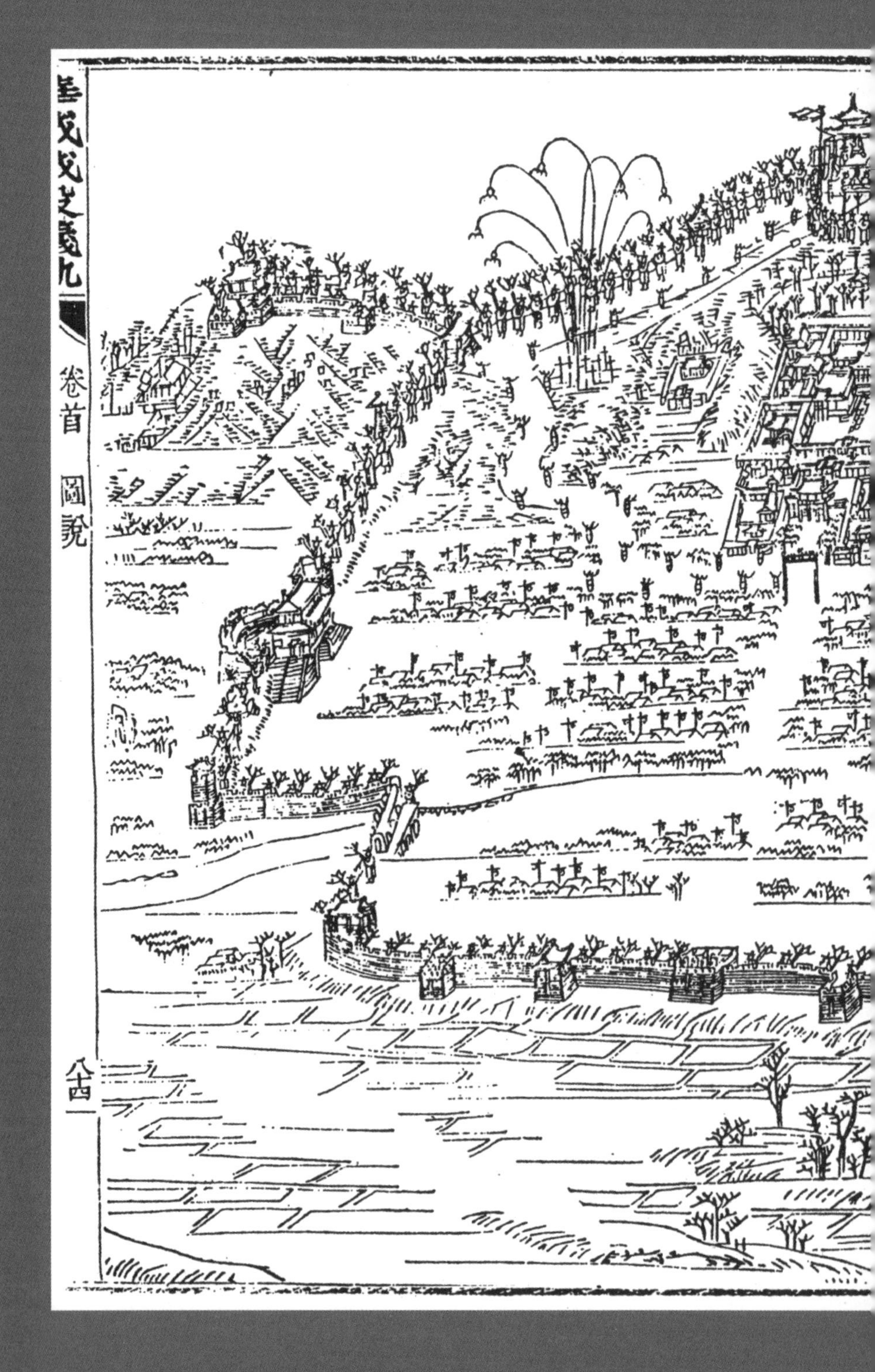

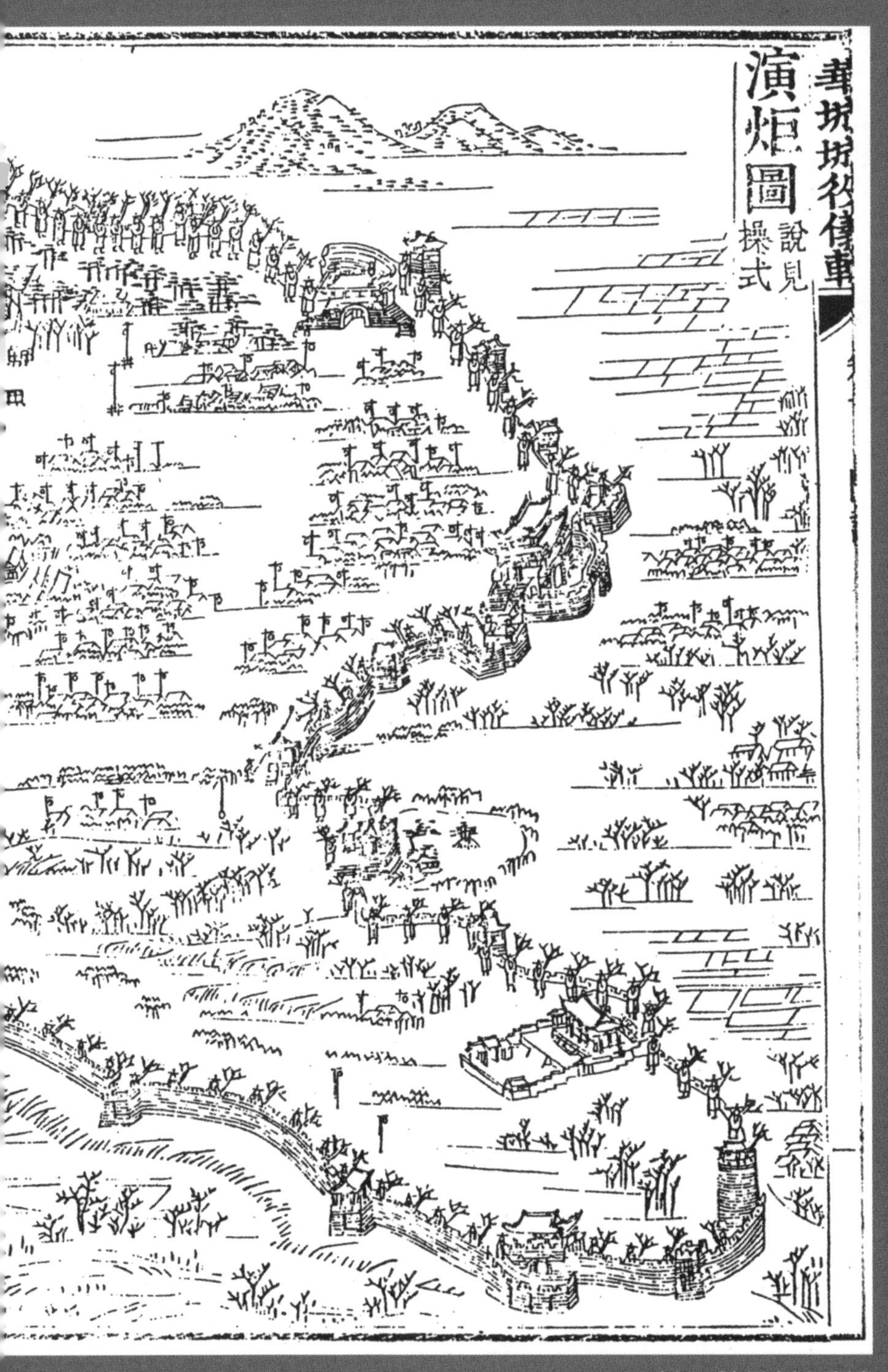

▲ 〈화성도〉. 『화성성역의궤』 중에서.

◀ 1930년대 〈장안문〉
『정조대왕 및 충효자료도록』 중에서.

【 물 귀한 수원(水源)에 물 담은 저수지를 】

무엇보다 감탄할 만한 정조의 위업은 화성 광역의 저수지 사업이다. 물이 귀한데 왜 수원이라는 이름을 붙였는지 모를 이 평야에, 저수지를 통해 물을 공급함으로써 농업을 융성시켜 화성의 자급자족기능을 높이려는 혜안이다. '서호'와 '만석거' 등 저수지를 만든 정조는 100년 전 미국의 유명한 조경가 옴스테드를 다시 100년 앞지른 광역적 생태조경가라 자랑할 만하지 않을까.

지금도 수원천이 마르지 않는 이유는 상류 저수지 덕분이다. 몇 년 전 화성 내 수원천 복개를 한다고 해서 시민들이 들고 일어났었다. 다행히 살아남은 수원천. 여전히 화홍문 아치 밑으로 풍성한 물이 흘러 넘치고, 내 어릴 적 빨래터였던 수원천은 지금 생태계의 보고다. 정조의 리더십은 실무자를 발탁하고 실용 제안을 독려했다는 점이다. 정교하게 자른 큰 돌을 이어 붙이는 방식, 전벽돌을 구워내어 쌓았던 축성방식, 공격과 방어의 기본에

◀ 〈공심돈〉

▼ 〈팔달문〉

▲ 6.25 전쟁 중 폭격으로 부서진
〈장안문〉과 〈북옹성〉

▲ 〈화홍문〉의 유화. 1946년에 런던에서 발행된
『old korea』에 실린 삽화.

충실한 설계가 그래서 탄생했다. 공심돈, 화서문, 화홍문, 방화수류정, 팔달문의 독특한 건축미학 역시 기능적인 선택, 기본에 충실한 단순성에서 비롯된 것이다.

계획된 신도시 화성, 정치와 경제와 사회와 문화와 예술과 과학기술이 어우러져 만들어진 작품. 그리 일찍 떠나지 않으셨더라면 정조의 리더십은 근대 한국에 어떤 기회를 마련했을까? 리더십의 중요성이 사무치는 때다.

'복원' 이후 화성의 르네상스?

화성 성벽은 팔달문 양측 외에는 거의 복원되었고, 수원시는 '행궁' 외에도 기록에 남아 있는 화성 내 시설을 대부분 복원할 예정이다. 관건은, 이런 복원 이후에 화성의 미래는 어떤 모습일까이다. 어떤 르네상스가 가능할까?

오스트리아의 잘츠부르그는 성의 도시다. 수원보다 작지만, 그러나 국제도시다. 그 성에서는 지금도 노래 소리가 들릴 듯하다. '사운드 오브 뮤직' 영화의 배경으로 유명하지만 사실은 모차르트 고향으로 더 유명하다. 지금도 모차르트 축제철이면 세계의 선남선녀들이 모여들고, 옛 귀족의 '빌라'와 왕족의 '성채'를 빌려 휴가를 보내며, 곡선 형태 독특한 간판이 유명한 거리에서 쇼핑을 하고, 알프스 초원을 기웃댄다.

화성의 성벽에서는 무슨 음악이 들릴 수 있을까? 애석하게도(?) 진지하기만 했던 정조대왕은 화성에 로맨스까지 불어넣는 르네상스는 이루지 못했다. 우리 후세들은 그것을 가능하게 할 수 있을까? 전통의 복원만으로 찾고 싶고 머물고 싶은 르네상스 도시가 될 수는 없다. 화성은 그 전체가 '민속촌'이 될 수도 없고 되어서도 안 된다. 어떻게 전통과 미래가 어울리고 일상과 예술이 어울리며 새로운 르네상스를 만들 것인가? 수원의 과제다.

수원화성

수원, 베이징, 항쪼우, 보스턴의 '치수'용 인공호수들

●●

수원(水原)이라는 말이 붙은 것은 재미있다. 물 귀한 지방에 '물 들판'이라는 뜻의 이름이라. 농업용 저수지들을 많이 만들어 논을 가꾸다 보니 마치 물의 평야처럼 보이지 않았을까? 워낙 산 많고 물 많은 우리 나라에서 수원은 독특한 치수 방식을 가진 희귀한 도시다. 평원 드넓고 물 귀한 중국의 도시에서는 인공호수가 흔하게 쓰인다. 인공호수라기에는 너무도 큰 '자금성' 옆의 호수와 북부 '하궁'의 호수도 베이징에 물을 공급하기 위해 만든 저수지다. 스케일이 크다. 하기는 그 유명한 항쪼우의 '서호(西湖)'도 인공호수라는데는 말 다했다. 미국 보스턴의 광역 생태계획은 19세기에 만들어졌는데 자연공원, 도시공원, 인공호수를 엮어서 직경 50여 km의 녹지 띠를 만들어 도심 한가운데까지 공원과 호수가 연결된다.

베이징, 항쪼우, 보스턴의 인공호수들은 녹지와 연결되어 치수뿐 아니라 도시의 생태를 유지하고 아름다운 경관을 유지하는 도시 인프라이다. 수원도 20세기에 저수지를 매립하던 시행착오에서 벗어나서 이제 11개 저수지의 생태 복원에 힘쓰고 있는 중이다. 인공호수로 물의 평야를 이룬 수원만의 독특한 생태경관이 살아나기를.

베이징 하궁의 호수

항쪼우의 서호

【동네산조 二】

세·계·를·품·으·리·라·
가·슴·을·열·어··

'세계'란 우리에게 결코 친한 어구는 아니었다. ● 백여 년 전 개항시기에 세계는 '외세'였고, 경계의 대상, 거리를 두어야 할 대상이었다. ● 일제 강점기를 거치고 세계의 이념 전쟁을 대신 치렀던 우리이니 어디 편하게 세계를 볼 수 있으랴. ● 21세기 우리에게도 '세계'란 여전히 딜레마다. ● 우리 도시에서는 일제강점기의 도시 변화를 꼭 짚어야 한다. ● 일제 세력에 의해 '근대적 도시의 태동'을 강요당한 우리의 도시, 많은 부분이 왜곡되었고 많은 부분이 아프다. ● 회한이 쌓이는 대목이다. ● 그러나 지금의 우리 도시에 세계가 어떤 의미로 다가오는가를 깨달으려면 돌아보아야 할 역사다. ● 국제자유도시, 경제특구가 아니더라도, '세계'는 바로 여기이기 때문이다.

사진 _ 박정환

인천

차이나타운

'차이나타운'에서 '만국타운'까지

중국 붐과 함께 새삼 주목받는 동네가 인천 차이나타운이다. ______ 유일하게 남아 있는 차이나타운, 획기적인 한·중 퓨전 요리 자장면의 원조 동네, 청조 특유의 새빨간 색깔이 자연스러운 동네. ______ '풍미반점'이 있는 거리 풍경과 차이나타운 입구에 세워진 '패루' 사진은 대표적인 이미지로 곧잘 등장하곤 한다.

【 남한 유일의 100년 전 '만국타운' 】

외국의 차이나타운을 가 봤던 사람들은 이 동네에 실망할지도 모른다. 규모도 작고 그리 번화하지도 않기 때문이다. 사실, 차이나타운만으로는 아주 작다. 1884년에 청국 조계지로 지정된 5천 평 남짓한 크기가 전부다. 다만 만국 공동 조계지 14만 평과 일본 조계지 7천 평이 이웃한다. 말하자면, 차이나타운은 '만국타운' 속의 한 부분이다.

일제 강점기가 없었더라면 이 동네는 100년 전 세계화 기지로 부상했을지도 모른다. 청·일·영·독·러 영사관, 호텔, 세계풍물 요리점과 무역상,

▲ 옛 중국 영사관

은행, 국제 명사들의 저택, 국제 사교장이었던 제물포구락부(현 인천문화회관) 등이 모였고, 물동량 많은 제물포항에 한성이 가까웠으니 마치 중국에서 각광받는 선전 경제특구도시 같은 역할을 했을지도 모른다. 불행히도 역사는 그렇지 못했지만, 바로 그 역사 때문에 이 동네는 다시 주목받는다.

이 동네는 이국적인 분위기다. 고즈넉한 분위기다. 옛 활동사진을 보는 듯 시간의 냄새가 난다. 상하이의 조계지처럼 웅장한 제국주의적 투자가 이루어지지는 않았지만, 문자 그대로 아담한, '타운'적 분위기다. 응봉산의 자유공원(옛 이름 '만국공원'이 더 멋진 듯싶다.)을 기댄 남향받이 언덕에서 월미도와 인천 앞바다를 조망하는 맛도 각별하다.

이 곳에는 여러 나라 냄새가 섞여 있다. 가파른 능선 위 차이나타운에는 중국 남부식의 테라스와 아치 장식 화려한 건물과 북부식의 거친 회벽의 벽돌조 건물이 공존한다. 문 닫은 '공화춘(共和春)' 내부는 희귀한 2층 중정식으로 마치 배우 장쯔이가 문을 열고 나올 듯 독립투사들이 비밀결사를 했을 듯싶다. 평지 위의 일본 조계지의 영사관(현 중구청)과 은행들은 유럽 근대 건축 스타일을 차용했고 주택과 상점들은 전형적인 화양식(和洋式)이다.

산기슭 공동 조계지에는 영, 독, 불, 러시아풍의 지붕과 창문 모양 독특한 집들, 부두 쪽으로는 수수하고 담백한 박공지붕의 벽돌조 창고들이 들어섰다. 이를테면 '100년 전 퓨전 양식'이다. 아시아와 유럽, 중 · 일 · 한식이 섞이고, 북방식과 남방식도 섞였다. '계단길'은 이 동네의 독특한 재미다. 전체 동네가 계단식이어서 한 켜씩 오를 때마다 느낌이 다르다. 남북 200여 미터, 동서 600여 미터의 동네가 손에 잡힐 듯 아기자기하게 펼쳐진다.

다행스럽게도 그동안의 개발은 주로 인천역(옛 제물포 역) 부근, 동측 신포

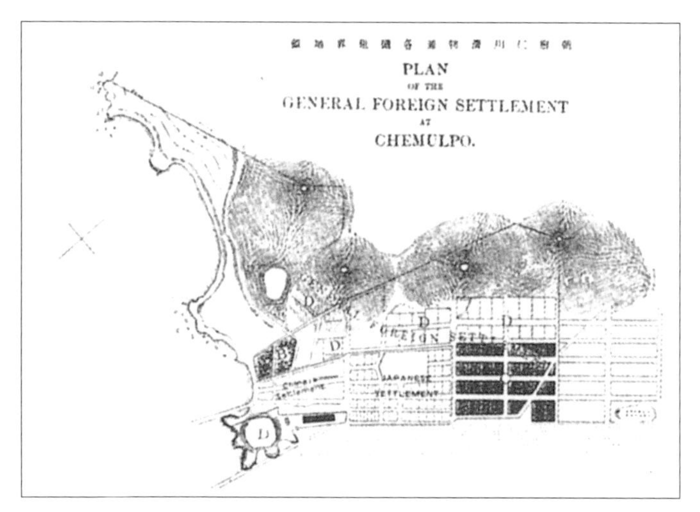

▲ 1884년 각국조계지 계획지도: 차이나타운만이 아니라 이 일대가 '만국타운'으로 계획되었다.

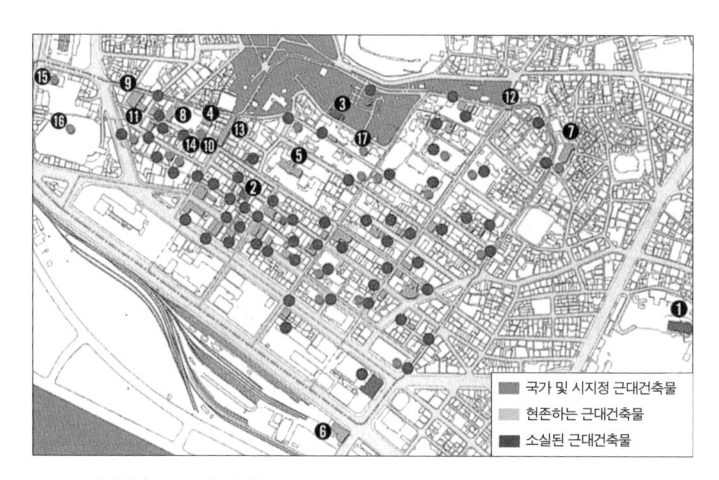

▲ 01 _ 답동성당 02 _ 제1은행 03 _ 제물포구락부 04 _ 청국영사관회의청 05 _ 일본영사관 06 _ 인천세관(해관) 07 _ 성공회성당 08 _ 중산학교 09 _ 공화춘 10 _ 선린동주택 11 _ 풍미반점 12 _ 홍예문 13 _ 청/일 조계지 진입계단 14 _ 청국영사관 15 _ 러시아영사관 16 _ 영국영사관 17 _ 헨젤저택.
차이나타운의 주요 근대건축물들의 소재. 「인천의 근대건축」 중에서.

동의 다운타운 상가, 남측 부둣가의 큰 땅 위에 일어났다. 남한에서 100년 전 만국타운 분위기가 남아 있는 유일한 동네가 된 연유다.

【 살아남고 번성하는 '박물동네' 】

인천시는 이 동네 15만 평에 '역사문화지구'라는 말을 붙이고 고심 중이다. 차이나타운을 어떻게 살릴까, 만국타운 분위기를 어떻게 활용할까? 박물관이 아닌 '박물 동네'를 만들어 보겠다고, 문화재 등록을 하면서 근대건축물 보전을 추진하고 차이나타운-신포동 사이의 길 가꾸기도 계획하고 있지만 이것만으로 이 동네를 지속적으로 살리기란 쉽지 않을 것이다. 이 동네의 딜레마. 첫째, 고령 주민이 많아서 재투자 의욕이 크지 않다는 것. 둘째, 찾는 사람들이 그리 많지 않다는 것. 요리 찾는 관광객도 늘고 '자장면 축제'도 열리지만 아직은 몇몇 중식당 살릴 정도의 규모라 해도 무방하다. 답답한 주민들은 주상복합이나 대형 쇼핑센터도 계획해 보지만, 그렇게 되면 이 동네의 매력은 하루아침에 사라질 터이니 어쩔 것인가.

▲ 중국식 연립주택

▲ 언덕을 이루는 집들

이 동네가 그 매력을 지키면서 번성하는 방식은 두 가지밖에 없다. 이곳에 살고 싶어 하는 주민이 늘거나 사업하고 싶은 사람이 늘거나. 좋기는 사업도 늘고 주민도 느는 것. 이것이 차이나타운의 본질이다. 살면서 일하는 것. 찾아올 사람들을 늘리는 것은 그 첫 단추다. 사실 민속촌이나 인사동을 찾는 이유와

▲ 중국식 테라스

뭐 그리 다를까. 느낄 거리, 볼거리, 살거리, 먹거리만 있으면 어디든 잘도 찾는 요즘 사람들인데 말이다. 천만다행으로 이 동네에는 튼튼한 벽돌조, 석조 건물들이 많다. 리노베이션 잘 하고 소프트웨어 좋다면 환상적인 공간이 될 자산들이다. 새로 짓는다면 근대건축 스타일을 차용할 수도 있다. 100년 전 세계 문화와 지금의 세계 문화를 퓨전한다면 매혹적인 동네 관광이 될 것이다. '시간의 겹'과 '세계 문화의 층'을 느끼는 퓨전 도시관광, 세계 도시 곳곳에서 뜨고 있는 관광의 모습이다.

차이나타운과 만국타운이 있어 얼마나 복인가. 개방적인 문화 마인드와 그 유명한 화교적 기업가 정신을 갖춘 사람들, 부디 인천에서 나와 다오! ☰

세계 곳곳 차이나타운

뉴욕, 보스턴, 샌프란시스코, 시카고, L. A., 싱가폴, 요코하마, 시드니, 밴쿠버 등. 세계의 대도시치고 중국식당 없는 데 없고 영어권과 아시아의 대도시에는 차이나타운 없는 곳 없다. 20세기에 이민이 활발했던 결과다.

도시마다 분위기는 차이가 난다. 내가 몇 년을 살면서 자주 갔던 보스턴의 차이나타운 동네는 조금 살벌한 느낌이다. '레드 디스트릭트'(red district, 유흥지구)와 바로 붙어 있어서 그런 모양이다. 추운 도시의 차이나타운은 대체로 이런 느낌인데, 영화에서 많이 나오는 뉴욕의 차이나타운처럼 짙은 브라운스톤(brownstone, 미국 북동부에서 많이 쓰이는 갈색 샌드스톤)의 건물들의 밀도와, 마치 협곡같이 좁고 깊은 뒷골목들이 그런 분위기를 자아낸다. 따뜻한 도시의 차이나타운은 훨씬 더 밝다. 일본 요코하마는 아기자기하고 샌프란시스코 역시 밝은 느낌이다. 가장 자유롭고 진취적인 분위기의 차이나타운은 시드니일 듯 싶다. 호주 도시 특유의 혼성적 느낌이 살아있다. 아시아계 인구와 관광객이 1/3은 차지해서 아시아인인 내가 더 자유스럽게 느끼는지도 모른다. 시드니는 차이나타운 가운데 길에서 차를 없애 버리고 아예 옥외카페 식으로 만들어서 각 레스토랑이 사용할 수 있도록 해 놓았다. 장사가 잘 되니까 점점 중국인들도 늘고 이들을 위한 주택개발도 이루어져서, 도심도 같이 다시 태어나는 일석이조의 프로젝트가 되었다. 차이나타운의 상징은 입구 길에 세워져있는 '문'이다. 빨강색과 파랑색이 화려한 문. 시드니에는 흥미롭게도 한 가지가 더 있다. 오래된 고목, 차이나타운을 지켜 준다는 고목이 드디어 죽자, 그 고목을 이용해서 환경생태 예술품을 만들어 놓았다. 고목에 마치 자개와 같이 황금 칠도 하고, 고목 위에서 물이 한 방울 한 방울 떨어지면서 그 물이 떨어진 길바닥에는 풀이 돋는 기발한 착상이 돋보인다.

코리아타운이 있는 도시는 L. A.와 뉴욕이다. 일본의 도시, 그리고 앞으로는 중국의 도시들에서 코리아의 활동이 더욱 활발해질 터인데, 그 미래는 어떻게 될까? 외국에 있는 우리 동네, 코리아타운이라.

보스턴 차이나타운
시드니 차이나타운

세계 화교들이 인천 '만국타운'에서 모인다?

'차이나타운이 살아남지 못한 나라, 한국'이라는 섣부른 자부심은 사실 부끄러운 말이다. 불과 30년 앞을 내다보지 못한 단견이었다.

요새는 차이나타운을 새로 만들겠다는 열풍이 분다. 서울도 뚝섬에 차이나타운을 계획하고, 인천은 송도 신도시에 대규모 계획이 있어 현재는 소강상태지만 언제 부글댈지 모른다. 그런 속성 개발은 의문은 의문이다. 세계 속의 민족타운은 몇 세대를 거치며 뿌리내렸기 때문이다.

베이징 류리창

유일한 정통 차이나타운을 갖고 있는 인천, 딱히 중국만 바라보기보다 세계 곳곳의 화교들에 주목하면 어떨까? 세계의 화교들이 뿌리인 중국 문화와 현재 살고 있는 나라의 문화를 같이 가지고 인천 만국타운에 모이게 할 그럴듯한 세계 이벤트는 없을까?

한국이기에 또 인천이기에 가능한 세계 화교 잔치. 모이면 네트워크도 늘고 그럴듯한 사업 궁리도 늘 것이다. 차이나는 세계로 통한다!

목포
개항지구

우리 도시에 '재팬 타운'이 가능할까?

목포가 한때 한국 6대 도시 중 하나였다는 사실을 아는 사람들이 얼마나 될까? 외세 때문에 일찍이 개항을 했고(1897년), 일본과 아시아 대륙을 엮는 엄청난 물동량으로 1930년대 번창하는 항구도시였다가 지난 반세기 내내 침체를 면치 못했던 목포, 21세기에 목포는 다시 한번 태어나리라.

【 유달산, 도시스케일의 수석(壽石) 】

서울의 남산, 광주의 무등산도 유명하지만 도시의 산으로서는 유달산의 명성을 당해낼 수 없다. 그 유명한 이난영의 노래 '목포의 눈물' 노래 덕택이다. 가사 중 '애달픈 유달산'은 마음속의 산일 것이다. 실상 유달산은 애달프다기보다는 기상 드높다. 그리 높지 않으면서도(228m), 마치 금강산에서 뚝 잘라 갖다놓은 듯한 기암괴석의 두 봉우리가 어디에서도 보이는 뛰어난 자태다. 마치 도시 스케일의 수석(壽石)처럼.

유달산은 한편은 도시와 한편은 바다와 접한 독특한 산이다. 그러니 유달산 중턱의 노적봉을 충무공이 충분히 활용했음직하지 않은가. 바다에서 보면 유달산의 일등바위와 이등바위의 우람한 기상을 배경으로 노적봉을 주름잡는 군인들의 기상이 더욱 또렷이 느껴졌으리라

산등성이는 가파르지만 산기슭은 비교적 너그럽고 완만해서 기대 살기 좋은 유달산, 조선시대로부터 목포진(木浦鎭)이라는 이름으로 다도해를 지키며 살았지만, 목포가 본격적으로 뜬 것은 백 년 전 개항 시대다.

일본인들이 주도권을 잡은 개항지구는 유달산 동쪽의 조선인 거주지역을 피해서 유달산 남쪽으로 자리잡았다. 항구와 교역권을 독차지하기에는 안성맞춤이었던 동네다. 남향받이 언덕에 가지런하게 격자형의 도로를 낸 이 동네는 인천의 차이나타운 개항 동네와 비슷한 구성이다. 다만 목포의 개항 동네는 갖은 명승지와 함께 새로 가꾼 조각공원, 자생식물원 등의 명소로 가득한 유달산에 기대 있는 위치 때문인지 훨씬 더 아기자기한 분위기다. 남아 있는 옛 건물들이 많다는 것도 한몫할 것이다. 1900년에 준공된 일본 영사관(현 목포 문화원)'은 빼어난 르네상스 양식의 건축으로 유달산을 배경으로 한 폭의 아름다운 그림이다. 붉은 벽돌의 본채도 아름답지만 석조 별채는 독특한 네오클래식 양식이다. 식민도시에는 오히려 더 멋진 집을 지어 위력을 과시하려 했다는 제국주의의 실리적 계산도 작용했겠지만, 당시의 공공 건물들은 일본인의 손을 빌린 서구 건축이라 해도 좋다. '동양척식회사', '상상소학교' 등도 빼어난 근대 유적들이다. 일본식 냄새는 주택가와 상가에 남아 있다. 길에 붙여 현관과 얕은 담장 정원을 낸 전형적인 '도시형 화식집'이 줄지어 남아 있는 거리도 있고, 일본

▲ 유달산, 기암괴석의 도시 수석

▲ 목포 유달산 밑 개항지구
01 _ 일본 영사관(현 목포 문화원) 02 _ 이훈동 정원 03 _ 상상소학교 04 _ 여객선 터미널
05 _ 남상수 가옥 06 _ 동양척식주식회사 07 _ 동본원사 08 _ 목포세관 09 _ 호남은행(목포지점)

▲ 유달산 프로필: 도시 쪽에서 볼 때

▲ 유달산 프로필: 목포 앞바다에서 볼 때

상류층 주택 양식이 원형 그대로 보전된 '나상수 가옥'도 있고, 오밀조밀 가꾸기로 유명한 일본식 정원을 유달산 산기슭에 가꾸어 놓은 '이훈동 정원'도 있다. 길거리 상가들도 전형적으로 길에 붙여 짓고 아담한 스케일로 발코니와 지붕을 연이어 지어서 마치 유럽도시와 같은 타운스케이프(townscape)를 자아낸다. 지형 따라 휘어진 길에서는 흥미로운 장면들이 거듭 바뀐다.

【 한국에 '재팬타운'도 가능할까? 】

목포시는 이 개항지구를 역사문화동네로 가꾸는 작업을 하고 있다. '식민지의 잔재'라는 딱지를 붙이는 대신 '근대의 유산'으로 보는 시각이 생긴다는 것은 획기적인 발상의 변화다. 물론 일본 관광객을 유치하겠다는 실리적 목표가 작용하는 것이지만, 지난 역사를 회한의 대상으로서만이 아니라 역사의 한 부분으로 담담하게 대하고 활용하는 역량이 자라고 있는 것 아닐까? 인천의 '차이나타운'처럼 드러내고 목포의 '재팬타운'으로 키우자고까지는 못하더라도 이 동네의 문화관광 잠재력은 독특하다. 이만한 근대 유산을 보전한 도시도 남한에 드물기 때문이다. 이 동네에서 풍기는 문화적 향기는 목포에 새로 조성된 갓바위 관광단지나 평화광장의 수준보다 월등하게 높은 것이 아이러니라면 아이러니다.

▲ 구 일본영사관

▲ 구 일본영사관 부속건물. 단아한 고전주의

목포에서 30여분 거리의 월출산에는 왕인 박사의 유적이 있다. 일본

▲ 유달산에서 내려다본 목포 앞바다와 개항지구

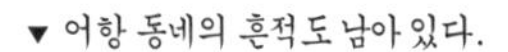

▼ 어항 동네의 흔적도 남아 있다.

▼ 남아 있는 일본식 도시주택

천황을 가르치고 비조문화(飛鳥文化)의 원조가 되어 성인으로 추앙받는 왕인 박사의 행적을 진지한 표정으로 듣는 일본 단체 관광객들이 줄을 잇는다.

세발낙지만 찾는다는 한국 관광객의 수준을 한탄하기 전에 목포는 새로운 관광 매력을 만들어 내야 할 것이다. 네덜란드와의 개항을 빌미로 만든 일본 나가사키의 하우스텐보스가 중요한 관광지가 되었듯, 목포의 관광 핵심은 '100년 전 근대기'와 '동아시아 일대와의 관계'에 맞추어야 할지도 모른다. 다도해를 아우르는 아름다운 도시에서 동아시아의 과거와 미래가 엮이기를. ☰

서해안 시대의 목포 광역권

반세기의 쇠락을 만회하기 위한 목포의 노력은 뜨겁다. 북항개발, 하당 신택지개발, 대불공업단지, 고하도의 신외항 등. 다만, 하드웨어는 벌려놨는데 소프트웨어를 채우지 못하는 것이 목포의 딜레마다. 인구 25만, 낙후된 인프라와 인적 기반으로 도약의 발화점을 찾기 어려운 것이다.

때는 무르익었다. 서해안 고속도로가 완공된 후 방문객이 2배 이상 늘었다. 호남선 복선화가 완성되고 전남 도청이 들어올 남악 신도시가 본격화되면 목포는 또 다른 단계로 넘어갈 것이다. 그런데, 목포의 발전은 광주, 순천, 나주를 엮는 광역권의 협력 체계가 없이는 쉽지 않을 것이다. 지방자치체 간의 경쟁 이상으로 광역적 협력이 필요한 지역이 아닐 수 없다.

일본의 후쿠오카와 구마모토 광역권의 협력은 좋은 벤치마킹이 되지 않을까. 국제교역과 산업육성, 내륙 온천 관광과 바다 관광을 잘 엮어내는 협력 체계가 돋보이는 일본의 막강한 '지방 광역권'이다.

중국과의 관계가 원만했더라면 목포는 지금도 한국의 6대 도시 중 하나일지도 모른다. 바다도시로서 내륙도시 광주보다도 더욱 발전 잠재력이 높은 도시, 목포가 21세기 바다도시로 뜨기를.

세계의 '식민도시'

●●

'식민도시'라는 말은 쓰기 까탈스러운 말이다. 유럽의 많은 도시들은 로마제국의 식민도시로서 시작했다. 동서가 격돌했던 지역의 이스탄불이나 예루살렘은 거듭 다른 세력의 식민 기간을 겪었다. 미국의 많은 도시들이 영국의 식민도시로 시작했다. 남미는 원주민의 도시보다 스페인, 포르투갈의 식민도시로 시작한 도시들이 더 많다.

19세기에는 제국 열강에 의해 식민도시들의 수가 절정에 달했다. 경제적 도구로서 이른바 '근대도시'가 필요했기 때문이다. 특히 동남아시아와 극동 아시아에서는 러시아, 프랑스, 영국, 네덜란드, 미국 등 서구 제국과 일본의 손에 의한 도시개발이 활발했다. 홍콩, 마카오, 하노이, 마닐라, 타이페이, 상하이, 난징, 하르빈, 대련, 장춘(옛 신경), 심양(옛 봉천), 천진 등이 이러한 도시들이다. 우리나라에도 부산, 인천, 목포, 신의주, 청진, 강경 등이 새로 개발되었을 뿐 아니라 서울, 대구, 전주, 광주와 같은 기존 도시들도 상당한 변화를 겪었다. 아시아의 많은 도시들의 역사에서 일제 강점기의 변화를 빼놓기 어렵다.

200-300년이 지난 식민도시들은 이미 역사를 극복했지만, 50-100년의 비교적 짧은 역사를 지닌 식민도시들이 이를 극복하기에는 아직 이를 것이다. 아픔이 여전히 생생하기 때문이다. 그러나 궁극적으로는 이들 도시들도 지난 역사를 역사의 한 부분으로 담담하게 보면서 하나의 문화적 자산으로 받아들이게 될 것이다.

강자의 입장이라 가능한 것이겠으나 일본은 그들이 세우고 바꾸었던 옛 식민도시들에 대한 연구를 지속하고 상당한 문화투자도 해 가면서 미래에 대한 새로운 관계 설정을 모색하고 있다. 일본 특유의 비즈니스적 마인드가 엿보인다.

중국의 '흑묘백묘' 노선, 일본의 '연구문화투자' 정책 등 실용적인 정책노선, 둘 다 변화하는 사회에서 우리가 배울 점이기도 하다. 부끄러운 역사라 해서 지우려고만 하지 않고, 역사가 만들어 낸 문화 자산으로 볼 수 있는 자세도 필요하다.

상하이. 대표적인 조계도시

사진_박정훈

역사는 똑같이 되풀이되지 않는 법

역사를 몸으로 느껴보는 것은 소중한 체험이다. ____ 머리로만이 아니라 피부까지 숨구멍까지 절절하게 역사의 아픔과 영광을 느끼는 것이다. ____ 박물관보다도 실제의 역사 현장이 중요하다면, 역사를 직접 몸으로 느낄 수 있기 때문이다. ____ '정동'은 그런 증거가 살아있는 터다. ____ 100년 전 아픔, 나라의 고통, 한양의 무너짐이 눈에 보이고 귀에 들리는 동네다.

【 몸으로 느끼는 역사 】

정동길을 중고 시절 6년 동안 오르내린 나는, 이 동네가 근대사의 폭풍의 눈이라는 것을 뒤늦게야 알았다. 교실에서 보이던 독특한 모양의 탑이 바로 '아관파천'의 그 러시아 공사관이었다니…. 탑 상부에 뚫린 창문이 마치 블랙홀처럼 느껴졌었다(지금은 너무 잘 가꾸어져서 오히려 감동이 덜하다).

이화여고에는 '노천극장'이라는 반원형 계단광장이 있는데, 대형 화강

암으로 쌓아올린 그리스적 공간이다. 노천극장 바로 옆을 따라 옛 한양 성곽이 있었다는 것을 안 것은 한참 뒤다. 그 돌들뿐 아니라 교정에는 이끼 낀 옛 돌들이 꽤 많았는데 아마 성을 허물며 나온 돌들이었던 듯 싶다.

대법원(지금은 서울시립미술관) 앞을 지나가려면 그 엄숙한 분위기에 은근히 주눅들곤 했는데, 그곳이 일제의 고등법원이었다는 것을 알고는 더욱 으스스해졌었다. 성곽 자리 그대로는 아니지만 아마 성곽 돌을 갖다 썼을 가능성이 농후한 담이 지금 모퉁이에 서 있다. 덕수궁 돌담은 새로 쌓은 사고석 담장이지만, 일제의 고등법원에는 성곽을 넘어뜨린 고색 창연한 돌을 썼다는 것이 씁쓸하다.

그래도 정동로터리 북쪽으로는 그 유명한 데이트길인 '덕수궁길'이 마음 푸근하게 했었다. 물론 그 쪽은 경기여고(지금은 이전했고, 이 자리에 미국 대사관과 대

▲ 러시아 공사관

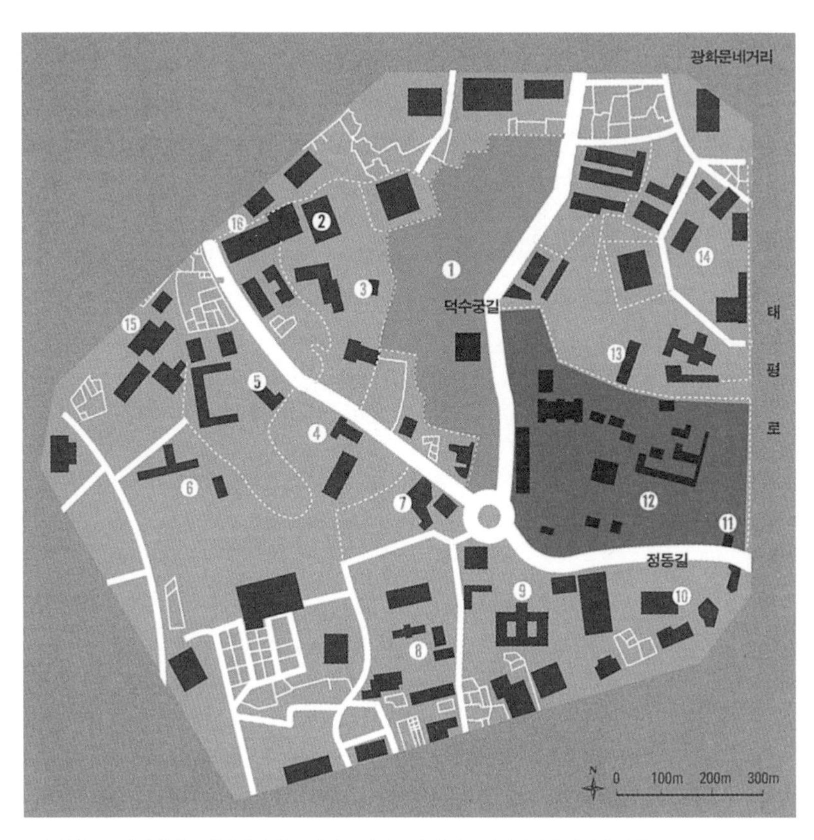

▲ 큰길가는 고층건물들로 에워싸여 있고 내부는 대형 토지 위주의 공공건물이 들어서 있음.
미 대사관 부지는 덕수궁길을 전체적으로 면함.
01 _ 미 대사관 부지 02 _ 정동 이벤트홀 03 _ 구 러시아 영사관 04 _ 이화여고 05 _ 창덕고
06 _ 이화 외고 07 _ 정동 제일교회 08 _ 러시아대사관 09 _ 시립미술관 10 _ 시청 별관 11 _ 대한문
12 _ 덕수궁 13 _ 영국대사관 14 _ 조선일보 15 _ 문화일보 16 _ 경향신문

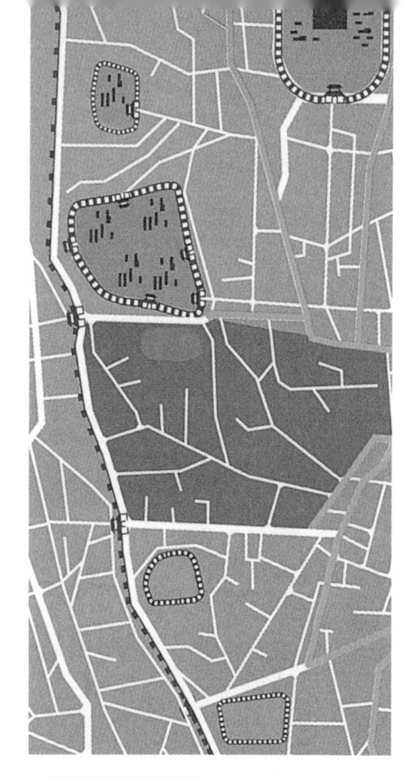

▲ 1860년대(수선전도)
아직 덕수궁이 생기기 전. 월선대군의 사저만 있을 때이다.

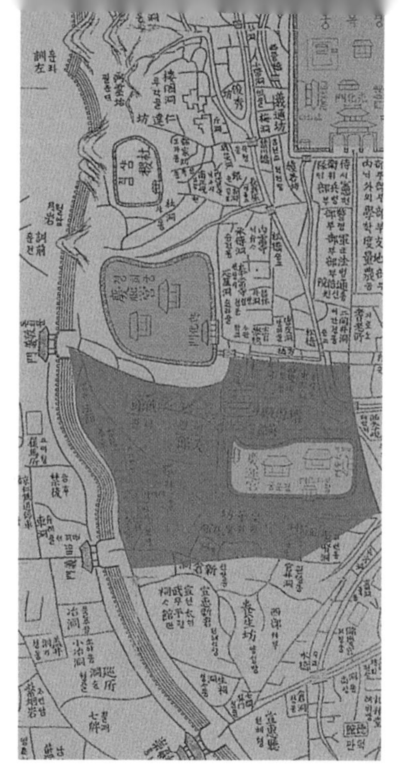

▲ 1902(한양도)
덕수궁의 전신. '경운궁'이 보인다. '대안문'(대한문의 전 이름)이 있고 '영관', '미관', '아관', '프랑스 영사관 등 외국 영사관이 이미 다 들어와 있다.

사관저를 짓겠다는 계획이 현재 도마 위에 올라 있다.) 영역(?)인지라 발길이 잘 가지는 않았다. 지금은 경비가 항시 서 있어 발길 가기가 더 어렵다. 그렇지만 영국대사관 앞 구세군회관 건축물의 소박한 아름다움에 끌렸었고 등교길에 성공회 건물의 프로필 때문에 가슴이 두근두근하곤 했다.

정동교회에서 시시때때로 채플을 드리며 적벽돌의 매력에 끌렸었지만, 선교 활동과 제국주의와의 관계에 대해 딜레마를 느낀 것은 훨씬 나중이다. 손탁호텔 건물이 살아남았더라면 명성황후 TV 드라마를 보면서 어떤 생각을 하게 되었을까?

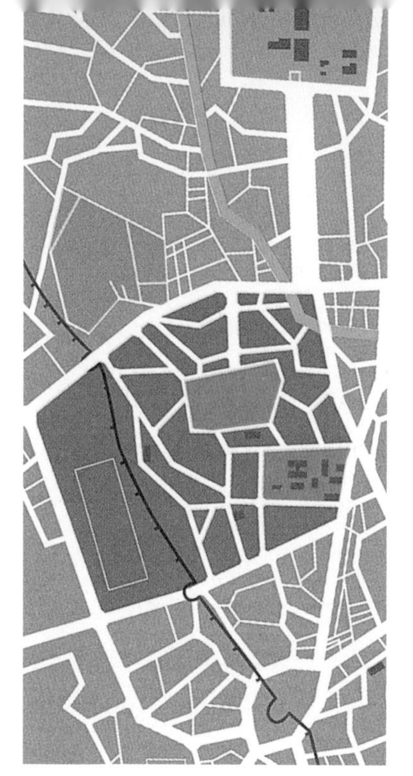

▲ 1913(keijo Seoul)
대한제국의 덕수궁이 본격화된 정동의 궁궐 시대를 보여주는 지도. 아직 본격적인 제국주의적 개조는 없다. 시청앞 태평로도 직선화 되지 않았고 덕수궁길이 생기지도 않았다.

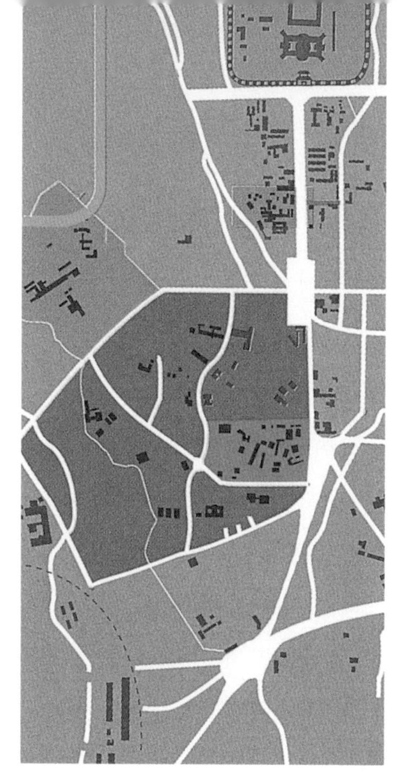

▲ 1927(경성 시가도)
'경성'의 개조가 이루어진다. 세종로와 태평로가 남북축으로 정렬하고, 시청(옛 경성부청) 건물이 들어서고, 덕수궁은 잘려 나가고, 북측 덕수궁길이 관통되며 다른 시설에 덕수궁 부지를 내 주게 되었다.

나는 덕수궁 석조전을 아름답다고 생각한 적이 없다. 열강의 힘 싸움에 부대끼던 대한제국의 '건축 과시 제스추어'라고 폄하하는 심리가 작용하는지도 모르지만, 지금도 아름답다고 생각하지 않는다.

고종은 왜 왕족의 집을 고쳐서 궁을 만들어서까지 외국 세력에 가까이 살기를 택했을까. 이름은 하필 그 뜻도 심오한, 덕수(德壽)로 지었을까. 그 심정을 생각하면 답답해진다. 그래도 나는 유관순 언니의 후배다. '유관순 기념관'에서 나는 이런 역사를 기억했다.

【 '성채'들이 모인 동네 】

100년 전 역사의 현장이라고 하지만 시민들에게 정동은 몸으로 느낄 수 있는 역사 동네로 다가오고 있을까?

정동은 사실 여러 성채들로 이루어진 동네다. 시청 앞 광장에서 들어서면 오른쪽은 덕수궁 성채, 왼쪽은 서울시 성채(시청과 시 의회 별관)다. 덕수궁길은 이제 없어졌다고 해도 과언이 아니다. 데이트를 안 하는 게 아니라 못 하는 것 아닌가. 경비 경찰 덕분이다. 미 대사관까지 경기여고 자리에 들어오면 미국 성채가 더 강화될지도 모른다. 영국 성채도 있다. 이화여고도 하나의 큰 성채다. 배재고교가 이전한 곳에 들어온 러시아 대사관 성채도 있다.

'관계자 외 진입 금지'인 이 성채들 사이로 시민에게 남은 것은 사실 '길' 뿐이다. 십자로(정동길은 조선시대부터 있던 길, 덕수궁길은 궁을 잘라 일제 때 만든 길) 사이로 시민들은 그나마 몇몇 문화공간을 느낄 수 있을 뿐이다. 최근 개관한 시립미술관(옛 대법원 건물의 입면을 보전하는 지혜를 발휘한 설계다), 최근 더욱 활발해진 정동 극장과 정동 이벤트홀, 그리고 이 동네에서 맥을 잇고 있는 언론사들(경향,

▼ 서울 시립미술관(일제 강점기 시의 옛 고등법원의 입면을 살리고 신축)

▼ 미 대사관 쪽으로 사람들 왕래는 없다.

사진 _ 조선일보사

▲ 정동은 사방이 고층 건물들로 둘러싸였지만, 내부는 여러 공공 문화시설들이
성채처럼 들어서서 녹지의 오아시스를 이루기도 한다.

▲ 덕수궁길

▲ 정동 공원

문화, 여성신문, 시사저널, 조선)이 제공하는 문화공간들. 이런 문화공간들이 활발해지고 또한 울창한 가로수와 도로 포장에 있어서 다른 어느 길보다 정성을 쏟아 붓는 것만으로 우리는 정동 동네에 만족해야 할까?

이미 정동은 태평로, 새문안길, 의주로를 따라 재개발로 세워진 고층타워들에 의해 포위당했다. 마치 정동을 에워싼 성곽처럼. 새로 들어온 러시아 대사관, 새로 들어올 캐나다 대사관, 새로 지어질 미 대사관과 대사관 아파트. 자칫 정동의 성채 이미지는 더욱 강해지는 것 아닐까? 아름답지만, 그 안에는 역사의 흔적들로 가득하지만, 들어가지는 못하는 그런 성채들.

유난히 적벽돌이 잘 어울리는 동네. 유난히 돌 하나하나가 의미심장해 보이는 동네. 그 동네를 마음껏 발로 디디며 정동의 역사를 몸으로 느끼고 싶다. 100년 전 아픔을 기억하되, 물론, 세계로 마음을 열고. 정동은 더욱 열려야 한다. ☰

누울 자리 보고 다리 뻗는 세계의 정치 게임?

●

미 대사관 고층타워와 대사관저의 고층 아파트를 짓겠다는 계획 때문에 정동은 새삼 주목을 끈다. 캐나다 대사관 부지에 굳이 용도지역을 바꾸어서 높이 짓도록 해준 지 얼마 지나지 않아 생기는 일이니 딱한 일이다.

"아니 덕수궁 부근에 그 많은 고층 건물이 들어섰는데 왜 안 된다는 건가?" 이렇게 반문할 지도 모른다. 미국뿐이겠는가. 남의 나라 문화 보전과 도시계획은 그 나라 일이지 자기 나라 일은 아니라 여길 것이다. 일개 들판에 불과한 미국 남북전쟁의 최후 격전지 게티스버그 전투장의 역사현장을 지키기 위한 미국의 노력을 듣고 감탄한 적이 있다. 캐나다도 자국의 역사 보전에는 미국에 뒤지지 않는다. 그러나 남의 나라에서는? 누울 자리를 보고 다리를 뻗을 것 아닌가. 지키는 것은 우리다.

2003년 현재, 정동의 미국 대사관과 아파트 신축은 진행형 사안이다. 시민단체와 전문인들은 '이 땅의 역사성 회복'을 이유로 반대하고 있고, 미 대사관 측은 1980년대 중반부터 이미 확정되었던 용도라며 다른 대안이 없으니 추진하겠다는 입장이다. 허가 담당인 서울시는 난감한 입장에 빠져 있다. 공교롭게도 경기여고 땅을 미 대사관 부지로 권했던 것은 서울시였다. 미국 대사관저가 있던 사간동(바로 경복궁 옆이다)에 대사관을 짓겠다는 미국 측 요구보다는 낫겠다 싶었던 모양인데, 당시는 역사 의식이나 주권 의식이 지금보다 현저하게 낮았던 시대였던 것이 안타깝다. 도대체 어떻게 풀어야 하는가?

미 대사관 측의 논리, "주변의 고층 오피스 타워들보다 훨씬 더 낮은 밀도로 환경을 생각하며 짓겠다, 한국 측이 제시하는 모든 법규를 지키도록 하겠다, 한국적인 아름다움을 살리도록 설계하겠다, 덕수궁에 훼손되지 않는 격조를 지키겠다" 등. 문제는 아무리 그렇게 한다 해도, 미 대사관은 그 자체로 하나의 성채가 되는 것은 필연적이다. 계획대로 된다면, 덕수궁길은 완전히 미 대사관의 길이 되어 버리고 말 것을.

그야말로 위대한 대타협이 필요하다. 백여 년 전, 어쩔 수 없이 외세에 밀려, 외세를 통해 외세를 견제하려 했던 조선 말기와 대한제국의 안타까운 행적, 역사가 똑같이 되풀이될 수는 없지 않은가. 나의 개인적인 생각은, 미 대사관은 현재 세종로의 위치에 너무 크지 않은 규모로 재축하도록 하고, '하비브 하우스'라는 한국식 미국 대사저는 최대한 문화시설로 일반에 개방하고, 경기여고 부지는 문화재 발굴을 거쳐 역사문화시설로 복원되면 좋겠다. 차선책은 경기여고 부지 중 새문안길에 가까운 부분에 규모를 축소한 미 대사관을 허용하되, 덕수궁길에 연이은 미국 대사관 아파트는 허용하지 않고 역사문화시설로 복원하는 것이다. 어떠한 경우든 미국과 한국의 외교적 관계를 존중하고, 토지의 교환, 재정적 분담은 합리적으로 이루어져야 할 것이다.

사진 _ 박 정 훈

서울

동대문시장

'동대문 패션'은 잠들지 않는다

보물단지도 이런 보물단지가 없다. ______ 점포 2만 9천 개, 고용 인구 10만, 연간 매출 10조원, 수출 10억 달러. 하루 유동 인구 50만, 연간 해외 바이어 70만, 서울 관광객의 반에 가까운 250만이 쇼핑 겸 관광차 들르는 동네다.

【 동대문시장의 힘 】

면적은 기껏 3만 평, 동대문 운동장만한 크기일 뿐이다. 그런데 한국은 물론 아시아의 '패션 밸리'로 떠오른 동대문시장. '혼잡하다', '서비스가 별로다' 같은 불만도 찾아오는 사람들을 막지는 못한다. '패션에 관한 한 끝내준다, 물 좋은 물건이 싸다, 발 디딜 틈 없이 사람이 많다'는 재미 덕분이다. 더 큰 매력이라면 밤새 열린다는 점이다. 밤 10시-2시에 절정이고 새벽 5시까지도 붐빈다. 성시(盛市)다. 불야성(不夜城) 그대로다. 잠들지 않는 동대문시장이다.

누가 알았던가. 동대문시장이 백화점에 대항하고 남대문시장의 명성을 누를 줄을. 또한 10대들에게도 인기 동네가 되고, 보따리 둘러멘 도매상뿐 아니라 유행 찾는 선남선녀가 몰릴 줄을. 도매시장에서 패션몰로의 이미지 변신은 IMF 위기 속에서 이루어진 신화이기에 더욱 값지다.

이런 신화를 만드는데 관이 한 일은 별로 없다. 현장 노하우 풍부한, 부지런하고 지혜로운 장사꾼들이 시장 논리로 만든 신화다. 아무도 그런 말을 안 쓸 때 '실속 벤처'를 한 사람들, 동대문시장의 매력과 힘을 잘도 읽었다.

첫째, 황금 같은 위치다. 지하철 역 3개에 노선 5개가 엮인다. 서울의 다운타운에서 약간 비껴 있어서 오히려 기막힌 행운이다. 서울 곳곳, 즉 한국 곳곳, 세계 곳곳의 유동 인구를 끌기에 이런 요지가 없다.

둘째, 1960년대 지어진 청계천변 평화시장의 1km 벨트 뒤로 낙후된 지역이 있어서 오히려 새로운 개발을 모색할 수 있었다. 타이밍이 좋은 것도 있다. 재래시장이 퇴락하는 시점에 변화의 맥을 잡은 것이다.

셋째, 동대문시장 특유의 소프트웨어를 백분 활용했다. 다양한 서비스를 한 곳에서 해결하는 원스톱(one-stop), 기획 · 생산 · 유통을 한 곳에서 처리하는 시너지 복합기지, 초스피드로 돌아가는 치열한 신제품 경쟁, 펄펄 살아있는 시장 정보 네트워크. 시장답지 않은(?) 혁신적인 경영이다.

【 동편제와 서편제 】

물론 문제가 없는 것은 아니다. 그 동안은 전체 계획이라는 것이 없었기에 각개 약진이 두드러졌지만, 커지고 보니 맹점도 생긴다.

'동편제'와 '서편제'(홍인문로를 사이로 '청평화, 동평화, 남평화' 등 전통 도매상가와 '디자이너 클럽' 같은 디자인 벤처가 있는 동측과 '밀리오레, 두타, 프레야' 등 새로운 패션 몰이 주류를 이루는 서

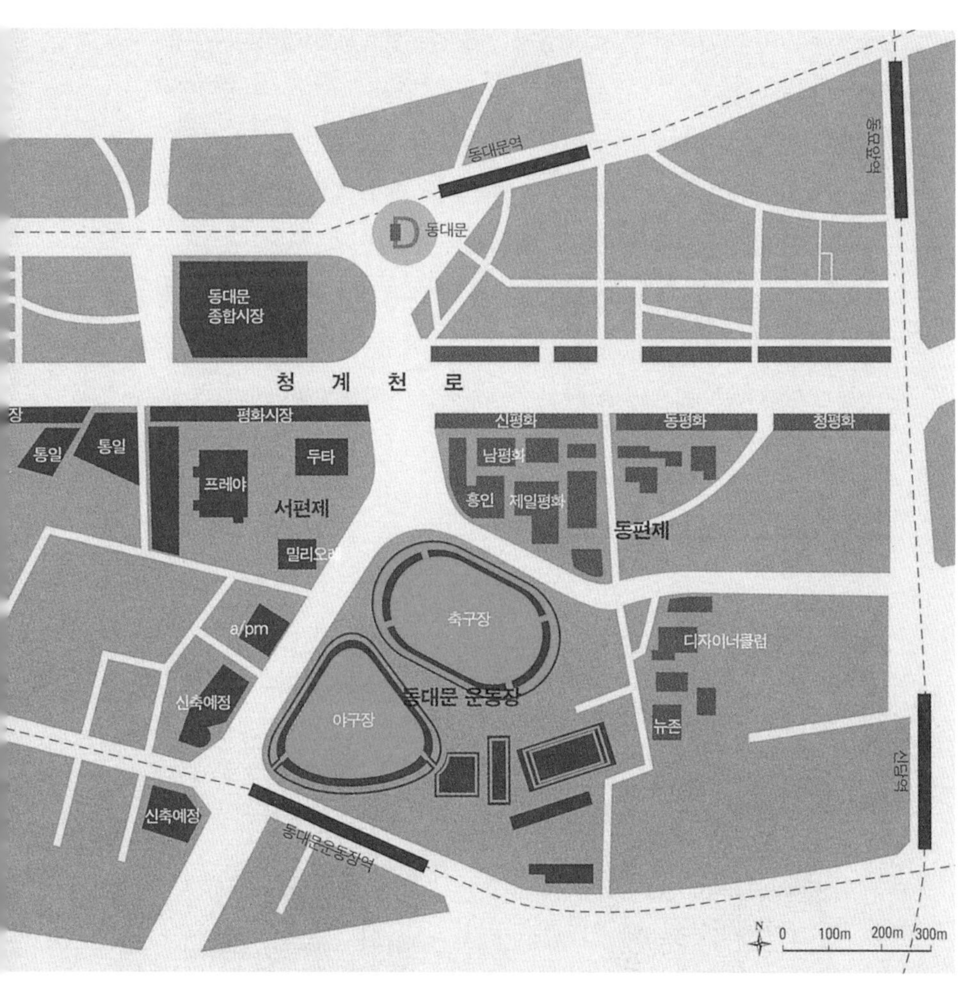

▲ 동대문 시장의 서편제 · 동편제 구성 ■ ■ 쇼핑가
서편제는 새로운 패션몰이 많고, 동편제에는 도매몰이 많다.
건축 예정인 대형 패션몰이 주로 서편제 쪽에 있지만, 동편제에도 특색있는 패션몰이 생겨나고 있는 중이다.
전체 규모는 동대문 운동장 정도에 불과하지만 패션메카로서의 파워는 엄청나다.

측을 일컫는 애칭) 사이의 동서 분열. 서편제 우세에 동편제는 고민이다. 동서가 어떻게 화합할까?

새 건물들 뿐 아니라 리노베이션 투자로 지난 몇 년 겉모습은 눈부시게 화려해졌고, 밤이면 화려한 네온으로 예쁜 꽃밭 같지만, 각 상가는 여전히 따로 논다. 잘 엮으면 장사도 더 잘 될 터인데.

노하우를 쌓은 상인들이 있어야 장사가 되는 법인데, 상인보다 상가 공급이 더 많은 과잉 개발 열풍은 자칫 동대문시장의 질을 떨어뜨릴지도 모른다. 공생하지 않으면 공멸하는 곳이 시장이라는 근본 이치를 어떻게 지킬까?

▼ 동편제에 들어서는 새로운 패션몰. 동대문 운동장에서 보면 동편제, 서편제의 타워들이 드라마틱하게 우뚝우뚝 서 있다.

▲▶ 새로운 패션을 끊임없이 실험하는 곳

【 동대문 스타일은 통한다 】

동대문시장에는 동대문 스타일이 있다. '재래시장을 현대식 건물에 옮겨놨을 뿐'이라고 비판하는 전문가들도 있지만, 그게 '동대문 스타일' 아닌가? 도쿄에 연 '동대문시장'에서는 상품뿐 아니라 점포 구성, 분위기까지도 동대문시장을 그대로 옮겨놓아 고객 체험을 자극한다는 얘기이고 보면, 동대문시장의 분위기는 그 자체로 문화적 어필이다.

▲ 새벽의 데이트도 쇼핑을 하면서

싸구려 같다, 촌티 난다고 할 일이 아니다. 쇼윈도형이 아니라 '자물자물 1평형' 이고, '로드숍형' 이고, '상품터치형' 이다. 장터 같고, 가게 같고, 수많은 상품이 먼저 눈을 압도하는 것이다. 당장 내 것이 될 것 같은, 내 몸에 걸칠 수 있을 듯한 스타일, 이 동네의 매력이다,

유럽 명품 브랜드가 아니면 어떻고, 미국 대중 브랜드가 아니면 어떠랴. 중국, 러시아, 일본에서 통하면 되고 베트남, 몽골에서 동대문 스타일이 통하면 되는 것이다. 그게 바로 월드 클래스 동대문시장의 힘 아닐까.

동대문 스타일을 이을 사람들이여, 번성하라! 솜씨 좋은 봉제사 후예, 디자인에 승부를 걸 젊은 디자이너, '짜가' 와 '짝퉁' 의 유혹에 흔들리지 않는 긍지 높은 장사꾼, 동대문 스타일을 몸으로 입으로 전할 감각적인 신세대 소비자들. 동대문시장이여, 잠들지 말라!

동편제 서편제를 엮고 흐르게

●

이제쯤 동대문시장에 관이 꼭 해줄 일이 있다. 사람, 상품, 화물차, 정보를 잘 흐르게, 동편제와 서편제, 도매와 소매, 쇼핑과 관련 비즈니스 기능을 엮는 인프라를 갖추는 일이다.

교통이 혼잡하다지만 하루에 승용차 63,000대, 화물차 6,200대가 다니고 주차장도 6,300면이나 있다. 교통량이 많아서가 아니라 조업 주차가 흐름을 끊어서 문제다. 동대문시장 전체를 하나의 유통센터로 보고 화물조업센터와 물류 체계를 갖춘다면, 첨단 시장이 따로 없을 것이다.

마치 공항처럼 '자동보도와 에스컬레이터'가 동편제와 서편제를 누비면서 건물과 길과 지하철을 종횡무진 엮는 획기적인 장치가 들어오면 어떨까? 쇼핑관광 인구가 대폭 늘고, 승용차 사용도 줄고, 동편제와 서편제 공히 장사가 잘 되고, '관광특구' 답게 새로 태어날 것이다.

마침 국립의료원 등이 이전하면서 땅이 비는 호기다. 당장 분양 욕심에 상가 짓겠다고 나서지 말고 동대문시장에 절대적으로 필요한 비즈니스 호텔, 실속 있는 컨벤션, 서비스 좋은 비즈니스 센터, 패션기능 훈련센터가 들어선다면? 잘만 되면 홍콩도 안 부럽겠다.

'밤새도록 시장', 가장 한국적인 시간게임?

●●

동대문시장은 어쩌다 밤새 열 생각을 했을까? 지방 도매상을 위한 서비스 차원으로 시작한 것이 전통으로 자리잡은 것은 흥미로운 '한국적 사건'이다. 지방 도매상은 많이 줄었다지만 대신 외국 보따리 바이어들이 밤을 달군다. "한국 사람들, 화끈해요!" 할 법도 싶다. 야행족 젊은이들의 마음을 잡은 것도 적중했다.

이런 '밤새도록 쇼핑'은, 세계 어디에도 없다. 홍콩도 9시 정도면 재까닥 문을 닫고, 유럽의 관광도시들은 8시면 닫는다. 밤새도록 노는 카니발이나 축제는 있지만 일년에 기껏 며칠이다. 밤시장도 아니고 새벽시장도 아니고 밤새도록 시장. 언제까지 갈까? 몇백 년 전통이 될까? 국민소득이 늘면 없어질까? 혹시 다른 도시에도 생길까? 혹시 이를 벤치마킹하는 중국이나 다른 아시아 도시에 생기게 될까?

동대문시장의 확대를 도모하는 움직임이 거세다. 2002년에 허가된 것만도 10여 개다. 아니나 다를까, 하나같이 고층복합개발에 멀티플렉스 영화관도 갖추고 있다.

우후죽순 격의 경쟁이 플러스가 될지 마이너스가 될지 채로 '쇼핑문화 개발'이 아니라 '부동산 개발'이 일어나려는 것이나 아닌지, 겁나는 상황이다. 과연 5년 후, 10년 후엔 어떻게 될까?

부산극장
부산극장
부산극장
남포부동산
웨스턴
RESTAURANT

부산

남포동

그 동네엔 백 걸음마다 영화관이 있다

부산 남포동에 가면 밟히는 게 영화관이다. ______ 눈에 걸리고 발부리에 걸린다. ______ 영화관 8개, 스크린 수 20개. 건물 안에 통째로 집어넣는 멀티플렉스와 달리 길을 따라 있다. ______ 걷기 적당한 400미터 남짓한 길은 하늘로 열려 있고, 나무 그늘도 드리워지고, 골목과 가게들도 유혹을 한다. ______ 열린 분위기다.

【 회춘(回春)하는 옛 도심 】

'부산국제영화제'가 세계적인 이벤트로 떠오른 것은 물론 주최측과 영화계의 내공과 영화인들의 피와 땀 덕분일 것이다. 그러나 남포동의 동네 매력도 한몫 단단히 한 것 아닐까? 세계 어느 도시에도 이렇게 영화관이 몰려있는 동네는 없다. 영화관이 많은 서울 충무로와 종로도 15분씩은 걸어야 한다. 미국 할리우드 또한 영화관은 수도 없이 많지만 걸어서가 아니라 차를 타고 가야 한다.

남포동은 아무리 봐도 독특하다. 이 영화관 저 영화관 기웃거리기 좋고, 길이 그리 넓지 않으니 사람이 조금만 많아도 꽉 찬 듯싶다. 사람들이 넘치면 사이사이 샛골목으로 스며든다. 남쪽의 따뜻한 도시답게 가게 앞과 옥상에 옥외 카페도 적잖다. 무대 같은 분위기 덕분에 스타가 아니더라도 스타인 척 폼을 잡을 수 있다. 진짜 스타들은 열광적인 환호에 둘러싸이리라. 외국 영화인들도 매혹되는 '영화의 바다, 부산'의 영화적 풍경이다.

남포동이 다시 뜨는 것은 천만다행이다. 지난 몇 년 동안 부산의 유서 깊은 옛 도심은 사실 가슴이 뻥 뚫려 버렸다. 사는 주민도 상권도 줄었다. 부산의 강남이라 할 만한 서면 지역에 개발이 옮겨 가서 아파트들과 백화점이 들어섰고, 대형 할인점과 극장가도 가세하고 있다. 시청 등 공공기관들도 서면으로 이전한 뒤에, 옛 도심은 더욱 기를 못 펴고 있던 중이다. 영화를 몰고 온 남포동 덕분에 옛 도심은 회춘하고 있다. 십 년은 젊어졌다. 20대도 10대도 즐겨 찾는 동네가 됐다. 영화관뿐 아니라 카페, 옷가게, 게임방 등이 목하 성업 중이다. '스타의 거리', '영화의 거리'라 이름 붙인 거리에 판박이해 놓은 스타들의 손바닥 도장, 날아갈 듯한 모양의 영화 조형물들, 그리고 물론 헤아릴 수 없이 많은 노점상과 간판들이 젊디젊다.

중후했던 광복동이나 고풍스런 화식당이 즐비했던 남포동을 기억하던 사람들은 번쩍번쩍 젊어진 분위기가 못마땅할 지도 모른다. 그러나 동네란 언제나 다시 태어나는 것이다. 옛 추억을 새로운 추억의 소재로 만들면서.

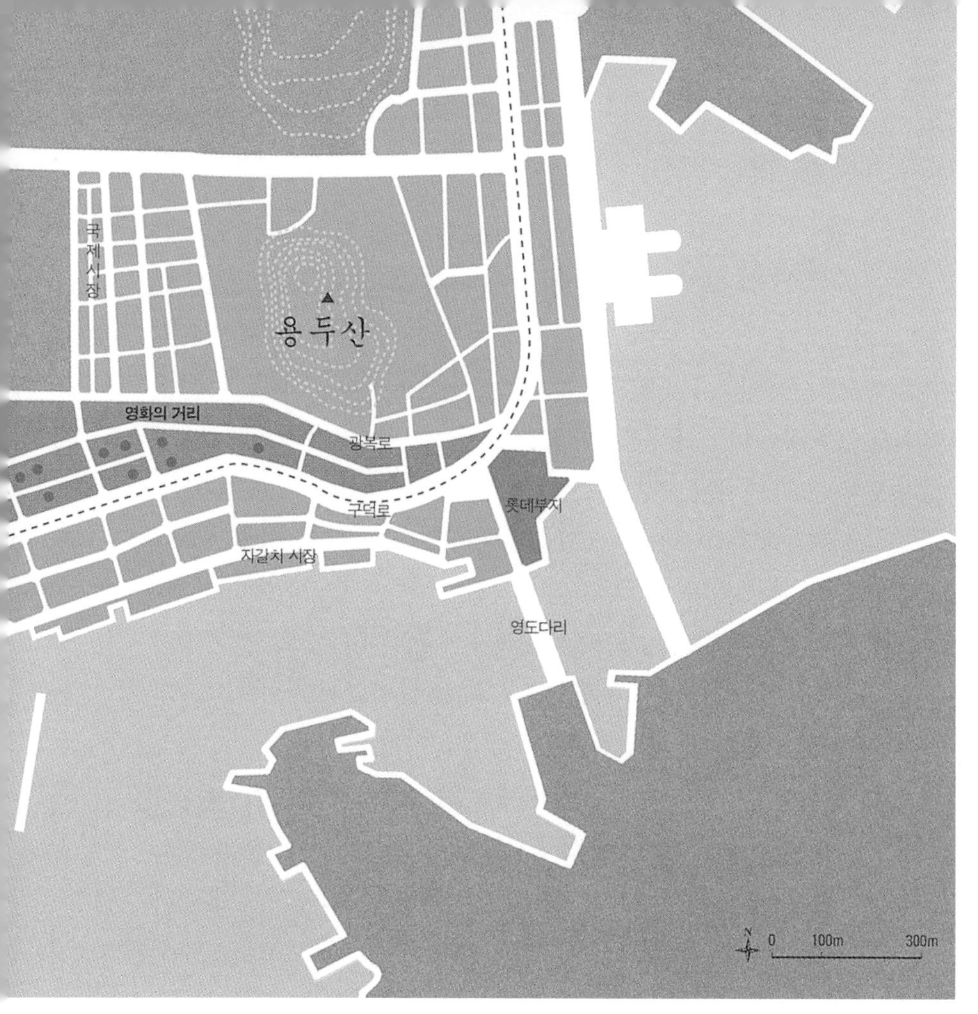

▲ 부산 옛 도심의 구성. 뒤로는 용두산 공원, 광복로 패션 거리, 남포동 영화의 거리, 국제시장과 부두가 ● 영화관.

【 '뜨내기'들의 '이야기' 】

2001년의 히트 영화 〈친구〉가 부산에 준 선물 중 하나라면, '추억의 바람'이다. 별로 관심 못 끌던 '영도다리, '40 계단', '시장통', '부둣가' 등을 다시금 떠올리도록 했다. 영화라는 매체를 통해서 부산의 향수를 자극한 것이다. 옛 도심의 매력이란 바로 이런 것이다. 옛 도심이 다시 태어나는 비결도 여기에 있다. 옛 추억에 대한 향수와 새 추억 만들기에 대한 동경을 오묘하게 조화시키는 것이다.

부산의 옛 추억이 딱히 한국의 전통에 머무르지 않는다는 것은 오히려 부산의 행운이다. 격동의 100년 속에서 부산내기뿐 아니라 일본인, 피난민, 뜨내기들이 만든 이야기 소재들이 곳곳에 있다. 이런 이야기를 어떻게 끄집어 내느냐, 추억의 감성을 어떻게 건드려 주느냐에 따라 오고 또 오고 싶은 부산으로 만들 수 있다.

▲ 남포동 시장

▲ 영화의 거리

남포동, 크게는 부산이라는 도시가 영화를 통해 새롭게 뜨는 것은 어쩌면 운명일지도 모른다. 영화란 잠시나마 그 이야기 세계 안에 푹 빠지는 게 매력 아닌가. 남포동과 옛 도심 역시 잠시나마 푹 빠지면서 삶의 이야기를 맛보는 매력으로 가득한 동네다.

이런 매력을 키우는 부산의 각별한 지혜가 필요할 때다. 신개발지의 '넓은 주차장과 사통팔달 도로와 대형 건물'에 대항하는 옛 도심 특유의 경쟁력은 어떤 것인가. 남포동 끝자락에 있는 옛 시청 부지에 공사 중인 100층 롯데월드가 새로운 랜드마크가 되어 주기를 사람들은 기대하는 눈치지만, 랜드마크도 '동네라는 바다'가 풍요로울 때 등대 같은 역할을 하는 것이다.

▲ 광복로

'뜨내기를 위한 이야기'를 만드는 동네. 부산내기들은 부산 뜨내기라는 말에 찜찜해 할지도 모르지만 사실 부산을 스쳐가는 뜨내기들의 마음을 잡기만 한다면 부산은 걱정할 게 없을 것이다. 쇼핑하기, 즐기기, 느끼기, 다시 보기를 하고 싶은 뜨내기들이 한국에도 세계에도 오죽 많은가.

남포동과 옛 도심의 건물과 공원과 길과 상점들. 무뚝뚝한 표정에서 벗어나 좀 더 아기자기, 알콩달콩, 소곤소곤 이야기들을 담아야 하지 않을까. 연애가 일어날 듯싶게, 설레는 만남이 일어날 듯싶게, 이국적인 문화를 맛볼 수 있을 듯싶게, 바닷바람을 느낄 듯싶게. 그런 기대감을 일으켜 다오. 영화처럼 뜨내기들의 마음을 설레게 해 다오. ☰

부산의 '문화산업도시' 경쟁력

남포동의 영화가, 광복동의 패션가, 사시사철 푸른 용두산 공원, 없는 게 없는 국제시장, 펄떡이는 자갈치시장, 일본과 중국으로 잇는 항구 터미널. 그리고 해운대, 송도, 동래 온천까지 갖춘 부산. 세계 그 어느 바다도시도 부럽지 않은 자산들이다. 시드니, 시애틀, 바르셀로나, 홍콩, 후쿠오카? 부산의 벤치마킹 대상은 오히려 부산 그 자체다.

"소비도시에 불과하다, 핵심 산업이 없다, 너무 뒤떨어진 제2의 도시다" 같은 산업시대 마인드는 뛰어넘어야 한다. 부산은 물류거점도시뿐 아니라 한국의 '밀레니엄 문화산업도시'가 될 수 있고 또 되어야 한다. 적어도 매년 부산 인구만큼의 관광객을 잡을 때까지.

세계의 뜨내기 문화를 더욱 적극적으로 포용하는 전략은 어떤 것일까? '차이나타운'뿐이랴, 일본인의 추억을 건드릴 '재팬빌리지'나 '니폰 루트'는 어떤가? '리틀 러시아'는 어떤가? 부산은 부산이 가진 자산을 더 크고 더 귀하게 만들 수 있을 터이다.

부산에 가면 일본에 온 것 같다는 얘기들을 한다. 꼭 비디오나 가라오케 등의 풍물이 즐비하다는 것이 그 이유만은 아닌 듯, 어딘지 분위기가 비슷하다고 한다. 넓지 않은 도로, 도로 옆을 따라 나란히 들어선 건물, 크지 않은 건물들, 길을 걷는 분

부산 용두산공원

위기 때문 아닐까? 물론 옛 도심에서다. 구덕로 같이 넓은 길을 제외한 광복로, 남포동 안의 골목길, 국제시장 길이 그렇다.

나는 이것이 나쁘지 않게 보인다. 일본 도시는 우리 도시와는 달리 옛 모습을 많이 간직하고 있는데, 그래서 도시에 중후하고 깊은 맛이 있고 무엇보다도 손에 닿을 듯한 인간적 맛이 살아 있다. 부산도 이런 분위기는 잘 살려가야 하지 않을까?

부산 옛 지도를 보면 이곳에 살던 일본인들의 이름이 적혀 있다. 기분은 은근히 석연찮지만 이곳에 살던 일본 사람들을 '연고 있는 일본인 관광객'으로 유치하면서 길게 가는 문화 인연을 맺겠다는 부산의 발상에 대해서는 괜찮게 보인다. 사람과 사람이 친구가 되면 도시와 도시도 친구가 되고 나라와 나라도 친구가 되지 않겠는가.

아시아의 신기한 혼성도시: 홍콩, 싱가포르, 상하이

동아시아의 신기한 도시들. 홍콩, 싱가포르, 상하이다. '혼성도시'적 특성을 갖고 있는 도시다.

홍콩은 태어나기를 남의 손(영국)에 의해 태어났고, 상하이는 일찍부터 외국 조계를 내주고 아예 도시 만들기와 집짓기를 내버려 두었고, 싱가포르는 이 세상 어디에도 없을 듯한 '클린 아시아' 도시로 성장했다.

20세기의 도시 혁명은 아시아에서 일어났다. 엄청난 도시화, 고층 고밀 개발, 속도 경쟁, 산업 재편, 동서문화 교차, 그리고 정보혁명에 이르기까지 아시아의 도시들이 비로소 세계 지도에 떠오르는 시대였다. 독특한 '혼성도시', 독특한 '속도 도시', 독특한 '집약도시'들이 탄생한 것이다. 21세기의 과제 중 하나는, 도시 혁명을 이룬 아시아의 도시들이 어떻게 하나의 도시 모델로서 자리잡느냐 하는 것이다. 유럽의 도시 모델, 미국의 도시 모델이 아시아에도 맞는 모델은 아니다. 아시아에는 아시아의 논리를 갖는 아시아 모델이 있을 수밖에 없다.

홍콩, 싱가포르, 상하이 등 서방에 알려진 메트로폴리스 외에도 중국과 한국과 일본, 그리고 동남아시아의 도시들은 우리들이 공유하는 도시 가치를 세울 수 있을까? 도전적인 과제다.

【동네산조 三】

노·는·물·이··좋·아 동·네·를·찾·다·

우리가 그 어떤 동네를 가 보는 것은 그 동네가 기막히게 아름답다거나 아주 멋지다거나 해서만은 아니다. ◉ 한마디로, 우리는 '놀러 간다'. ◉ '그 동네, 그 물'이 어딘가 편한 것이다. ◉ 일생을 통해 우리는 끊임없이 우리가 놀 만한 물을 찾아서 이 동네, 저 동네를 유랑하는 것이리라. ◉ 우리 도시 안에서, 다른 도시에서, 세계의 또다른 도시에서도. 우리는 어떤 물을 찾아 어떤 동네로 놀러 가나? ◉ 동네를 유랑하는 우리의 심리를 짚어보는 것도 재미있다. ◉ 젊은이가 꼭 넘어야 할 통과의례 동네가 있는가 하면, 우리의 환상을 자극하는 동네도 있고, '이상향' 같은 동네도 있고, 추억을 되씹으러 가 보는 동네도 있다. ◉ 노는 물이 다양할수록 그 도시는 아주 풍성한 동네들을 품에 안게 되리라.

사진 · 박현호

서울

청담동

'보보스인 척' 말고 '진짜 보보스'가 되어 보라

"바람 부는 날이면 압구정동에 가야 한다." 유하의 시에서 압구정동은 '욕망의 통조림 공장'이었다. 1991년 묘사다. 21세기에 들어온 지금은 어떨까. 욕망은 커피메이커 거품처럼 부풀고 통조림이 아니라 브랜드 아니면 싫다는 시대다. 강남은 '악의 온상'까지는 아니라도 공인된(?) 허영의 공간이다. 천국도 지옥도 아닌, 이 시대의 '문제 동네'다. 그러나 뜨는 동네, 뜨고 싶으면 가야만 하는 동네로 확실히 떠올랐다.

【 비싼 동네는 비싸서 간다 】

청담동(압구정동에 반쯤 걸쳐서)은 강남에서도 격이 다르다. 격이라고까지 해야 할지? 속된 말로 하면 '비싼 동네'다. 무언가 색다르고, 고급스럽고, 새로운 것을 찾으려면 이 동네로 간다.

압구정로, 도산대로, 성수대로로 둘러싸인 삼각형 모양의 블록. 갤러리아 백화점에서부터 유럽과 미국의 브랜드는 다 모여 있는 명품가가 있고, 도산대로에는 수입차 브랜드가 모여 있다. 블록 안은 어떤가? 로데오 거리는 대중적인 편이지만, 도산공원 근처에는 뷰티숍과 웨딩숍이 모여 있고, 동편 청

▲ 도산공원에서의 웨딩 촬영

담동 안쪽에는 카페, 레스토랑, 와인집, 클럽들이 어디 있는지도 모르게 숨어 있다. '비싼 동네'가 된 연유. 첫째, 강남에서도 외졌고 지하철역이 없기 때문이다. 차 없으면 못 오는 동네라는 것이 비싸게 만드는 첫 단추였다. 둘째, 주거전용지역이 많았기 때문이다(지금은 풀렸다). 이 동네가 자랑할 만한 것이라면 고층 아파트가 없다는 것, 아파트촌은 압구정동 아파트로 충분하다. 살던 사람들이 빠져 나간 집들을 리노베이션하거나 너무 크지 않은 건물을 지어서 고급 숍을 차리기에는 안성맞춤이다.

셋째, 도산공원도 있다. 도산 선생은 눈살을 찌푸리시겠지만 머리 하고 드레스 입고 결혼 비디오 찍기에 그만인 동네다. 유난히 뷰티숍이 많다. 넷째, '스타' 띄우는 연예산업이 이 동네로 몰려든 것. 영화사, 음반사, 프로덕션, 기획사들이 만드는 '스타 트래픽'이 적지 않다. 스타는 비싸다.

이 동네는 IMF 외환위기 이후에 오히려 더 떴다. 부익부 빈익빈이 심화되서인가, 스타 산업이 떠서인가. 비싸야 더 잘 팔리고, 어딘가 다르지 않으면 안 되고, 어딘가 외국풍이나 퓨전풍을 풍겨야 하고, 무엇보다도 '브랜드 이미지'를 팔고 사는 동네가 되었다. 이 동네에서는 모든 것이 패션이다. 옷만이 아니라 음식도 가구도 건물도 패션이다. '어디서 본 듯한' 느낌. 잡지, TV, 그리고 영화에서. 세계 어느 곳도 이 동네에 있다. 이 코너를 돌면 LA, 저 코너를 돌면 파리, 여기는 지중해, 저기는 카리브해, 이곳은 멕시코, 저곳은 인디아 같다.

최근에 유행하는 미니멀리즘(간결해서 비싸 보이는), 80년대식 클래시시즘(보수적 부유층에게 인기 있는), 90년대식 포스트 모더니즘(미국식이라 대중적인) 등 없는 스타일이 없다. '이즘'이라기보다는 '풍(風)'이 더 맞을 것이다. 바람 부는 날이 아니라도 그 어떤 '풍'을 타느라 이 동네에 간다.

▲ 최신 건축 스타일. 웰타임 사옥 (설계: 공철)

▼강남구청이 만든 '로데오거리' 조형물

▼최신 건축 스타일

▸ 한국 보보스족들은

청담동에서 이렇게 논다

10-20대 '보보스 지망족'은 로데오거리에서 패션을 실험하고, 퓨전 푸드를 먹고, 스타와 마주치기를 기다릴지도 모른다.

20-30대 '보보스인 척 족'은 도산공원 근처 웨딩숍에서 결혼을 준비하고, 미니멀하게 꾸며진 카페에서 각종 커피를 실험해 보고, 밤에는 독특한 '실내 포장마차'에서 술을 마실지도 모른다.

30-40대 '거의 보보스족'은 청담동 속에 숨어 있는 와인숍이나 클럽 같은 레스토랑에 들러서 부디 이 동네마저도 다른 족속들이 침입하지 않기를, 어른들끼리만 내버려 두기를 바랄지도 모른다.

40-50대 '겉만 보보스족'은 갤러리아 백화점과 명품가에 들러서 브랜드를 몸에 걸치고 집에 들여놓을지도 모른다.

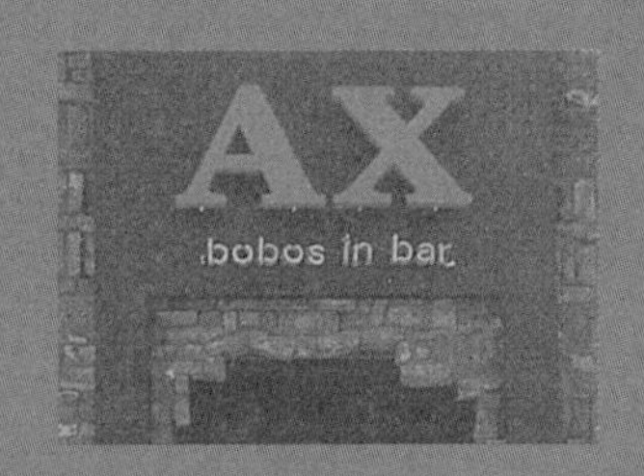

이제나저제나 '진짜 보보스'의 등장을 기대해 보자. 돈을 초월하고 브랜드를 초월하여 진짜 멋을 풍길 사람들을.

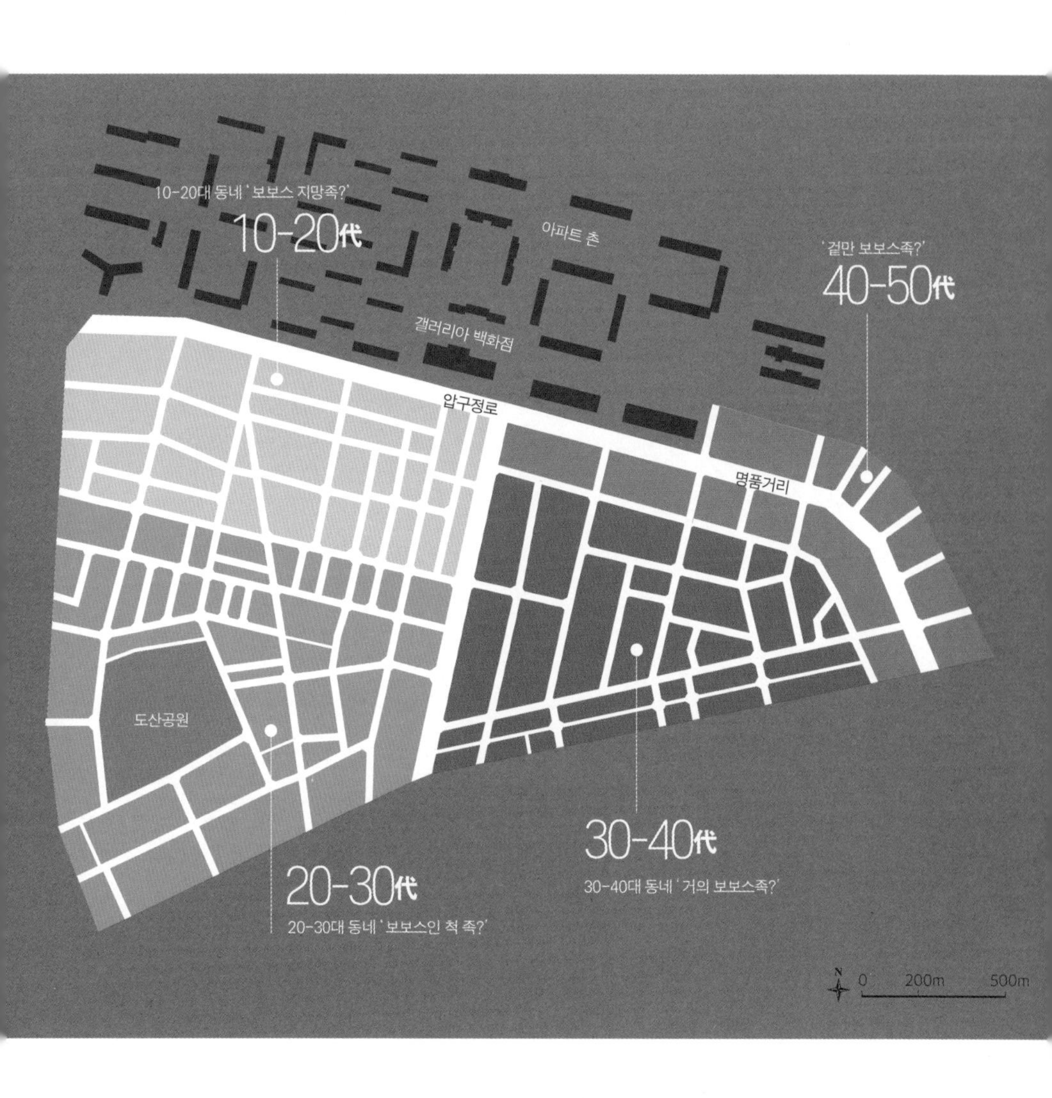
10-20대 동네 '보보스 지망족?'
10-20代
아파트 촌
'겉만 보보스족?'
40-50代
갤러리아 백화점
압구정로
명품거리
도산공원
30-40代
30-40대 동네 '거의 보보스족?'
20-30代
20-30대 동네 '보보스인 척 족?'
N
0
200m
500m

【 비싼 동네는 비싸서 간다 】

이 동네 사람들이 요즘 제일 좋아하는 말은 '보보스'(BoBos, 미국의 저널리스트 데이비드 브룩스가 만든 신조어) 아닐까. 보헤미안의 자유와 낭만, 부르주아의 돈과 지위를 가진 '디지털 시대의 엘리트' 라니, 매혹적인 카피로 들릴 것이다. 일도 잘하고 놀기도 잘 노는, 고급이되 개성적인, 돈과 교양을 겸비한 보보스족. 오렌지족이나 여피족보다 훨씬 더 근사하게 들리지 않겠는가.

그런데 '진짜 보보스'일까? 이 동네에서는 일단 '보보스인 척' 해야 할지도 모른다. '예비 보보스'이든 '겉만 보보스'이든. 이 동네 찾기를 즐긴다는 스타, 벤처사업가, 국제변호사, 마케팅 전문가, 프로듀서들은 어떤 족일까? '밑바닥 보보스'도 적잖다. 돈은 없지만 정신만은 보보스인 프리랜서 사진가, 그래픽, 인테리어, 건축 디자이너, 광고 기획가들. 지하 스튜디오를 차리고 숍 겸용 오피스를 운영하면서 '보보스인 척'하는 이들은, 언젠가는 '진짜 보보스'가 되기를 은근히 바라는 사람들이다.

그런 게 있을 수 있다면, '진짜 보보스 동네' 하나쯤은 있어도 좋겠다. 강남에 그런 동네가 있음직 하다면 이 동네는 '강추'다. 이 동네는 담이 없는 게 미덕이다. 적어도 '도둑촌'으로 불리던, 축대 위 담장 높은 집들은 없다. 자신을 드러냄을 부끄러워하지 않는다. 이것만 해도 진보다. 세련된 공간들도 많다. 들어가기도 조심스러운. 그러나 그런 공간도 우리 도시에 필요하다. 보는 걸로만 만족해야 한다 해도 상관 없다.

최근 이 동네에 개장한 '시네시티' 영화관이나 지금 짓고 있는 초고층 주상복합 아파트, 혹시 이 동네마저 어디나 그저 그런 강남이 되어 버리지나 않을까? 지금, 이 동네는 건축 붐이다. 부디, 진짜 보보스 동네가 되어 보라. ☰

세계의 보보스 동네들?

꼭 '보보스 동네'라는 말을 붙이기는 쑥스러우나, 어느 도시에나 최고급 스타일의 동네는 있게 마련이다. 주택 동네든, 쇼핑 동네든, 오피스 동네든.

재미있는 공통점. 최고급 동네들은 대체로 크지 않은 건물, 크지 않은 가게 위주로 이루어진다. 백화점이나 쇼핑센터는 사치스런 고급은 될 수 있을지 몰라도 최고급이 되기는 어렵다. 최고급이란 값의 문제가 아니라 스타일의 문제, 분위기의 문제, 삶의 개성의 문제이기 때문일 것이다. 파리의 '샹젤리제'가 관광객에게 어필하는 고급 동네라면, '생토노레'나 '몽테뉴 가'가 분위기로는 최고급으로 꼽힌다. 뉴욕에서는 '피프스 애비뉴(5th Avenue)'의 명성을 누르기 어렵지만 한 때 아티스트 동네였던 '소호'가 새로운 보보스 동네로 떠오른다. 베니스의 관광명소인 '산마르코 광장'을 둘러싼 아케이드 상가는 관광상품뿐 아니라 최고급 디자인 상품이 거래되는 흥미로운 공간이다. 밀라노의 '갈레리아'는 백화점이 아니라 작지만 품격 높은 상점들의 콜렉션으로 이루어지는데, 지붕 덮인 외부공간으로 연결되는 독특한 공간감각이 최고급이다.

도쿄에는 '긴자'도 있지만 '록뽕기'의 '첨단+브랜드+전위+품격' 분위기가 어딘지 색다르다. 교토는 도심도 유명하지만 북부 쪽에 '키타야마' 거리를 따라 남다른 맛의 보보스 동네가 있는데, 복고적 관광상품이 아니라 교토의 명예를 걸고 최고급의 디자인 상품을 파는 동네다.

보보스 동네의 특징들. 한가롭게 걸을 수 있다, 걸으며 눈이 즐겁다, 나무와 풀과 물, 푸르름이 많다, 하나하나 손으로 공들인 느낌이다, 간소하면서 격조가 느껴진다. 이런 동네, 우리 도시에도 있음직하지 않은가. 진짜 보보스 동네라면 그 문화적 값어치가 충분하다.

밀라노의 '갈레리아'

THE

서울

홍대앞

인디 동네, 언더 동네, 괴짜 동네의 힘

'홍대앞'이란 이름은 일종의 이미지다. 어딘가 예술적이겠지, 어쩐지 괴짜 같겠지, 멋이 있겠지, 전위적이겠지…. 홍대앞 풍경은 이러한 기대에 부응한다. 진품 록클럽과 바가 있다, 음악밴드들이 있다, 미술학원이 많다, DIY 가구를 살 수 있다, 거리 미술이 눈에 띈다, 한국 사람이든 외국 사람이든 이상하게 하고 다니는 친구들이 많다…. 보수적인 한국에서 '이상하게 하고 다녀도 괜찮은 동네'는 귀하다. 홍대앞은 그런 종류로는 유일무이 아닐까? 맘껏 괴짜여도 좋은 동네다.

【 '인디'와 '언더' 문화괴짜 】

홍대앞은 그렇다. 미술, 디자인, 대중음악, 춤, 공연, 만화, 영상, 영화, 문화기획 '괴짜'들이 모인다. 독립성을 잃지 않겠다는 '인디' 정신이 투철하고 아웃사이더로 남는 한이 있더라도 소신을 지키는 '언더' 정신으로 무장된, 누가 뭐라든 '진짜 자기가 좋아서 하는' 마니아들이다.

강남이 '스타와 팬'의 구도로 움직이는 것과는 대조적이다. 이 동네에서는 누구나 무언가 '하는' 사람들이다. '쟁이' 마음이다. 프로와 아마추어의 경계가 없고 나이 차별도 별로 없다. 이 영원한 보헤미안들은 사회 저항적이지는 않지만, 이 시대에 훨씬 더 파급효과가 높은 문화 게릴라들이다.

이 동네로 컴백하는 '홍대앞 중독자'도 많다. 강남에도 가 봤고 전원에도 나가 봤지만 못 잊어서 돌아오는 세대다. 돈 딸려 돌아오고 모여있는 맛에 돌아오고 뭔가 새로 꾸며 보겠다고 홍대앞으로 돌아온다.

홍대앞을 키운 홍익대는 미술 분야를 개척하면서 마치 '독립 프로덕션'처럼 '독립 대학' 이미지가 강했던 덕분에 이 동네에 자유로운 기(氣)를 불어넣었다. 이화여대, 연세대의 5만여 인구 덕분에 상업적 개발에서 자유롭지 못한 신촌역에서 비껴 있었던 것도 홍대앞 분위기를 만드는데 일조를 했다. 끼 있는 사람이라면 어떻게든 끼어 들어갈 만한 여지가 느껴지는 동네가 된 것이다. 거품 냄새가 없는 것은 이 동네의 미덕이다. 튀지만 돈으로 싸바른 티를 내지는 않는다.

유행보다는 개성이다. 홍대입구역 부근 외에는 건물들도 대체로 소박하다. 지하든 주차장이든 옥상이든 있는 공간 없는 공간을 구석구석 찾아내어 작업장으로 써먹는다. 덕분에 임대료가 싼 편이니 인디와 언더에게는 축복의 '여지(餘地)'가 아닐 수 없다.

▲ 주말에 열리는 예술 벼룩시장

대개 중저층 건물들이라 인디들이 아지트를 틀기 좋다. 숨바꼭질하듯 숨어서 컴퓨터 마우스를 굴리거나, 두들기고 소리 내지르고, 자르고 붙이며 무엇을 만들어 낸다. '예술 창고' 분위기다. 한켠에는 담요 덮고 자는 구석이 꼭 있게 마련이다. 밤이 되면 물론 어느 클럽에서 흥건히 젖으리라.

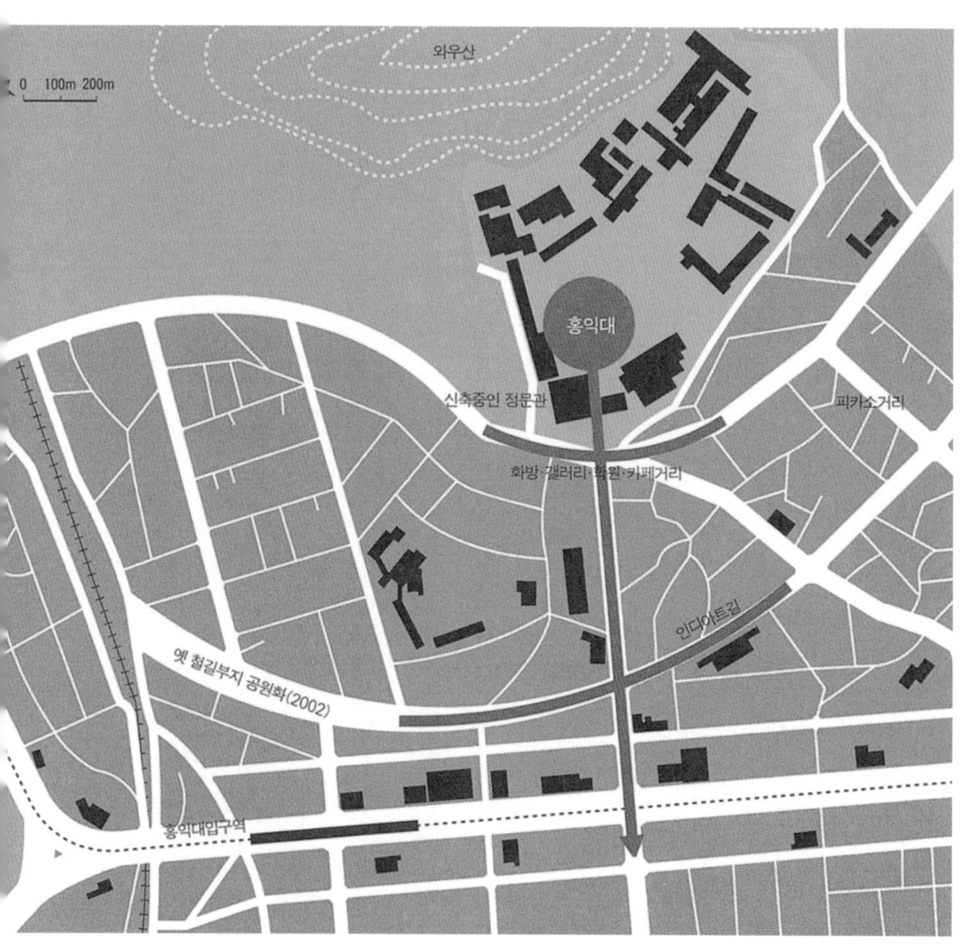

▲ 서울 홍대앞

홍대앞을 만드는 구심점은 역시 홍익대다. 세상을 향해 쏘는 '예술의 활', 홍대앞 동네의 이미지다.
옛 철길 부지는 이 동네의 유일한 숨통공간이다. 동측은 2002년에 공원화 되었고 남아있는 서측은 '인디아트길' 이다.

【 '예술의 활' 형국의 홍대앞 동네 】

홍대앞 동네는 '활' 형국이다. 와우산로가 활시위처럼 휘어 있고, 홍익대와 서교로가 화살처럼 꽂혀 있다. 그리고 이름 없는 옛 철길도로가 또 다른 활시위 모양을 이룬다. 다소 과장되게 표현한다면, '예술의 활' 형국이다. 홍대앞이 다양한 문화 콘텐츠를 생산하여 세상에 전파한다면 홍익대는 그 에너지의 진원지다. 캠퍼스 타운은 아니더라도 뿔뿔이 흩어지기 쉬운 인디들의 힘이 되어주고 동네를 지키고 키워가는 대학의 역할을 기대하게 된다.

현재 진행중인 세 가지 큰 변화. 첫째, 19층으로 지어질 서교 아파트 재건축. 둘째, 옛 철길로를 거리공원으로 만드는 사업(반은 2002년 완성되었다), 셋째, 정문을 가로질러 10여 층 높이로 계획 중인 홍익대 '정문관'. 동네 분위기를 바꿀 이런 변화의 와중에서 홍익대는 어떤 역할을 하고 있을까?

홍대앞은 런던의 소호 지구나 뉴욕의 브룩클린처럼 인디 예술의 보따리를 안고 있는 동네다. 청소년이 동경하는 동네, 어른도 마음 속에 그리는 괴짜의 미학을 맛보러 오는 동네, 숨막히는 보수의 틀에서 벗

▲ 아직 철길부지 위 건물이 남아있는 부분. 불법건물이지만 수많은 작업장, 카페, 가게등이 들어서 있다.

▲ 철길부지위 남아있는 건물이 가운데 있는 건물이다.

▼ 거리 공원으로 바뀐 쪽

▲ 미대를 가려면 홍대앞에서 공부해야?

어나 고정관념을 깨뜨리고 창조성을 맛보는 동네, 그런 동네는 꼭 필요하다. 인디나 언더는 섣부른 개발이나 육성으로 만들어지지도 않거니와 분위기가 깨지거나 임대료가 오르면 떠나 버리기도 한다.

문화산업이 주목받는 추세와 함께 홍대앞 인디 문화는 비로소 떴지만 자칫하면 사라져 버릴지도 모르는 것이다. 인디와 언더는 새로운 싹을 틔울 문화토양의 촉촉한 물기이다. 살아남게 하라. 홍대앞 동네의 끼와 여지를 누릴 수 있게 하라. ≡

'인디아트 길'을 만들 절호의 기회인데…

●

마포구는 홍대앞의 숨통 공간인 옛 철길의 국유지 위 건물을 치우고 지하 주차장과 거리공원을 만들고 있는 중이다.

공원에 반대할 이유는 없다. 하지만 모처럼의 기회인데 홍대앞 동네답게 만들면 안될까? 2002년에 조성된 공원은 그렇더라도, 공사 유보 중인 나머지 길만이라도.

'피카소 거리'와 이어지는 이 길 위의 건물은 홍대앞의 상징처럼 학생들의 단골 프로젝트 소재이면서 동시에 인디들의 아지트가 되고 있다. 별로 쓰이지도 않을 공원보다 이 건물들을 독특하게 개조해서 인디들에게 작업장으로 싸게 빌려주면서 아트 가게도 만들고, 이벤트도 만들고, 공방의 모습을 연중 보여주면 얼마나 좋을까? 일과 놀이의 구별이 없는, 살아 있는 예술 창작 현장이 될 터인데.

재능과 의욕은 있지만 돈 없는 인디들에게 필요한 것은 창조적 일감의 마당이다. 인디들이 자기 손으로 거리 공간을 만들며 홍대앞 동네의 실질적 주인이 되게 하는 묘수. 구청도 서울시도 홍익대도 머리를 맞대야 할 행복한 고민 아닐까.

세계의 인디 동네들

●●

'인디'란 언제나 '언더'에 숨어있는 세력 아닐까? (인디는 '인디펜던트independent', 언더는 '언더그라운드underground'의 약칭이다.)

인디 동네의 기발한 상상력을 맛볼 수 있는 동네는 어느 도시에나 있다. 런던 웨스트 엔드의 '소호' 동네의 예술적 분위기를 본떴던 뉴욕의 '소호'. 한때 인디 동네의 대표주자로 꼽혔던 소호가 '여피'들의 비싼 동네로 변한 다음에 다시 '브룩클린'이 새로운 인디 동네로 떠오르고 있다. 겉은 허술한 창고지만 내부 공간은 넉넉하기 때문에, 돈 없는 아티스트들이 작업장, 스튜디오, 작은 가게, 갤러리, 공연장을 만들며 둥지를 틀면 그 분위기에 맞는 카페, 레스토랑도 따라오게 마련이다.

도쿄의 '하라주쿠'를 거닐면 왠지 어깨죽지에 날개가 돋을 듯 싶게 자유로워 보인다. 거리 곳곳에서 펼쳐지는 퍼포먼스와 괴짜 퍼포머들의 스타일이 하나같이 튄다. LA의 헐리우드에는 베벌리 힐즈만이 아니라 뭔가 실험의 기회를 기다리는 인디적 분위기도 가득하다. 어느 가게 하나, 어느 극장 하나 튀지 않는 게 없다. 히피의 원조 동네인 샌프란시스코의 '버클리'를 걸어 다니자면 스스럼없는 자유를 느낄 수 있다. 물론 대학가인 탓도 있지만, 보통 시민들도 즐겨 찾을 정도로 독립 정신을 대중적인 코드로 만들었다는 것이 부럽다.

사진 _ 박. 정. 훈

서울 대학로

인생은 연극, 도시는 무대

그것은 경이로운 현상이다. 도무지 장사가 안 된다면서도 여전히 연극을 한다. '연극의 쇠퇴'라고 개탄하면서도 없어지는 소극장은 없다. 30여 개 소극장이 모여 있는 대학로, '도시의 무대성'이 어느 곳보다 돋보이는 동네다. 도시는 무대이고 사람은 배우다.

【 연극, 대학로의 운명 】

'대학'이라는 보통명사를 '대학로'라는 고유명사로 독점해서 유감이긴 하지만, 대학로라 붙이지 않았더라면 이 동네에 시대적 고비마다 그 울끈불끈 온갖 '역사적인 말씽(?)'을 피우던 서울대 문리대가 있었다는 사실을 벌써 잊었을지도 모른다. 저항과 의식과 실험정신을 상징하던 동네, '연극'으로 그 맥을 잇는 것은 대학로의 운명 아닐까?

연극은 저항의 몸짓, 의식의 언어, 실험의 정신이다. 연극마저 없었더라면 일제 강점기, 독재 시절을 어떻게 넘겼겠는가. 연극은 '기'를 다스리고 모으는 영험한 축제다. 연극은 '혼'을 빼앗기지 않으려는 사람들의 예식이다.

애당초 서울대 이전 후 이 동네를 '주택지'로 분양했던 것은 상상력 없는 비도시적 발상이었다고 비판받음직하다. 옛 문리대 마당을 마로니에 공원으로 만들고 그 주변에 문예회관, 미술회관, 문화진흥원, 예총회관을 만들 정도였으면 주택 동네가 아니라 오히려 문화 동네에 길을 활짝 터 주었어야 했을 것이다.

천만다행으로 도심에 가깝고 임대료가 싸서 1980년대부터 소극장이 하나 둘 들어오더니 그 숫자가 늘어났다. 물론 이 소극장들은 거개가 임대다. 소극장이 대학로의 상징이라는 인식이 있어서 최근에 임대료가 천정부지로 올라도 쉽게 쫓아내지는 못하지만 언제나 불안한 처지다. 극단들은 영화에 마음 뺏긴 사람들을 끌어오기 위해 온갖 실험을 아끼지 않는다.

【 몽마르트냐 브로드웨이냐 】

대학로는 곧잘 브로드웨이나 몽마르트르와 비유되곤 한다. 그럴 만도 하다. 〈뉴욕, 뉴욕〉에 비견할 만한 〈지하철 1호선〉 같은 장기 공연 뮤지컬 히트작이 생겨났는가 하면, 몽마르트르의 '물랭 루즈' 역할을 한다고 할 만한 '학림 다방'도 대학로에서 56년째 버틴다. 물론 사람들도 있다. 학전의 김민기, 연출가 오태석, 배우 김민지, 윤석화, 공연기획가 강준혁, 그리고 대학로 연극 무대에서 배출된 스타, 설경구, 유오성, 송강호, 최민식 등. 터줏대감 같은 동숭동 '델파이'도 있다. 샘터사 주인, 변호사 이세중, 그리고 고건 전 서울시장도 이 동네 사람이다. 이 정도의 인사들이 열과 성을 모으면 무엇도 될 것 같지 않은가?

마침 낙산 위에 성벽 공원도 복원되었다. 60년대 지어졌던 낙산 시민아파트가 철거되고 드디어 옛 한양의 '좌청룡(左青龍)' 낙산이 제 모습을 찾

▲ 즉흥 공연은 대학로의 특징이다.

▼ 대학로 서쪽의 최근 보행전용도로가 된 새 동네.
문화시설보다는 상점이 많다.

은 셈이다. 사실 낙산은 몽마르트르 언덕 정도 높이의 구릉이다. 보름달 밤의 낙산은 황홀하다. 여기서 도심의 스카이라인을 보면 북한산부터 창덕궁, 종묘, 남산으로 이어지는 푸르른 산경축(山景軸)이 드라마틱하게 보인다. 낙산 위에 노천 무대가 생긴다면 아크로폴리스가 따로 없을지도 모른다. 우리는 기꺼이 그 언덕을 올라가리라. 대학로에서 낙산까지.

문제는 이 동네의 상업시설이다. 꼭 필요한 시설이고 하루 유동인구 20만을 겨냥하는 것도 좋고 수익성 높이려는 것도 이해는 되지만, 어째 그리 볼썽 사나운가. 대학로 서편에 확장된 새 동네(최근 보행전용화가 되었다)는 상업 기능이 주이므로 그렇다 하더라도 동편의 '대학로 프로퍼(proper, 원조 고유동네)'에 혼성 키치 건물들, 이름하여 '대학성, 공간을 채우는 마을' 같은 건물

▼ 1980년대 건축가 고 김수근이 설계한 문예회관, 해외개발공사, 샘터 사옥 등의 건물들이 들어서면서 적벽돌이 유행했다. 샘터 사옥 건물 앞의 플라타너스 고목에 두른 '빨간 리본'이 이채롭다.

▼ 길거리의 연극 게시판들

▲ 대학로 큰길가는 은행나무 그늘이 특색

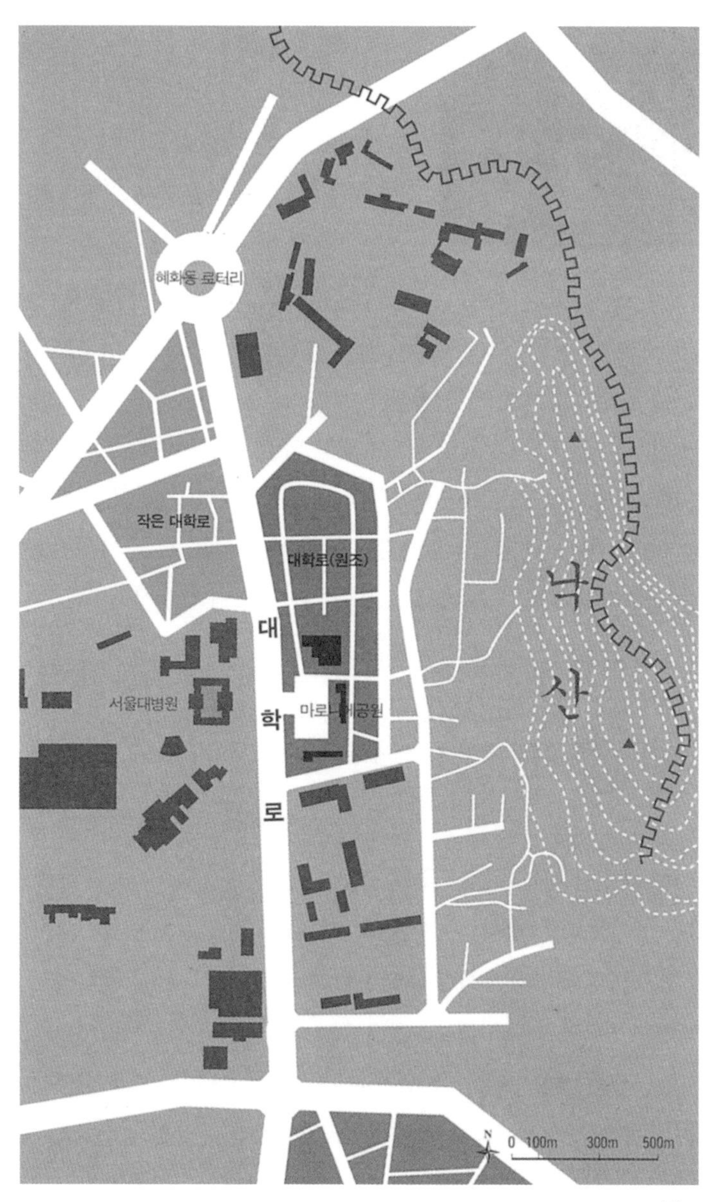

▲ 대학로

▲ 대학로의 티켓박스에 기다리는 줄이 길다.

들이 어떻게 명함을 들이미는지 의문은 의문이다.

대학로의 상업건물 주인들은 '무대다운 상업건물' 만들기를 고민하면 좋겠다. 무대가 튀는 것 봤나? 무대가 어지러우면 주인공도 죽고 극도 죽는다. 주인공이 멋있게 보이려면 무대는 단순한 배경 노릇을 해야 한다는 심플한 원칙이 대학로의 디자인 원칙이 되면 좋겠다.

대학로는 동네 전체가 무대성을 갖고 있다. 주말이면 온갖 퍼포먼스들이 열리는 마로니에 공원은 물론이고, 대학로 큰길가의 만남의 장소, 길가로 나앉은 노천 카페가 모두 무대다. '도시란 커다란 사교 무대'임을 드러내는 동네가 대학로다.

【 무대여, 대학로의 패권을 잡아라! 】

온갖 공연과 행사를 알리는 길거리 포스터를 보기만 하는 것으로도 젊음의 거리임을 느낄 수 있는 대학로. 그러나 젊음이 나이로 정의되는 것만은 아닐 것이다. 젊음은 젊은 정신으로 영원히 젊다. 진짜 젊은이라면 화장 분칠 요란한 카페에 등을 돌리리라. 진짜 젊은이라면 데이트 코스에 '무대 한 판'을 넣으리라. 연극 같은 인생의 연기력을 닦기 위해서라도. 대학로에서 출발한 영화 스타가 드디어 연극무대에 돌아왔을 때 티켓박스 앞에서 긴 줄도 마다 않고 표를 사리라. 우리의 스타들이 영화와 연극을 넘나들며 연기 내공을 닦도록 박수를 아끼지 않으리라.

인생은 연극, 도시는 무대다. 무대여, 대학로의 패권을 잡아라. 우리를 영원히 젊게 하라! ☰

'대학로'에 '대학'이 돌아온다

●

대학로에 대학이 돌아오고 있다. 중앙대, 상명대, 동덕여대의 공연예술 분교들이 대학로에 그리 크지 않은 규모로 속속 오픈했다. 대학로의 변화 중 가장 바람직한 변화다. 이 동네엔 학교들도 적잖다. 서울의대, 성균관대, 카톨릭대, 한국방송대, 국제디자인대학원 등. 동네의 무대적 분위기와 호흡을 같이 하면서 새로운 예술 정신으로 충만한 대학로를 만들어 낼 지도 모른다.

마로니에 공원 문예회관 옆으로 주차장으로 쓰이는 천여 평의 큰 공터가 있다. "어떻게 여기에 이런 큰 땅이?" 하는 생각에 놀라게 되는 땅이다. 민간 소유인 이 땅에 엄청난 상업시설이 들어오면 어떡하나 하는 걱정도 많다. 말도 많고 제안도 많은 땅이다. 이 요긴한 땅에 부디 대학로에 뿌리내리고 있는 공연예술 활동을 더욱 꽃피울 기능이 들어오면 좋겠다. 어떻게, 서울시나 공공기관이나 대학 또는 문화예술 단체가 나서 주지 않으려나?

몽마르트르와 〈물랭루즈〉

●●

몽마르트르는 해발 129m. 낙산은 해발 125m. 높이도 비슷하다. 다만, 낙산은 서울의 내사산 중에서 가장 낮은 산인 반면, 몽마르트르는 파리에서 가장 높은 산이고 그 위에 '사크르쾨르'라는 이국적 모습의 새하얀 성당이 올라서서 더 높아 보인다.

몽마르트르의 모습은 영화 〈물랭 루즈〉에 아주 그럴듯하게 잡혀 있다. 흥미로운 점은 파리는 1900년이나 지금이나 건물 높이에 별 차이가 없어서 지금도 비슷한 경관이라는 점이다. 보헤미안 영혼들이 모여서 만든 몽마르트르. 지금은 관광 동네 성격이 두드러지지만 2001년 개봉한 프랑스 영화 〈아멜리에〉에서 보듯 '혁명의 자식들(The Children of the Revolution)' 보헤미안들의 '자유, 진리, 박애, 사랑'의 혼은 지금도 이어지고 있다.

몽마르트르에 가면 별로 높지 않은 이 언덕을 아래로부터 차근차근 올라가 보는 것이 좋다. 차도가 능선을 따라 휘휘 도는 반면, 계단 길을 따라 바로 올라가면 훨씬 더 낭만적이다. 가난한 학생이나 예술 지망생들이 살 듯한 소박한 집, 커피가 다글다글 끓을 듯한 카페, 거리를 채우는 커피향, 계단 옆 조그만 광장들, 작은 분수들…, 도란도란 얘기 소리가 들릴 듯하다. 분명, 영화 〈물랭 루즈〉나 〈아멜리에〉처럼 사랑도 벌어지고 있을 것이다.

가 야 역
KAYA STATION
개통
행운열차
신의주행
THOMAS
THE TANK ENGINE & FRIENDS
EAST
BUSINESS
20
LEFT
LANE
ENGLAND
ENGLAND

하남

미사리 카페촌

추억한다, 고로 우리는 존재한다

추억이란 유혹이다. 불혹(不惑)의 나이가 되면 그 유혹은 강해진다. 추억의 유혹으로 도시로부터의 탈출을 갈구하며 색다른 느낌을 찾아 일상을 떠나 본다. 유혹과 갈구가 섞여 만들어 낸 이 시대의 공간, 라이브 카페촌. 허허로운 쳇바퀴 일상을 벗어나서 잠시나마 그 때 그 기억, 그 순간 그 느낌을 다시 한번 맛보려 떠나 보는, 추억과 탈출의 별장 동네다. 여기에서는 시간이 쌓이고 또 그 개념을 잃는다.

【 미사리 풍경 신기한 풍경 】

이름도 아름다운 미사리(渼沙里). 물론 조금 더 액셀을 밟아 팔당대교를 넘으면 더욱 한적한 양평, 양수리, 청평이 펼쳐지지만, 굳이 거기까지 나가지 않더라도 이미 전원이다. 도시도 아니고 시골도 아닌 '전원'.

참 신기한 풍경이다. 시속 80Km 속도로 달리는데 갑자기 길 옆을 따라 카페들이 나타난다. 고속도로 휴게소도 아니고 국도를 따라 펼쳐지는 마을도 아니다. 5km 일직선의 도로를 따라 하나같이 색다른 건물이 나타나는데, 처음 가 보는 사람이라면 낯익은 가수 이름과 노래 이름을 읽느라 속도를 줄이게 될 지도 모른다. 낮에도 신기하지만 밤에는 더 신기하다.

'카페촌'이라고 통칭하지만 두 부류가 있다. 미사리 조정 경기장을 따라 일직선으로 늘어선 '카페 스트리트'(망월동), 그리고 강변의 옛 마을에 들어서면 구불구불 길을 따라 오순도순 모여 있는 '카페 빌리지'(미사동).

분위기는 다르다. '카페 스트리트'가 마치 환영 인파가 도열해서 깃발을 나부끼는 듯 하다면, '카페 빌리지'는 마치 색동 보자기 속에서 뭐가 나올까 싶은 느낌. 스트리트는 한강을 조망하고 빌리지는 한강으로 다가간다.

【 '생음악'에서 '라이브'로, '가든'에서 '카페'로 】

마치 오래전부터 거기 있었던 것 같지만, 라이브 카페촌이 된 것은 불과 지난 5-6년 사이이다. 88 올림픽 때 조성된 미사리 조정경기장을 따라 '마이카' 세대의 입맛을 잡기 위해 생겼던 고깃집, 횟집의 '가든' 열풍이 한바탕 지나가고 난 후에 '카페' 바람이 불어 왔다.

누가 어쩌다 '라이브 카페' 아이디어를 생각해 냈을까? '영원한 DJ 이종환'(카페 '이종환의 셸부르')이 시작해서 '영원한 오빠 송창식'(카페 '록시'의 고정출연)이 끌어주었으니, 이들이 카페촌 탄생의 공신들이다. '생음악' 세대, 1970년대 포크 문화의 가수들이다. 통기타 달랑 메면 언제 어디서나 노래할 수 있는 음유시인들, 라이브가 안 되면 가수로 치지 않

▲ 길을 따라 갑자기 열리는 카페 스트리트

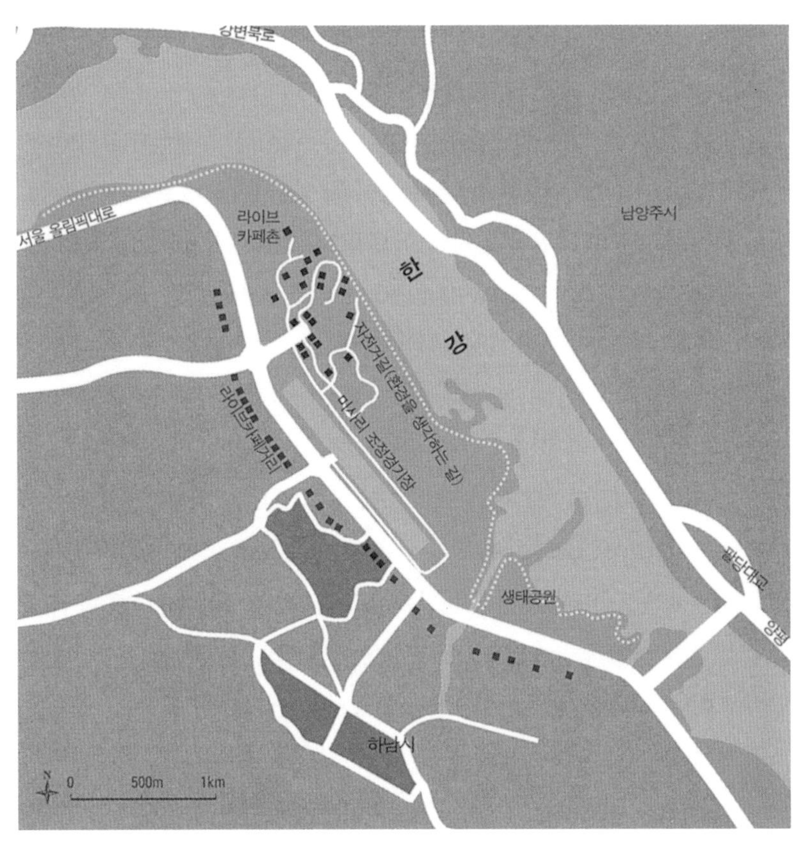

▲ 하남시 미사리. 올림픽대로를 타고 서울시 경계를 벗어나면 오른쪽으로 카페 거리가 줄을 잇는다. 미사리 조정 경기장을 따라서 강변으로 들어서면 마을처럼 카페촌이 옹기종기 모여 있다.

는, 말 그대로 '카수' 들. 70년대의 '생음악' 이 '생맥주' 와 어울렸다면, 이제는 '라이브' 가 '세트 메뉴' 와 어울릴 뿐이다.

누가 한물 간 가수들의 동네라 하는가. 추억이란 사람살이의 맛인데, 누구나 한물 가는 것은 자연스러운 현상인데. 한물 가도 한 우물을 즐길 줄 안다면 그게 멋이다. 전인권, 윤시내, 민해경 등 80년대 가수, 그리고 박상민, 조정현 등 90년대 가수들도 가세해서 또 다른 추억세대를 끌어 왔다. 물론 '카수' 를 흠모하는 신인 가수들의 데뷔도 이루어진다. 누가 아는가. 지금의 21세기 가수가 10년, 20년 후면 이 동네에 나타날지? 라이브를 할 능력만 있다면 카페촌의 무대에 설 수 있다는 것이 영광일 것이다.

미사리 카페들의 이름에는 세계 곳곳 우리가 가고 싶어하는 동네들이 나타난다. '셸부르', '화가 마티스가 사랑한 마을 생폴', '하바나', '에콜드파리' 등. 우리가 바라는 감정도 나타난다. '열애', '준비된 만남을 위하여', '시간을 잃어버린 마을…' 등. 비록 카페 이름을 통해서이지만, 우리는 얼마나 떠나고 싶어하고 얼마나 '낭만에 대하여' 갈구하는가.

카페촌에서는 컨츄리풍이 압도적이다. 미국의 전원, 호주의 전원, 유럽의 전원, 한국의 전원. 낭만은 전원에서만 가능한가? 주목할 것. 미사리 카페촌에 러브호텔은 전혀 없다. 이야말로 낭만적이다. 낭만이란 몸이 아니라 마음인 것이다. 낭만이란 같이 밤을 보내는 것이 아니라 같이 밤을 지새는 것이다. 그것도 '라이브' 로.

하남시는 '카페 스트리트' 를 따라 거리를 만드는 계획을 하고 있다. 현재 4차선을 6차선으로 확장하는 공사를 하는 김에 카페거리를 만든단다. 이렇게 되면 카페에서 카페로 걸어다닐 수도 있다. 1970년대, 80년대, 90년대, 2000년대, 2010년대의 시간을 걷는 거리가 될까.

▲ 배 모양의 신종 카페

▲ 카페 이름과 가수 이름들 사이에서 시간을 잃는다.

◂ 카페 빌리지 안에는 외국 전원풍의 카페들이 띄엄띄엄.

【 추억한다, 고로 우리는 존재한다 】

미사리 카페촌은 유토피아는 아니지만 디스토피아도 아닌 우리의 삶이다. '과거를 기꺼이 추억하려는 새로운 어른 세대'의 등장을 나타낸다.

과거와의 단절이 아니라 즐겁게 과거를 회상할 수 있는 것, 지난 유행의 흐름을 다시 찾을 수 있는 새로움으로 만들 수 있는 힘, 그것이 이 시대의 새로운 전통이다. 추억하므로 우리는 존재하는 것이다. 노래하는 마을, 미사리. 영원히 노래하라!

에코시티 하남의 물, 나무, 자전거.

●

하남(河南), 강의 남쪽, 백제의 '하남위례성'에서 따온 낭만적인 이름의 도시다. 98%가 그린벨트인 도시. 인구 12만의 작은 도시, 선사시대의 유적지와 백제의 유적을 땅 속에 안고 1989년에 시가 된, 어리지만 오랜 도시다.

하남은 제 1의 부추, 상추 생산도시다. 남한산성도 있고 검단산도 있지만 미사리 공원 47만 평은 에코시티라 불릴 만한 자랑거리다. 강 건너 남양주시 강변은 고층 아파트로 빼곡하지만 하남시 쪽은 생태공원이다. 하남시가 무료로 빌려주는 자전거를 타고 강변 따라 '환경을 생각하는 길'을 달려 보면 환경 사랑이 싹튼다. 강변 따라 조성된 '나무고아원'에서는 방방곡곡으로 입양될 나무 어린이들이 쑥쑥 자라는 모습이 귀엽다. 습지 사이로 낸 나무다리를 걷다 보면 젖줄 한강의 생명을 느낄 것이다.

그 어디에선가 한대수의 "나는 행복의 나라로 갈 테야…"가 들려온다. 행복의 나라, 행복한 도시, 행복한 동네에서 음유시인들이 홀연히 나타날 것 같지 않은가.

그린벨트의 원조 영국의 펍(pub)

●●

'그린벨트' 제도를 만든 나라는 영국이다. '전원도시'의 전통이 강한 나라답게 도시의 무분별한 확산을 막고자 그린벨트를 도입했다. '계획적 신도시' 제도를 만들어 낸 나라도 영국이니, 정책 일관성이 있다. 우리가 1973년에 도입해 30년만에 그린벨트를 푼 것과 달리 영국은 그린벨트를 잘 지키고 있다. 런던 교외를 달려 보면 그렇게 푸르를 수가 없고, 우리처럼 비닐하우스로 채워져 있지도 않다. 그린벨트 안에도 농촌 마을이 '취락'의 형태로 잘 보전이 되고 있다. 담장 너머로도 잘 보이는 정원엔 꽃이 만발해서 인상적이고, 그런 마을에도 여지없이 영국 특유의 동네 카페이자 술집 펍(pub)이 동네 사교클럽 역할을 한다.

확실히 미사리의 카페촌과는 다르다. 서울이라는 대도시에 붙은 그린벨트인 미사리에는 그야말로 천만 시민을 위한 사교클럽이 생겼다고 할 수 있다. 앞으로도 그린벨트 내에, 그린벨트 너머의 전원에 끊임없이 카페촌이 생겨날까? 앞으로 풀리는 그린벨트 내의 취락들이 나름의 전원적 색깔을 지닌 마을이 되고 동네가 되어 서울 시민의 사교클럽을 만들어 낼까? 바라는 바가 아닐 수 없다. 우리도 '전원동네'의 전통이 생기기를 기대한다. 거기에는 추억을 되새기는 것과는 또 다른 삶의 맛을 담으면서.

【동네산조 四】

이 · 시 · 대 · 새 · 동 · 네 · 의 딜 · 레 · 마 ·

이 시대에도 동네는 만들어질 수 있는 걸까. ◉ 그 애틋한 감정을 불러일으키는 '동네'라는 말을 붙일 수 있을 만한 동네일까. ◉ 동네 만들기란 얼마나 어려운가, 도시 만들기란 얼마나 어려운가. ◉ 이 시대에 만들어지는 동네란 사실 그리 마땅치 않다. ◉ 편리하고, 투자 잘되고, 사업하기 괜찮고, 폼나는 도시를 만들기는 쉬워도, 정 붙일 동네를 만들기란 결코 쉽지 않다. ◉ 물론, '정'이란 금방 생기는 것은 아니다. ◉ '정'이란 사람이 만들고, 사람들의 이야기가 배어들고 쌓일 만큼 시간이 필요하고 역사가 필요하다. ◉ 우리는 그렇게 시간이 가면 정들 동네를 잘 만들고 있는 걸까?

사진 _ 박정훈

대전

둔산타운

'신도시 찬가'와 '신도시 블루스'

굳이 '신도시'라는 이름을 붙이지 않더라도 우리 국민의 반 이상이 신도시에 산다고 해도 과언이 아니다. ______ 지난 사반세기 동안 새로운 도시 개발이 나라 전체를 휩쓴 결과다. ______ 도시 나이 25살 정도라면 사실 '아기'나 다름없다. ______ 우리가 만드는 '아기 도시'들은 될성부른가? 잘 자랄까?

【 둔산(屯山), 대전의 홀로 서기 】

둔산은 10살 남짓한 신도시다. 개발 중간에 IMF 한파로 주춤했었고, 대전정부청사가 1998년, 시청사가 1999년에 입주한 후 자리가 잡혔으니 이제 대여섯 살 남짓하다 해도 좋다. 정부청사 유치가 기대했던 만큼 경제효과가 없다는 볼멘 소리도 있고, 옛 도심을 쇠락시켰다는 비판도 있지만 둔산 개발의 효과는 지대하다. '대전의 홀로 서기'에 충실한 지렛대 역할을 했다.

'테크노폴리스 대전', '엑스포 도시 대전' 등 투자는 컸지만 대전은 서울의 가장 먼 교외도시 아닌가 싶을 정도의 이미지였다. '일은 대전에서, 집은 서울에', '주중엔 대전에서, 주말은 서울에서' 같은 철새 현상도 적잖았다. 둔산 개발은 이런 현상을 바꾸어 놓았다. '양적인 규모 경제'와 '질적인 서비스'의 균형을 이룬 것이다. 이제 주거수준 낮다거나 상업 서비스가 부족하다거나 문화 시설 없다는 불만은 거의 없어졌다. 철새 아닌 명실공히 대전 사람들이 늘어간다.

그 증거들. 대전 인구는 현재 140만으로, 인구 증가율이 가장 높은 도시 중 하나다. 주택 보급율은 96.5%로 광역시중 1위다. 뜨는 상권으로 대형 쇼핑센터 개발이 둔산에 줄을 잇는데, 그 대상은 대전 사람만이 아니라 인근 1시간 드라이브권 내 사람들이다. 놀랍게도 연간 1,300만의 관광객이 대전을 찾아온다. 대전은 살기 좋은 도시 1위로 종종 꼽힌다.

【 둔산행정타운의 '연병장' 그 느낌 】

이만하면 둔산은 대성공 아닌가? 청사 관련 3만 명을 비롯해 인구 22만을 끌어들이면서 대전을 일약 '홀로 선 도시'로 만들었으니 말이다. 그런데, 이게 딜레마다. 수적으로 기능적으로는 대성공인 듯 싶은데 뭔가 찜찜한 것이다.

둔산에 가면 네 가지 느낌이 다가온다. 첫째는 그 광활함이다. 길은 10차선씩 되고 고층건물이 뚜벅뚜벅 들어서 있다. 둘째, 그 일렬성이다. 고층 아파트들이 마치 키 똑같은 군인들이 도열한 연병장 같다. 셋째, 그 똑바름이다. 가장 큰길인 대덕대로와 한밭대로는 마치 나침반에 맞추어 자로 그은 듯 동서남북 정확하다. 넷째, 그 대칭성이다. 특히 네 쌍둥이 모양의 정부청사와 쌍둥이 모양의 시청사 때문에 더욱 대칭적으로 보인다.

평평한 지형이라 그런지 그 광활함과 일렬성과 똑바름과 대칭성은 더욱 명확하게 느껴진다. 꽤 많은 녹지와 나무가 있건만 무언가 빠진 듯싶다.

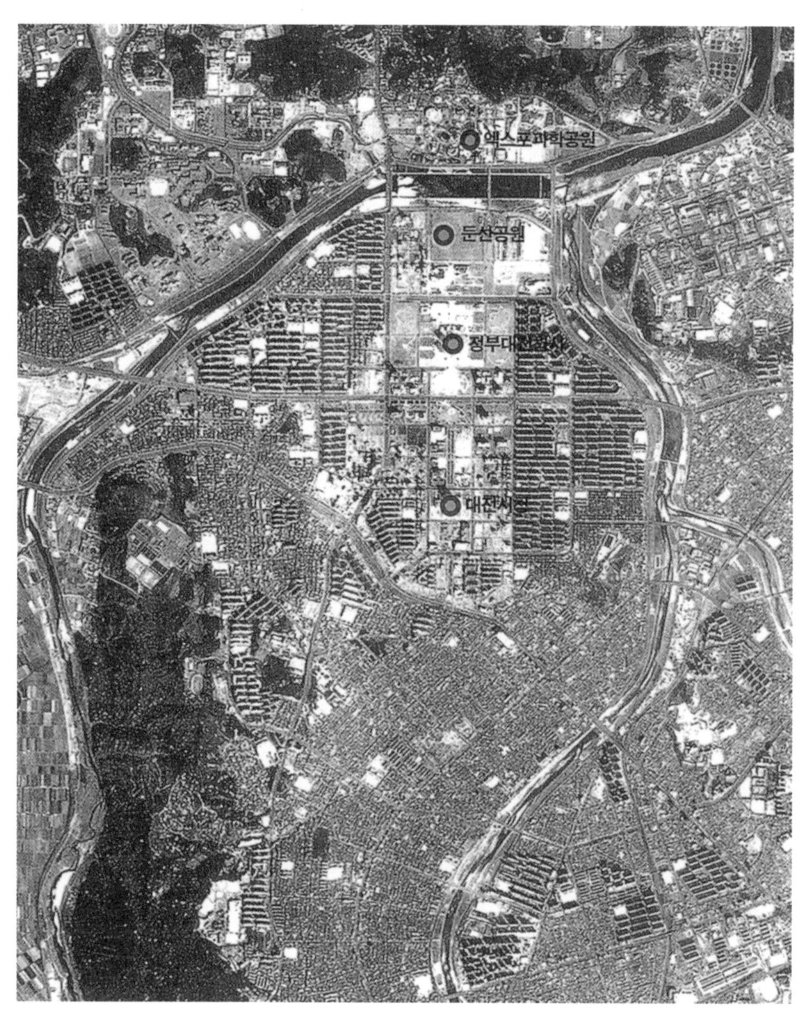

▲ 대전 인공위성 사진: 드넓은 둔산평야에 병풍처럼 나란히 들어선 아파트, 남북대칭의 정부청사, 대전시청의 남북축. 『지도로 본 대전』 중에서.

예컨대 정부청사 주변의 공원이나 시청사와 정부청사를 잇는 중앙 녹지대는 녹음 울창함에도 불구하고 사람 사는 냄새는 영 안 난다.

워낙이 관료적인 '행정타운'으로 계획되어서 그런가? 둔산의 구성은 단순명쾌하다. 가운데 남북 축으로 정부청사와 시청사를 잇는 공공청사들이 있고, 그 좌우로 상업 블럭들이 따라가고, 그리고 삼면으로 아파트 주거지역으로 에워싸인 형국이다. 전체가 260만 평이나 되지만 너무 단순명쾌해서 그런지 금방 다 알아버린 것만 같다. 여기나 저기나 다 똑같아 보인다. 생활권과 상권은 있지만 동네는 없을 듯 싶다.

이 무슨 별난 느낌이란 말인가? 살기 좋은 도시라는 명성에 걸맞게 아파트 단지마다 잘 가꾸어지고, 쇼핑센터는 하나하나 편리하고, 공공청사는 하나같이 깨끗하고, 녹지 많고, 건물도 이른바 '잘 빠진' 건물들이다. 게다가 학군 좋아서 아파트 가격도 가장 세다. 그런데도, 살기 좋다는 것과 사람 사는 냄새가 난다는 것은 무슨 차이일까 하는 의문이 들게 만드니 말이다.

【 나이 먹는 신도시 만들 묘수 없을까? 】

둔산은 한국토지공사가 가장 전형적인 방법으로 개발했다. '대로, 큰 블록, 명확한 축, 명확한 용도 구분, 팔기 좋게 땅 자르기'. 건물에 대한 전제도 전형적이다. 아파트는 고층 판상 아파트, 상업건물은 고층박스형, 행정 건물들은 네모반듯하고 보기에 좋은 녹지를 거느린 '대칭형 건물'.

우리가 구사할 수 있는 도시의 어휘가 겨우 요것밖에 없을까? 살고 싶은 도시 대전, 뜨는 동네 둔산에 가서 고개가 갸우뚱해지는 사연이다. 영원히 나이 먹지 않을 것 같은 신도시다. 문제는, 이런 딱딱한 도시 어휘가 우리나라 곳곳에서 여전히 무차별하게 적용되고 있다는 사실이다.

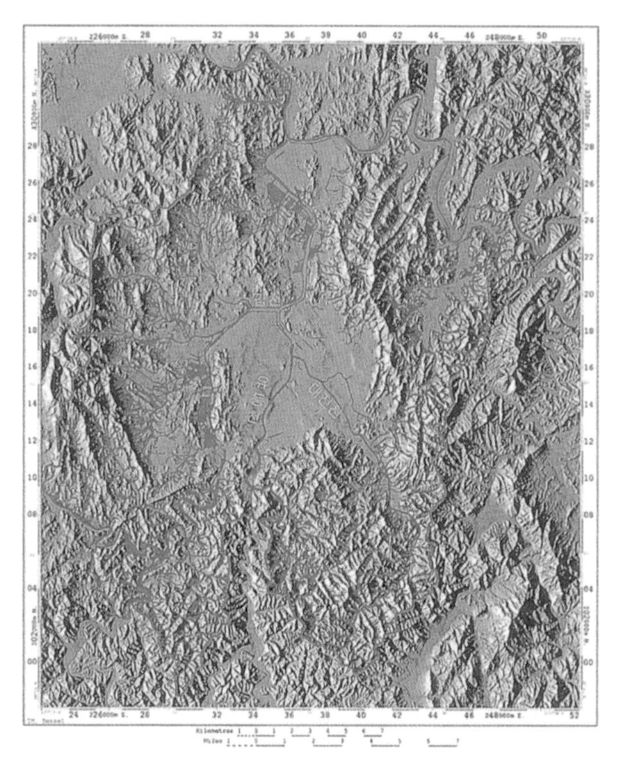

▲ 대전 지형지세와 수계. 『지도로 본 대전』 중에서.

▲ 유성온천탕 일부. 『지도로 본 대전』 중에서.

나이 먹어가며, 사람 냄새 풍기며 익어가는 신도시를 만들 묘수는 없을까. 둔산의 기능적 성공과 환경적 실패에서 무엇을 배워야 할까? 신도시가 언제나 신도시는 아닌 것이다. ☰

중원(中原)의 운명을 넘어서야 할 대전

●

한밭 대전은 중원이다. 남한 한가운데, 서울과 부산과 광주의 한가운데에 있다. 박정희 정권 말에 대전권에 행정수도가 계획되었다 백지계획이 된 예에서 볼 수 있듯이 대전에는 이른바 국가 차원의 입김이 강하게 작용해 왔다.

그래서인지 대전 사람들은 통이 크다. 개발 규모가 어마어마하다. 대덕 과학단지 840만 평, 둔산 260만 평, 엑스포공원은 겨우(?) 27만 평이다. 현재 조성되는 대덕 벤처벨리가 120만 평, 서남부개발은 460만 평이다. 대전에는 유난히 '소(所), 원(院), 청(廳)'으로 끝나는, 이른바 '기관'이 많다. 대학도 17개다.

분위기는 관료적이다. 특혜적으로 보이기도 한다. 대덕 과학단지는 우리나라에서는 보기 드문 전원형 도시로 마치 외국에 온 것 같다. 그런가 하면 대전은 특별한 개성이 없는 무색무취한 도시로 느껴지기도 한다. 충청권, 호남권, 경상권을 고루 접하는 교통요지라 그렇게 된 건지도 모른다.

대전은 이제 대전다움이 무엇일까 여유를 찾을 시점이 된 듯싶다. 개발에 너무 마음 뺏기지 않고 옛 도심과 대전 문화를 돌아보며 대전다운 맛이 뭘까 생각하는 진짜 대전 사람이 생김에랴.

어느 신도시가 가장 좋은가?

●●

"신도시 중 어느 도시가 가장 좋은가?" 도시 치고 신도시 아니었던 도시가 없으니, 이 난감한 질문을 잘 넘기는 방식은 오래된 도시를 대는 것이다. 예컨대 서울도 600년 전에는 신도시였다. 이천여 년 전부터 도읍이 있었지만, 계획 신도시로 만든 것은 1394년이었다. 20만 여 인구의 한양이 이제 천만 서울, 이천만 수도권을 거느리며 번영하는 도시가 되었으니 그 위대한 포석만큼은 인정해야 하지 않을까.

좋은 신도시란 나이가 들어가면서 괜찮은 도시로 자라느냐 아니냐 하는 것일 게다. 막 만들자마자 괜찮은 도시란 별로 없다. 초기의 도시는 전쟁으로 폐허가 된 도시와도 비슷한 모습이다. 건축물은 처음부터 끝까지 컨트롤 할 수 있지만 도시란 여러 건물, 기능, 사람들이 개입하니 처음엔 어설퍼 보인다. 5년여 정도 되면(여러 기능들이 들어서는 시점) 채워지는 느낌이 들고, 10년여 정도 되면(나무들이 성숙수가 되는 시점) 도시다움과 성숙함이 느껴지고, 20여 년 지나면(건축물들이 성숙하는 시점) 나름대로의 색깔이 느껴지는 도시라면 아주 괜찮은 도시로 자리잡을 가능성이 있다.

우리 신도시들이 그리 만족스럽지 않은 것은, 10여 년이 되어도 성숙한 느낌보다는 여전히 처음처럼 어설프거나, 20여 년이 지나도 고유의 색깔을 느끼기 어렵기 때문이다. 여기엔 세 가지 근본적인 원인이 있다. 한번에 와장창 지어버리기 때문에, 고층 아파트 단지들이 주가 되기 때문에, 이른바 상업지구라는 곳이 천편일률적이기 때문에.

최초의 현대적 신도시라는 과천은 가장 좋은 신도시로 꼽히곤 한다. 상대적으로 낮은 밀도, 많은 녹지 덕분이다. 그렇지만 과천이 과연 '점점 익어가는 도시냐'에 대해서는 고개를 끄덕이기 어렵다. 상대적으로 살기 좋은 도시이기는 하지만 매력적인 도시라 보기는 어렵다.

역설적이지만, 나는 서울의 '강남'을 괜찮은 신도시로 꼽는다. 아파트 재건축, 지나친 고층화 열풍만 가라앉는다면 아주 괜찮게 익을 수 있는 바탕을 갖고 있는 도시다. 개개 필지와 건물 위주로 도시가 만들어지면서 나름대로 색깔을 갖고 있고, 단지로 덮이는 것과는 다른 맛이 강남에 있다. 건물들이 나이 들어 가고 건물과 거리가 만나는 공간, 건물과 건물 사이의 공간이 가꿔진다면 아주 매력적인 도시가 될 수도 있을 터이다. 가능할까? 물론 가능하게 만들어야 한다. 강남은 나이 25살 정도다. 이제 익을 때도 된 것이다. 부수고 다시 만드는 것이 아니라. 대전 중원권에 '행정 신수도'가 거론되고 있는 시점이다. 쉽게 결정할 수 있는 문제도 아니지만, 만약 새 도시가 만들어진다면 부디 오래오래 익어 갈 도시가 태어나기를.

서울

성수동

우리도 디지털 시대의 '밸리'를 만든다

화이트칼라와 블루칼라의 경계가 무너지는 시대. 낮에는 생산라인에서 일하고 밤에는 연구에 몰두하며, 낮에는 유니폼이지만 밤에는 근사하게 차려 입고 삶을 즐기는 사람들, '디지털 시대의 진정한 엘리트'일 것이다. ──── 자기 자리에서 뜻깊은 삶을 즐기는 신 노동자들. 우리 사회의 허리다. ──── 실리콘 밸리 덕분에 밸리 열풍이 부는 시대. 성수동은 그 중에서도 독특하게 '도시형 밸리'로 다시 태어나고 있는 중이다.

【 강남·강북에 가까운 도시형 밸리 】

땅의 용도를 보여주는 도시계획 지도에서 주거지는 노랑, 상업지는 빨강, 공공시설은 파랑, 녹지는 초록색으로 칠해진다. 도시는 주로 이런 색깔로 구성된다. 그 중 색다른 보라색이 (준)공업지역의 표시다. 서울에는 보라색 동네가 딱 세 곳이다. 서쪽의 영등포와 구로, 동쪽의 성수동 동네다.

성수동은 영등포나 구로에 비해 규모는 작지만(97만 평) 어부지리적인 위치에 있다. 강북으로는 도심과 청계천이 가깝고, 영동대교, 성수대교만 넘으면 바로 강남이고, 성남, 분당과도 연결된다. 게다가 '성수역'을 중심으로 사방 500 미터 안에서 걸어다닐 수 있으니 출퇴근하기에도 편리하다.

성수동이 산업기능을 지키면서 새로운 보라색 동네로 탈바꿈하고 있는 이유다. 서울의 대표적 공업지역 세 곳 중에서 구로공단은 지금도 국가적인 지원에 의한 산업단지 성격이 강하고, 영등포는 상대적으로 큰 규모 의 공장들이 이전한 땅에 주로 아파트 단지나 대형 백화점들이 들어오면서 보라색 기능을 잃고 있는 것과 달리, 성수동은 민간의 활력, 특히 변화에 능한 중소기업들의 주도에 의해 새로운 보라색 동네로 변신하고 있다.

【 색조가 밝아지는 산업동네 】

성수동의 색조는 밝아지고 있다. 물론 송전탑과 1960년대에 지어졌던 블럭집과 슬레이트집, 이 동네의 전통산업이었던 기계, 선반, 용접공장이 늘어선 거리도 아직 있지만 변화는 눈부시다. 층마다 공간 분할이 가능한 아파트형 공장들도 들어섰고, 이름도 산뜻하게 '테크노'라는 이름이 붙은 '반 사무-반 작업장'의 혼성 빌딩도 심심찮고, '반 사무-반 창고' 식의 오피스텔도 들어섰고, 이제는 '벤처타운'이라는 이름의 건물들도 늘어 간다.

대개 단일 건물 형태인데, 겉에서 보면 이게 공장인가 사무실인가 연구소인가 창고인가 구분이 잘 안 간다. 대개 철골조에 경쾌하고 산뜻한 알루미늄이나 타일을 붙인 모던한 건물들이다.

사람 모습도 달라졌다. '잠바' 유니폼도 있지만 '우주복' 스타일의 유니폼이 늘어났고, 군청색 대신 이제는 산뜻한 오렌지색, 흰색 유니폼이 더

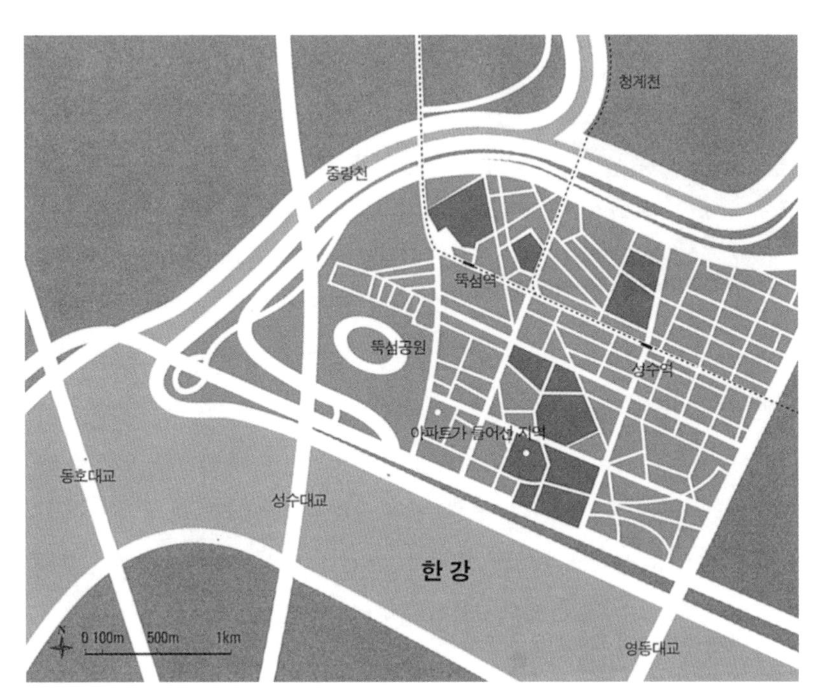

▲ 서울 성수동: 토지구획정리 사업에 의해 이루어진 준공업지역.
최근 아파트 단지도 들어오고 있지만, 필지 단위로 나뉘어진 땅 위에 주로 아파트형 공장, 벤처형 건물, 새로운 공장들이 업그레이드 되고 있다.

▲ 거리 표지판

눈에 띈다. 훨씬 더 젊어 보인다. 차량 모습도 달라졌다. 노출형 트럭보다는 중소형 컨테이너 트럭들이 더 많고 밴 스타일 차량이 늘었다. 이 동네의 길 이름이 재미있다. 가로 세로 잘 짜인 도로 격자망을 따라 동서 '산업길'과 남북 '발전길'이 엮인다. 역시 '산업'과 '발전'은 새로운 변화의 씨줄과 날줄이라 할까.

이 동네에서는 '도시형 집약 산업'이 일어날 수밖에 없다. 도로는 잘 닦인 반면 땅 크기는 200평에서 1000여 평 정도다. 다시 지으려 해도 아파트 단지 같은 것은 생각할 수 없는 필지 규모다. 공간 효율적인 공장이나 사옥이나 연구소 기능이 오히려 적합하니 얼마나 다행스러운가.

이 동네의 터줏대감 같은 산업체인, 반도체로 유명한 '아남'과 프린터로 유명한 '신도리코'가 새로 지은 공장과 연구소는 이 동네의 분위기를 조성하는 데 선도적인 역할을 하기도 했다. IMF 한파를 견딘 지금 이 동네에는 신식 공장들이 늘었다. 영상음향, 통신, 의료, 전기, 신식 출판인쇄, 패션 등. 거품기 없는 내실 있고 전망 좋은 산업들이다. 2,000여 개 제조업, 1,000여 개 공장, 50,000여의 신 노동자들이 '산업길'과 '발전길'을 부지런히 오르내린다.

【 디지털 시대의 진정한 엘리트로 자라라 】

최근 재단법인 '성동벤처벨리'가 스타트를 끊었고, 이공계로 유명한 한양대도 발벗고 나섰다. 'KIST 홍릉벤처밸리'가 운영하는 1차 벤처타운도 이 동네에 자리잡고 IT, 바이오, 디자인 분야

▲ 아파트형 공장에서 일하고 볼링장에서 점심시간 한 게임

▲ 블럭과 필지로 나누어진 성수동, 변화 적응력이 높다

▼ 1960년대의 벽돌 시멘트조 공장

▼ 2000년대의 경량 철골조 공장. 마무리 단장이 한창이다.

의 벤처기업과 머리를 싸매고 새로운 산업 만들기에 여념이 없다. 디지털 시대의 건강한 '신 노동 엘리트'의 새로운 모델이 이 동네에서 나오기를 기대해 봄직도 하다. 청계천의 순교자 전태일이나 구로공단의 산 체험에서 꽃을 피운 작가 신경숙 이후를 넘어서, 이 동네에서 일하는 조선족, 베트남, 러시아 등의 외국인 노동자 1,200여명에게도 꿈을 심어 줄 수 있도록. 산업 인프라 동네는 분명 이 시대의 새로운 동네 모델이다. ≡

▲ 클린 공장들이 들어서면서 길거리도 밝아진다

도시의 보라색 지대 '앨리(Alley)'를 살리자

● 굴지의 금융도시이자 문화도시인 뉴욕에는 대기업의 마천루들도 유명하지만 수많은 '앨리'(alley. 도시형 벤처산업이 번성하는 중소 규모 건물의 거리. '골목'이라는 뜻으로 실리콘 밸리에 대적하는 도시형 개념)로도 유명하다. 뉴욕의 경쟁력은 눈에 띄지 않게 숨어있는 중소 규모 기업들이 버텨 주기에 가능하다는 것이다. '개미군단'의 힘이라 할까.

미국 캠브리지의 MIT는 당초 공업지역에 자리를 잡았던 대학이다. 전통산업이 퇴조한 공업지역의 컨텐츠를 끊임없이 탈바꿈시키고 새로운 인재를 제공하는 것이 MIT의 역할이다. 덕분에 주변 공업지역은 새로운 생산기지이자 디지털 엘리트가 번성하는 동네로 떠오르고 있다.

'도시형 앨리'는 변화에 대한 적응력이 빠르고, 위험 부담율도 낮고, 도시 안에 있기에 인재 공급도 가능하고, 수많은 일자리도 공급해 준다.

우리도 발상의 전환이 필요하다. 1970년대 '공단' 바람이 불었다면, 요새는 '산업단지' 바람이 불면서 도시 외곽에 커다란 단지를 새로 만들면서도 기업도 공장도 인재도 유치하지 못하는 사태가 왕왕 일어난다. 왜 기왕에 있는 보라색 동네를 활용하지 못하는가? (준)공업지역에 아파트를 지으려고만 하지 말고, 보라색 앨리를 만들어야 우리 도시의 미래가 있다.

'단지'는 지속가능성이 낮다

●●

우리처럼 '단지' 좋아하는 나라도 드물지 않을까? 아파트 단지, 빌라 단지, 전원주택 단지, 중공업 단지, 산업 단지, 농공 단지, 화훼 단지, 출판 단지, 벤처 단지 등.

왜 이렇게 단지를 좋아할까? 집단주의, 안전주의 성향 때문일까, 그 어디에 소속되려는 심리 때문일까? 물론 이런 소비자적 성향도 작용하겠지만, 대규모 단지 조성에는 '공급자적 논리'가 더 앞선다.

단지는 규모가 있으니 '큰 손'이 개입하기 좋다. 초기에는 국가와 공기업들이 주도했었고 1980년대 이후에는 민간기업들이 주도해 왔다. 권력과 자본이 손을 잡은 것이다. 지금도 마찬가지다. 정치인이나 관료들은 실적 보이기 쉬워서 단지를 좋아하고, 민간기업들은 큰 건으로 이익을 올리기 쉬워서 단지를 좋아한다.

단지 자체를 꼭 나쁘다고 할 이유는 없다. 다만, 단지의 나쁜 점에 대해서 고민하지 않고 무작정 단지를 선호하는 것은 문제라는 것이다. 단지의 나쁜 점들을 꼽아보자. 첫째, 변화에 둔하다. 변하려면 다 같이 변하거나 변하지 못하거나 둘 중 하나다. 말하자면 부수고 다시 짓거나 아니면 쇠락해 버리거나. 둘째, 변화가 생길 때 주변에 여파가 크다. 아파트 값 파동에서도 알 수 있는 사실이다. 셋째, 새로 만들 때나 변화할 때 사회비용이 크다. 한마디로 하자면, 지속 가능성이 아주 낮다는 사실이다 (물론 이외에도 사회적, 심리적, 교육적, 문화적 문제들도 많다). 성수동 산업밸리는 단지가 아니라는 점에서 지속 가능성이 높다. 만약 대규모 공업 단지였다면 지금과 같이 사회, 경제 변화에 맞추어 서서히 변화할 수 있는 가능성은 현저히 낮아졌을 것이다. 지방도시의 단지들이 잘 나갈 때는 너무하다 싶을 정도로 잘 나가다가도, 경제가 쇠퇴하면 여지없이 쇠락하고 다른 변화를 모색하기 힘든 것을 보아도 알 수 있다.

단지는 사실 1970년대 이후의 산물이다. 그 전에는 단지가 아니라 동네가 있었다. 주택 동네든, 상업 동네든, 산업 동네든. 동네는 일괄 개발되는 것이 아니라 서서히 개발되고, 서서히 변화하면서 사회에 적응해 나가는 생명력이 있다. 단지보다 동네가 좋은 이유다.

사진 _ 조선일보사

서울

테헤란로

돈도 벌고 명예도 얻는 성공은 가능한가

돈도 벌고 명예도 얻기란 정말 어렵다. ——— 자칫 졸부로 치부되거나 천민적 자본가로 오인되기 십상인 우리 사회다. ——— 길 이름만으로도 동네 대접을 받는 몇 안 되는 길인 테헤란로는 그나마 돈과 명예가 같이 가는 동네 아닐까?

【 쭉 뻗은 승승장구 길? 】

테헤란로에 입성하면 '일단 성공'으로 인정받는다. 강남의 다른 지역에 비해서 임대료가 20여 퍼센트나 높더라도 이 동네에 들어오는 이유일 것이다.

물론 속사정은 만만치 않다. '테헤란 밸리'로 유명해서 IT 비즈니스라면 이 동네에 다 모여 있을 거라 여기지만 그것도 벤처 열풍이 한창일 때 이야기고, 이미 중소 벤처들은 임대료 싼 포이동이나 수서 쪽으로 많이 옮겨갔다. 물론 지금도 데이콤, 마이크로소프트, 야후코리아, SDS 등 굵직한 리딩

IT 기업들이 백여 개 모여 있다.

최근에는 금융서비스업이 부상했다. 특히 강남역에서 역삼역에 이르는 부분은 인기 만점으로, '금융밸리'라는 말이 새로 생겨날 정도로 명동과 여의도에 이어 제3의 금융 메카로 떠올랐다. 전통적인 은행권 외에도 PB(프라이빗 뱅킹), 증권사, 보험사, 상호저축, 일본계 대금업체도 등장했다.

테헤란로는 임대 오피스 시대를 본격적으로 연 동네다. 사옥 성격의 건물들이 많은 도심이나 증권과 방송 계통으로 시장 규모가 한정된 여의도와 달리, 테헤란로는 이를테면 강남이라는 대륙 위에 뜬 산맥이다. 1980년대 말부터 토지 규제가 강화되고 90년대 부동산 거품 경기와 맞물려 고층 건물들이 들어오면서 오피스 시장이 형성되었고, IMF 외환 위기 이후 벤처 경기와 함께 고급 오피스 시장은 오히려 더 불붙었다. 임대가 주종인 만큼 경기에 따라 부침이 심한 것은 물론이다. 테헤란로의 공실율과 임대료는 이른바 '신경제'의 바로미터다. 최근에는 하락 사이클에 있다.

그러나 안 지으면 안 지었지, 한번 지으려면 '번듯한' 건물을 지어야 하는 동네가 테헤란로다. 이 동네에 명함을 내밀려면 '타워' 또는 '센터' 급은 되야 한다. 스타 타워, LG 타워, 동부금융센터, 포스코센터, 아셈타워, 글래스타워, 무역센터 등, 초고층 타워의 전시장이다. 마치 20세기 초 뉴욕에서 엠파이어 스테이트 빌딩, 크라이슬러 빌딩이 앞다퉈 높이 경쟁을 했듯, 테헤란로에서는 더 높은 건물, 더 새로운 기술, 더 세련된 형태를 놓고 경쟁한다. 최신의 동부금융센터가 사선(斜線)의 조합 입면으로 눈길을 끈다면 지금 짓고 있는 포스틸 건물은 코너를 과감하게 깎아서 또 다른 형태를 선보일 것이다.

1970년

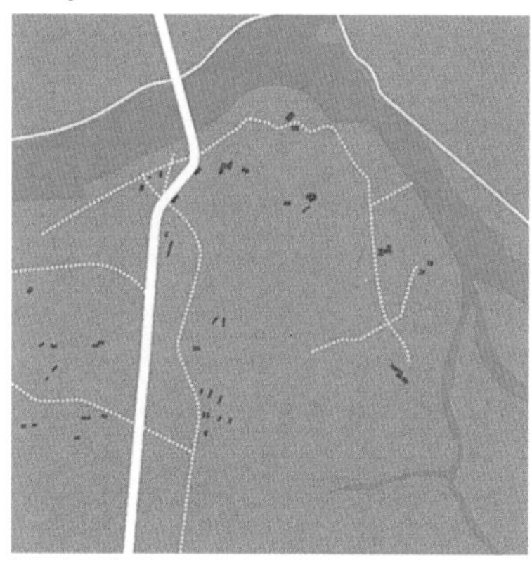

1976년

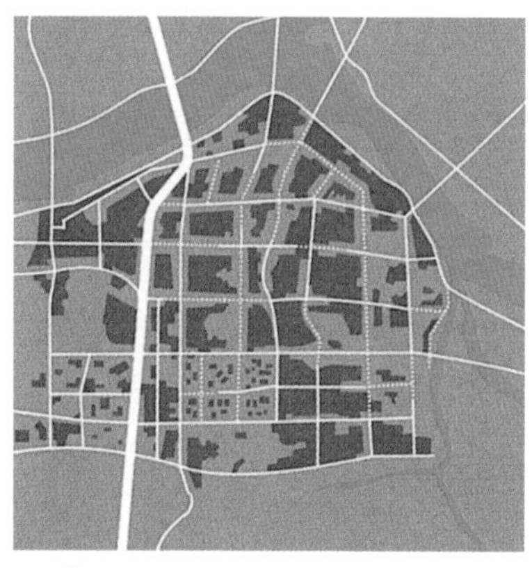

1982년

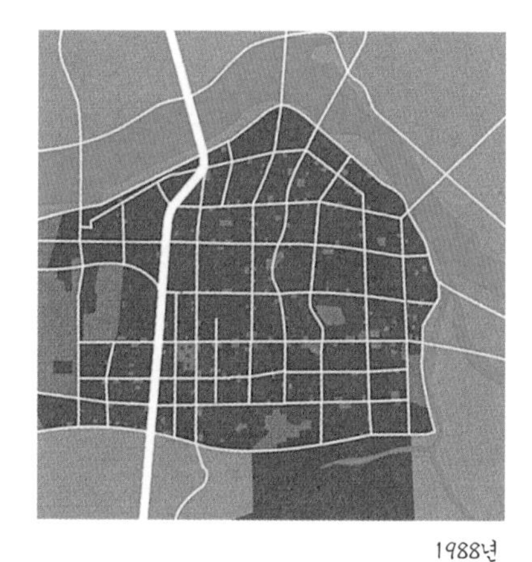

1988년

▲강남 격자도시의 개발

1970: 경부고속도로만 있던 시절

1976: 도로도 없이 주택만 들어오고

1982: 아파트, 특히 압구정동이 커지고

1988: 비로소 큰길가 업무지구도 개발되지만 빈 땅이 많다가

1990: 큰길가 업무용 건물이 본격적으로 들어섬

■ 개발이 들어찬 부분

【 간선(幹線) 문화와 이면(裏面) 문화의 바둑판 】

테헤란로변의 초고층 타워들은 전망이 기막히게 좋다. 타워들이 테헤란로를 따라 줄 맞춰 서고, 바로 뒤 이면 도로에는 저층 건물들만 있기 때문이다. 우리 도시 특유의 간선 문화, 신작로(新作路) 문화를 대표한다고 할 수 있다. 반면, 초고층 뒤 풍경은 완전히 다르다. 가지각색 레스토랑, 술집, 노래방, 카페, 그리고 러브호텔까지 골목을 가득 메운다. 테헤란로에서 일하는 외국인들은 이 풍경을 신기해 한다. '가면 속' 같다는 표현도 쓴다. 그러면서도 우리가 맘 편해 하듯, 그 이면 문화를 지극히 한국적인 서울 풍경으로 받아들인다.

뉴욕의 거리를 '캐년(canyon, 협곡)'이라 부르는데, 테헤란로 또한 그렇다. 폭이 50미터지만 동서 방향이라 음영이 길게 드리워지는 협곡이다. 제도상으로도 이런 형태를 권했다. 특별도시설계구역인 테헤란로에서는 대지 규모도 일정 크기 이상이어야 하고, 오히려 최저 높이 규제가 있고, 건물도 3미터 이상 떨어져 지어 보도 폭을 넓혀 주어야 하고(전문 용어로 '셋백'이라고 한다), 건물을 건축선에 맞추어 가지런히 지어야 한다.

말하자면 테헤란로는 '번듯해야만 하는 길'이다. 아차 하면 외국 거리 같아서 보통 시민들은 생경하게 느낄지도 모른다. 그러나 우리 도시에서 테헤란로만큼 보도가 넓은 길도 없고, 보도 위와 차도 옆 불법 주차가 없는 길도 없다. 그만큼 반듯한 길이다. 길거리 가게도 별로 없다. 신사역부터 강남역까지 남북 축의 강남대로에 오밀조밀한 작은 가게들이 즐비한 것과는 달리, 강남역부터 삼성역까지 테헤란로에는 큰 규모의 영업장이나 로비들이 있을 뿐이다. '기업적'(corporate) 동네 분위기가 물씬 난다.

▲ 이면 도로의 이면 문화

▲ 포스코센터. 본격적인 인텔리전트 건물

▲ 코너를 깎은 포스틸 건물

테헤란로는 뭔가 동경의 분위기를 풍긴다. 뭔가 첨단적이고, 뭔가 혁신이 이루어질 수 있을 거라는 기대감을 불러일으킨다. 사대문안 도심에서 전통 자본의 보수성이 느껴지고 여의도 타워들에서 관료적 보수성이 느껴진다면, 테헤란로에는 신경제의 클린 이미지가 작용하는 걸까. 테헤란로의 만의 강점이다.

강남구는 테헤란로의 이름을 바꾸어 볼까 궁리를 한 적이 있다. 대한민국첨단을 대표하는 동네 이름이 외국 이름이라는 사실이 아쉬웠는지도 모른다(중동 진출이 한창이던 1977년 테헤란 시와의 자매 결연으로 얻은 이름이다). 그러나 어떻게 보면 외국 이름 자체의 상징성도 느껴진다. 부디 진정한 기업가(entrepreneur) 동네로 자리잡아서 우리 사회에서도 돈과 명예를 함께 누리는 새로운 전통을 세우기 바라는 바다. ☰

테헤란로를 다른 도시에도 만들 수 있을까?

신도시, 신시가지를 만들 때 대개 강남, 그 중에서도 테헤란로를 모델로 설정하곤 한다. 과연 다른 도시에서도 테헤란로 같은 동네를 만들 수 있을까? 결론을 말하자면, 환상은 갖지 않는 게 좋을 것이다.

사실 강남 개발은 별 뚜렷한 계획 마인드 없이 이루어졌고, 심하게 말하자면 대형 격자(폭 1km 이상)로 짜인 바둑판을 평지 위에 얹어놓고 했던 땅 장사였다. 공원도 없고 공공 용지도 없고 수없는 개별 필지들만 있었다.

이런 무성격한 격자 도시를 받쳐 준 것은 강한 경제였다. 아파트와 단독주택들만 늘어서 있던 동네가 1980년대 이후 경제성장과 더불어 신도심으로 자라났다. 민간 토지 소유자들은 시장 여건에 따라 쉽게 개발 바람을 탈 수 있었다. 강남은 결과적으로 성공한 개발이 되었고, 잘하면 성공적인 도시가 될 가능성도 보인다. 만약 서울의 경제력, 강남을 띄워 준 신 경제력이 없었더라면 강남은 실패한 도시, 무성격한 도시가 되었을지도 모른다.

당신의 도시는 이런 경제력을 갖는 데 얼마나 걸릴까? 강남은 20여 년 걸렸다. 당신의 도시는 과연 그런 경제력을 가질 수 있을까? 현실적이 되자!

그리드 도시: 뉴욕, 베이징, 교토, 바로셀로나

그리드(grid)는 가장 오래된 도시 조영(造營) 기법 중 하나다. 바둑판처럼 격자망을 짜는 방식이다.

동아시아의 가장 오래된 격자도시 원형은 중국의 격자도시(BC 10세기 주나라 시대)이고 서구에서는 BC 5세기 경 그리스의 격자도시 밀레투스가 유명하다. 중국의 장안, 일본의 교토, 한국의 경주는 대표적인 격자도시다. 서구에서도 중세 시대를 제외하고는 대부분 격자도시 형태가 많이 쓰였다.

격자망은 쉽고도 효용성이 높다. 동서 남북 축을 정해서 햇볕 잘 들게 하기도 좋고, 규모를 정하기도 좋고, 차량의 흐름을 통제하기도 좋고, 시설 관리하기도 아주 좋다. 물론 평지에 더욱 유용하게 쓸 수 있다. 우리나라에서 전통적으로 격자도시가 그리 많이 쓰이지 않았던 것은 그만큼 우리의 지형에 굴곡이 많기 때문이다.

그러나 바둑판이라고 다 똑같지 않다. 도시마다 독특한 바둑판이 만들어진다. 예컨대, 뉴욕은 장방형 바둑판이다. 남북 방향으로 길고 격자의 폭은 앞뒤로 큰 건물 딱 2개만 들어설 크기다. 그래서 뉴욕은 피프스 애비뉴 등 남북 방향 길(애비뉴)이 개성적이고, 동서 방향 길(스트리트)은 기능적이다. 베이징의 격자는 정방형인데, 한 변이 400여 미터로 무척 커서 그 안에 하나의 동네가 조성된다. 큰 격자 속에 다시 작은 격자들이 짜인다. 경주의 격자망도 이런 개념으로 짜여졌다. 하나의 격자가 하나의 동네다.

교토의 격자는 뉴욕처럼 장방형이지만 규모가 작다. 교토 특유의 2층 장옥(長屋)이 기본 건축형이 되기 때문에 블록 폭이 클 이유가 없는 것이다. 교토의 전통적 거리 맛이 살아나게 하는 독특한 구성이다.

바르셀로나의 격자는 더욱 독특하게도 팔각형이다. 18세기 신시가지로 도시를 확대하면서, 도로의 가각을 정리할 때 쓰는 사선을 이용해서 팔각형 모양으로 만든 것이다. 블록은 정방형에 가까운 통통한 모양으로, 각 블록의 바깥을 따라 건물이 차고 내부에는 중정이 만들어진다.

이렇게 도시마다 원하는 방식에 따라 바둑판 격자 도시를 독특하게 사용해 왔다. 어느 것이 좋다 나쁘다보다도 각 도시의 성격에 따라 나름대로 독특한 바둑판을 짜는 지혜가 필요할 뿐이다.

바둑판 도시가 멋진 도시가 되려면 두 가지 조건이 필요하다. 첫째, 건물 디자인이 근사해야 하고, 둘째, 꽉 짜인 격자도시를 순화해 주는 녹지공간이 필요하다. 뉴욕에는 센트럴 파크가 있고, 베이징에는 궁궐의 공원이 크고, 교토에서는 강변과 절들이 녹지 역할을 하고, 바르셀로나에는 가로수와 거리의 코너마다 만든 작은 녹지들이 독특한 역할을 담당한다. 건축 디자인이 근사한 것도 이들 도시들의 특징이다.

격자도시의 대표격인 서울의 강남은 너무 큰 대형 격자라서 성격을 만들기 쉽지 않았다. 무엇보다도 녹지가 없어 아쉽고 건물도 그동안 그리 근사한 편이었다고 보기 어렵다. 그러나 강남의 건축물들은 차츰 근사해지고 있는 중인 듯 싶고, 공공 녹지가 없다면 건축물과 연결시켜 길거리를 녹지로 만드는 것도 필요할 일이다.

【 동네산조 五 】

도.시.란..인.간.자.연..이.다.

도시와 자연은 꼭 대립항일까? ◉ 사실, 도시란 인간화한 자연이라 봐야 하지 않을까. ◉ 인간적 자연, 더 줄여 보면 인간 자연. ◉ 도시를 인간 자연으로 본다면, 지금처럼 도시를 인공으로 뒤덮는 일도 안 생길 터이다. ◉ 농촌도 사람의 손이 닿는 바에야 이미 자연 그대로는 아니니다. ◉ 마찬가지로 도시란 사람의 손이 조금 더 정교하게 닿은 자연이다. ◉ '도시화'를 '필요악'으로만 보는 고정관념에서 탈피하여 인간의 손이 닿은 인간 자연을 만드는 과정이라고 본다면, 우리의 공간은 훨씬 더 자연스러워지고, 건물은 보다 더 서로 잘 어울리고, 이른바 '도시 생태'가 순환될 터이다. ◉ '인간 자연으로서의 도시'를 만들 수 있는 발상의 전환이 필요한 시점이다.

사진 - 연합뉴스

제주

산지천

샘 · 강 · 바다, 세 가지 물이 만나는 동네

한국 속의 이국, 제주도. 이 섬나라엔 뭍에 없는 진기한 것들이 많다. 그 중 하나가 '샘물'과 '개울'과 '바다', 세 가지 물이 만나는 진기한 곳, 제주 시내의 산지천이다. 제주 토박이라면 어릴 적 물 길고 멱 감고 물장구 치고 은어 낚시하던 추억을 안고 있는 곳. 1960년대 복개되었던 그 산지천이 복원되어 옛 모습으로 다시 살아났다.

【 제주성의 생명수, 산지천 】

산지천의 이름은 여러 가지다. 산지(山池)라 하기도 하고 산지(山地)라고도 하고 산저(山低)라 부르기도 한다. 개울 '천(川)'도 있고 샘물 '천(泉)'도 있다.

물 귀한 섬, 용암 식어 구멍 숭숭 난 현무암투성이 땅. 비는 오자마자 땅 속으로 흘러들어 바위 속 '숨골' 속에 숨었다가 낮은 곳을 찾아 바닷가를 비집고 썰물 때 솟아오른다. 이름하여 '용천수', 제주의 생명수다. 바닷가에 사람 사는 마을들이 생긴 이유다. 제주 섬에는 911개의 용천수가 솟는다.

'건천(乾川)'. 시커먼 바위덩어리들이 마구 굴러내린 듯한 풍광의 '마른

내'로 제주 섬의 독특한 풍광이다. 평소에는 잡풀 난 돌무더기 모습이다가 비 내리면 마치 용암처럼 우르르 쾅쾅 물이 쏟아진다. 비 잦고 돌 많은 제주 섬에 꼭 필요한 마른 개울이다.

'산지천(泉)'이 풍성했던 '산지천(川)'. 한라산 자락을 타고 내려오는 상류는 건천이지만 바다와 만나는 하류에서는 퐁퐁 샘물이 솟아 나왔고, 밀물 때에는 바닷물과 함께 물고기들도 들어왔으니 얼마나 근사했으랴. 범람도 잦았지만 산지천 덕에 제주읍성 사람들은 목을 적셨다.

1565년 제주읍성을 동쪽으로 넓히면서 산지천은 드디어 성내로 들어왔다. 왜구에 대항하여 성을 지킬 때 물을 확보하려는 당시 제주 목사의 용단이었다. 제주민속박물관에 있는 옛 제주읍성의 모형과 제주 섬의 풍광을 그린 〈탐라순력도〉 옛 지도에는 이 모습이 잘 표현되어 있다.

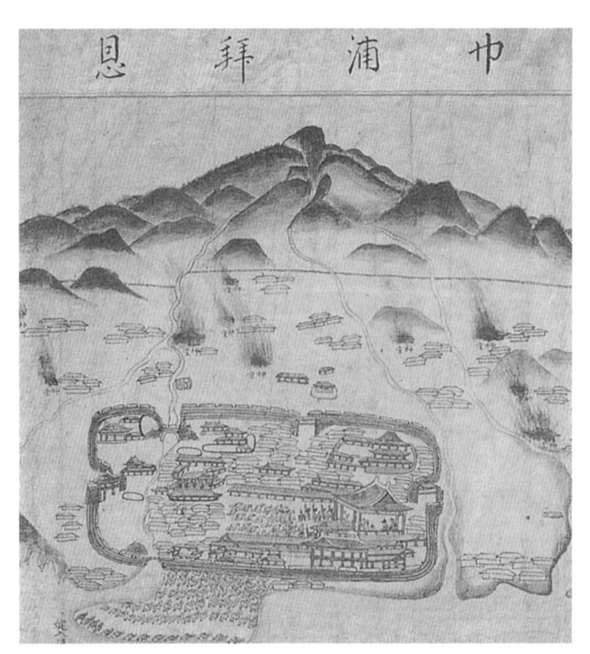

▲ 바다 쪽에서 한라산을 배경으로 본 제주읍성 옛 그림. 18세기에 원편으로 산지천이 읍성 안으로 편입되었다. 『건립동誌』 중에서.

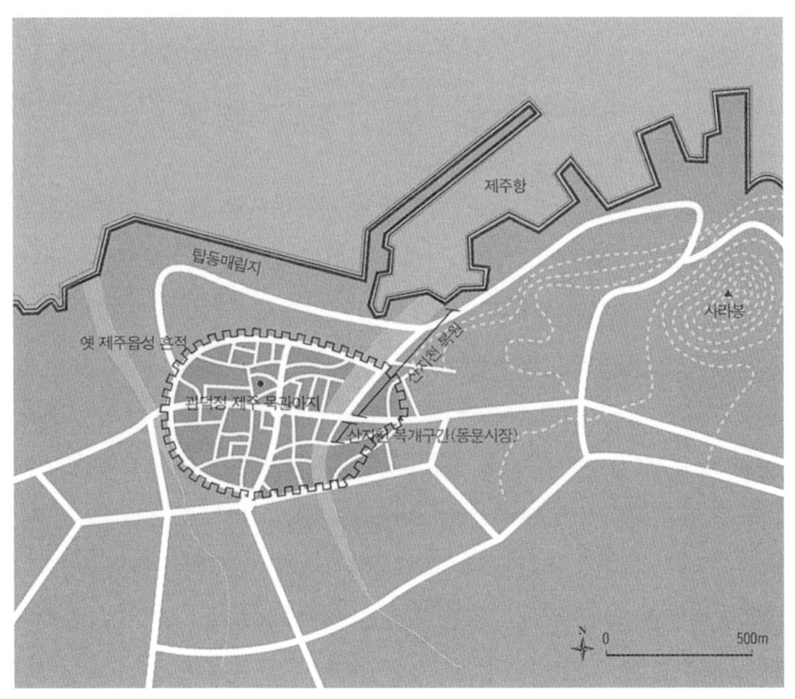

▲ 제주 산지천
옛 제주읍성의 동측 성내에 물을 공급해 주는 역할을 했던 산지천

【 복개되었다가 복원되다 】

1960년대에 산지천은 복개되었다. 한 술 더 떠서 복개 구조물 위에 아예 건물까지 지었다. '동문시장'과 각종 상가들도 그 위에 들어섰다. 제주 포구에 시원한 갈치국 먹으러 드나드는 관광객들은 그 밑에 개울이 있거나 샘물이 솟아나리라고는 꿈도 못 꾸었던 것이다.

다행스럽게도(?) 구조물은 위험할 정도로 노후화되었고, 제주시는 산지천을 복원하는 용단을 내린다. 논의와 협의와 매수와 공사에 5년여, 2002년에 산지천은 드디어 복원된 모습으로 선을 보였다.

길이는 150여 미터(동문시장의 복개는 아직 남아 있다), 폭은 20여 미터, 손에 잡힐 듯 한 눈에 들어오는 스케일이다. 예전에 있던 홍예교를 본떠서 두 개의 '목교'도 새로 세워졌고, 개울가를 따라서 나무 거리도 생겼다. 우람한 제주 돌들이 개울 뚝방을 이루고 있으며, 개울가로 내려서면 파리 세느강 진흙탕과는 비교가 안 되는 맑은 물이 바닥까지 훤히 보인다. 바닥은 온통 돌. 제주에는 정말 돌이 많다. 물 남실남실 옛 빨래터도 돌을 쌓아 새로 만들었다. 둑 밑에는 산지천(泉)이 송송 솟는 옛 목욕탕 자리도 있다. 설마 물허벅 인 아낙네야 안 나타나더라도 혹시나 다리 위 낚시꾼은 어디 나타나지 않을까? 상상은 펼쳐진다. 그렇게 색다른 풍경이다. 산지천 복원과 함께 제주시에는 그럴 듯한 '도시관광 루트'가 생길 법하다.

▲ 건천

포구는 낚싯배 천국이고, 먼 바다로 떠나는 신 제주항이 한참 확장 중이다. 산지천 서측 옆구리로 붙은 '칠성로' 문화거리는 패션숍과 오래

▼ 1900년대 산지천 『건립동誌』 중에서.

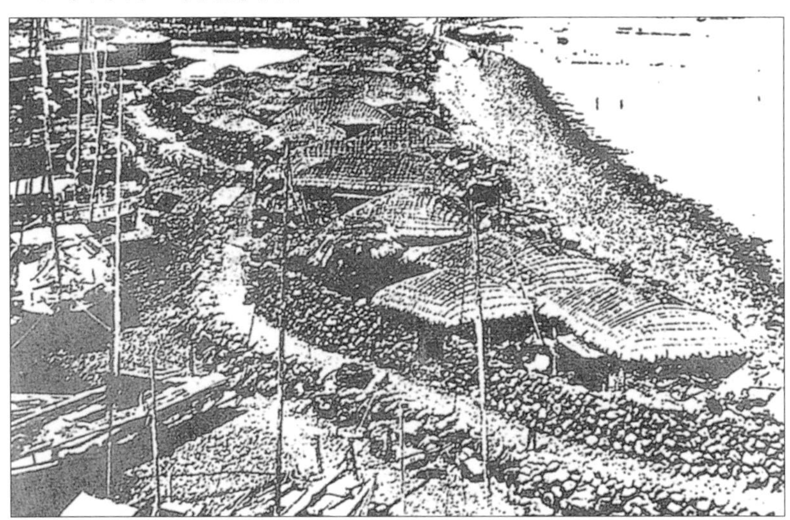

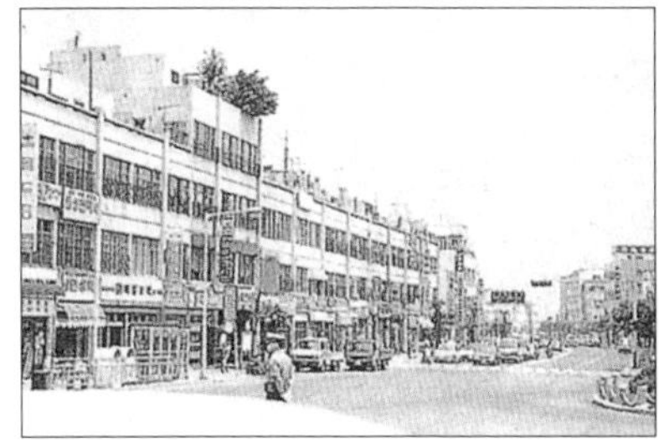

▲ 복개 후 1960년대 산지로(산지천 위에 건물이 들어섰다). 『건립동誌』 중에서.

▲ 1930년대 산지천. 『건립동誌』 중에서.

된 제주도 돌집과 돌담이 공존하는 동네다. '동문 광장'에는 음악분수도 생겼고, 광장 옆 '시네하우스'는 제주에서 가장 멋진 건축물이라 할 만한 근대 건축물이다.

이제 산지천을 따라 제주 돌집 같은 근사한 건축물들이 들어서고 그 집들 테라스에서 차 한 잔 마시면서 산지천을 내려다볼 수 있다면, 신혼 부부 또는 제주도를 다시 찾은 실버 부부가 꼭 한번 자고 싶어하는 동네가 된다면 완전 성공이련만.

유감스럽게도 과거의 제주시 개발은 실패작이 더 많다. 로맨스가 빠졌다. '신제주'는 제주다운 분위기가 별로 안 나는 도시가 되어 버렸고, 90년대 중반에 서둘러 추진했던 바닷가의 탑동 매립 개발은(지금도 많이 비어 있다.) 제주시의 풍광을 망쳐버린, 얻은 것보다 잃은 게 더 많은 개발이었다.

▼ 제주산 돌의 패턴이 흥미로운 포장

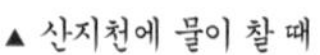

▲ 산지천에 물이 찰 때

▲ 산지천 동문시장 옆 동양극장. 건축가 김한섭의 뛰어난 모던 건축(1965)

▲ 산지천 다리

▲ 산지천의 빨래터

【 제주만의 이국적 상상력을 】

산지천 복원에서 제주의 새로운 미래를 찾아본다. 제주는 제주만의 상상력이 필요하다. 옛날에야 유배당하는 축복(?)이라도 있어야 제주를 맛볼 수 있었지만, 지금은 자청해서 제주로 간다. 한국 어디에도, 세계 어디에도 없는 제주만의 느낌을 위해서, 그 알아듣기 어려운 제주 사투리의 이국성 속에서 그 무언가 제주적인 한국성을 느끼기 위해서다.

불 삼킨 한라산과 쪽빛 바다, 건천과 용천수, 바람 숭숭 드나드는 시커먼 돌덩어리와 그 위에 피어나는 돌꽃. 제주의 이국적 느낌을 마음껏 상상하라. ≡

국제자유도시 제주의 '이국성'

흥미롭게도 제주에는 '국제자유도시'라는 이름이 붙었다. 섬에 도시라는 이름을 붙기는 처음 아닐까? '한국 속의 이국'이 되기를 격려받은 셈이다.

제주는 얼마나 국제적이 되고 얼마나 자유로운 도시가 될까? 고층건물 즐비하고 금융센터로 활약하는 홍콩이나 싱가포르처럼 되지는 않을 듯 싶고, 국제관광이 활발한 하와이나 마카오처럼 될까? 또는 풍토문화를 잘 가꾼 타히티나 그리스 산토리노처럼 '그 섬에 가고 싶다' 섬이 될까?

제주가 진정 국제자유도시가 되려면 세계적 수준의 시설 개발도 개발이지만, 제주의 이국성, 즉 제주의 토속성이 남아 있는 마을과 장소를 지키고 살려내는 것이 더 중요하다. 현대적 시설 개발은 돈만 있으면 언제나 할 수 있지만 제주만의 이국성은 돈만으로는 만들지 못하는 자원이기 때문이다.

잊지 말자. 21세기의 세계인들은 다른 무엇보다 '이국성'에 끌린다는 것을. 그 문화적 느낌 때문에 돈을 아끼지 않는다는 것을.

제주시 조천(朝天) 마을

삼다도 제주에는 여자, 바람, 돌이 많다. 제주도 돌에는 또 세 가지가 유명하다. 짙은 회색의 구멍 숭숭 뚫린 현무암, 적갈색이 특이하여 건축재료로 쓰이는 송이. 그리고 제주도 옹이의 독특한 붉은색 흙. 여기에 에메랄드 색깔의 바다, 바람에 날아가지 않게 새끼로 꽁꽁 묶은 초가 지붕의 색깔, 그리고 습기 많은 제주 특유의 야릿야릿한 녹음. 제주는 이런 차분한 색깔이 어우러져서 아름다운 섬이다. 그중에도 현무암은 제주의 돌집과 돌담을 만드는 가장 주요한 재료였다. 안타깝게도 현대 제주 사람들은 어두워서 별로 좋아하지 않는다지만, 제주도 경관을 만드는 데 가장 중요한 색깔이다.

지금은 제주시로 편입된 '조천' 마을은 제주도 경관 특색을 그나마 간직하고 있는 작은 마을이다. 해변가에 솟아 나오는 용천수를 담아 두는 바다 우물도 몇 개나 연이어 있어 풍광이 독특하다.

조천마을

안타깝게도 이 동네에도 돌집이 부숴지고 콘크리트 집들이 들어서고 있지만 아직 용천수 풍광만큼은 보전되고 있다. 제주도 돌집을 개축해서 사용하는 공법이 발달된다면 얼마나 좋을까? 조천 마을이 제대로 보전되면 그게 바로 제주도의 문화 자산일 터인데.

조천 마을 바닷가의 용천수는 제주의 생명수다. 이를 따라 마을이 생겼다.

광주

푸른길

폐선부지

광주의 비취 목걸이로 다시 태어나리라

만약 5만 평의 빈 땅이 갑자기 생긴다면? ______ 게다가 이 땅이 도시를 하나로 엮어 내는 땅이라면 그 도시는 얼마나 좋을까. ______ 도시를 새로 만들, 시민들이 하나 될 수 있는 절호의 기회다. ______ 그 행운의 도시가 '빛고을' 광주다.

【 광주 시민의 아픔과 승리 】

이 공간의 사연이 그리 행복한 것만은 아니다. 일제 강점기에 도청 뒤편 남광주역을 중심역으로 하여 경전선이 개통되었다. 본격적인 호남선이 깔리고 광주역이 생긴 후에는 경전선은 순천 방면을 연결하는 역할을 했었다. 문제는 도시 한가운데를 지나가는지라 소음 문제는 물론이고 건널목이 28개나 되어서 교통 인명사고가 끊이지 않았던 것. 평균 한 달에 한 명이 희생되었다는 통계다.

30여 년 동안의 숙원 끝에 20세기 말에 드디어 경전선이 폐선되었고 광주는 이 폐선 공간을 '푸른길'로 만든다는 근사한 결정을 내렸다. 이 또한 쉬운 결정만은 아니었다. 이른바 '실용파'의 '경전철을 놓자', '도로를 넓히자', '주차장으로 쓰자' 등의 제안이 속출했기 때문이다.

이 폐선 부지를 '푸른길'로 만들기로 한 데는 시민의 힘이 결정적이었다. 철도 옆 주민들, 광주의 환경을 걱정하는 시민들, 환경단체, 시민단체들이 열심히 광주시와 머리를 맞댄 결과 2000년에 지혜로운 결정을 내린 것이다.

【 광주 시민의 아픔과 승리 】

길이는 10.8킬로미터, 폭은 좁은 곳 8미터, 넓은 곳 15미터, 마치 '길'과 같은 공간이다. 도심을 동서로 관통하는 광주천이 직선인 것과 대조적으로 광주 도심을 둘러싸는 동그라미 모양이다. 광주의 정신적 지주인 무등산을 향해 달려가는 듯 싶다가는, 방향을 바꾸어 무등산과 같이 달리다가, 다시 도심을 향해 달려간다. 신선한 느낌이다. 언덕 아래 이런 공간이 있으리라 예상치 않다가 갑자기 시원하게 나타나는가 하면, 동네 사이로 비집고 들어가는 위치에서는 건물 사이로 갑자기 공간이 트인다. 광주 특유의 화려한 지붕선을 자랑하는 한옥들의 담장을 면하는가 싶으면, 골목 담장과 맞대기도 한다. 아무것도 가꾸지 않았음에도 불구하고 이미 어떤 가능성을 불러 일으키며 가슴 설레게 한다.

그런데 광주시는 너무 급하게 움

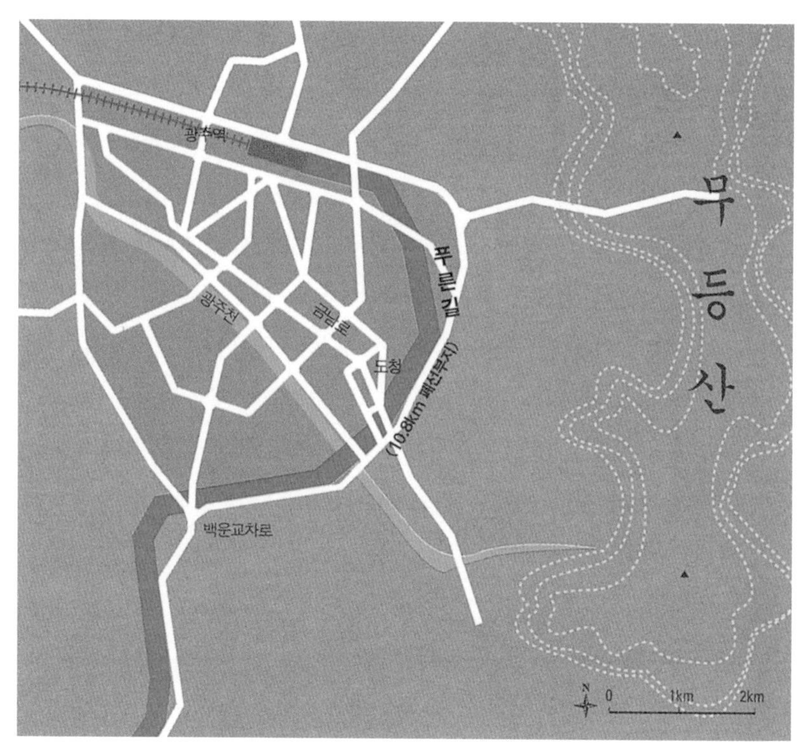

▲ 푸른길 10.8km: 광주의 도심을 거의 에워싸는 형국.

직였다고 할까? 철길 흔적을 깡그리 지워버렸다. 철도를 걷어내 버렸고(유일하게 철로가 한 군데 남아서 가슴을 짠하게 만든다), 하물며 역사적 가치가 높은 남광주역사마저 철거해 버렸다. 이 역사는 근대건축물 보존 대상으로 문화재청에서 지목했던 건물이다.

현재는 철로 밑 쇄석 둔덕이 남아 있고, 군데군데 동네 사람들이 텃밭을 심어 먹는다. 삼삼오오 한가롭게 노니는 아이들도 있고 건널목으로는 여전히 동네 사람들이 건너다닌다. 광주시는 서둘러 녹화사업을 펼치려고 전 구간에 대해서 계획을 세워 놓고 예산 확보를 위해 노력 중이다.

그런데, 잠깐 한숨 돌리고 생각해야 하지 않을까? 일괄 설계하고 일괄 공사해 버리기에는 너무 아까운, 귀한 공간이다. 우리나라는 물론 세계적으로도 희귀한 사례이니 말이다.

▲옥수수 가꿔먹는 텃밭

▲철도 교차로의 경고문

사진 _ 김재경

▲ 위에서 본 광주 폐선부지

【 상상력 풍부한 프로젝트로! 】

마침, 2002 광주비엔날레에서는 '접속'이라는 주제로 많은 예술가들이 이 공간을 다루었다. 다양한 표현이 이루어졌지만 소망은 같다. 문화적, 동네적, 생태적, 도시적 의미가 살아 있는 매력적인 공간으로 다시 태어나려면 한꺼번에 하나의 안으로 공사해 버리는 것이 아니라, 시간을 두고 시민들의 참여가 다각도로 일어나야 한다는 것이다.

그렇다. '자전거길, 꽃길, 파고라, 야외무대' 같은 어느 도시, 어느 공원에나 있을 법한 그런 장치나 그저 보기만 좋게 가꾸어진 조경만으로는 이 공간의 뜻을 살리기는 어렵다. 고민해 보자. 이 푸른 길에 광주시민 138만이 요모조모 끼게 할 방법은 무얼까? 집집마다 텃밭 하나씩 '도시 텃밭'으로 만들어 볼까?

커미셔너_정..기..용

▲ 2002 비엔날레 '접속' 프로젝트

10,8km 연변의 각 동네마다 주민들이 직접 안을 만들고 가꾸게 해 볼까? 광주다운 생태환경을 표현하려면? '도시 과수원', '도시 식물원', '도시 약초마당'? 보기 좋은 조경만 하지 말고 '상상력 풍부한 생활 속의 생태정원'을 만들어 보리라. 예술은 예술가만의 것은 아니리라. 주민들이, 학생들이, 어린이들이 자기 손으로 표현할 수 있는 예술 형식은 무얼까? 철로 쇄석만으로 만드는 조각은? 어디에나 있는 표준형 놀이시설이 아니라 예술적인 놀이 정원을 만들려면?

▲ 동네 사이의 푸른길

【 '비취 목걸이'로 하나 되리라 】

'푸른길'은 광주의 미래를 기약할 프로젝트다. 광주 도심은 변화 위기에 처해 있다. 전남도청이 '남악 신도시'로 이전하고 주거 기능이 상무 신도시 쪽으로 옮겨가면 도심의 활력을 무엇으로 찾을 것인가. 이 푸른길이 마치 비취 목걸이처럼 도심을 두를 때 그와 더불어 어떤 주거, 어떤 문화, 어떤 상업 기능을 같이 엮어 낼 것인가.

광주는 '뜻의 도시', '공동체의 도시'다. 광주 시민은 1980년 금남로에서 온 시민이 하나되었다. 이 폐선 부지 가꾸기로 광주 시민은 또 다시 하나되지 않을까? 동네를 엮어 도시를 새로 만들 광주, 너무 부럽다. ☰

'작게 또 내 손으로'는 21세기 트렌드

'크게 또 빨리'가 20세기 도시의 열풍이었다면, 21세기 도시의 트렌드는 '작게 또 내 손으로'다. 과거 열풍의 후유증 때문에 우리가 고생하고 있다면 21세기 트렌드는 도시에 '매력'과 '프라이드'와 '부가가치'를 줄 것이다.

광주는 이런 트렌드를 리드할 만한, 또한 리드해야 할 도시다. 아쉽게도 광주에는 뒤늦게 '크게 또 빨리' 열풍이 불고 있는 듯 싶지만. 광주는 자신의 미래를 위해서 이런 패러다임 자체를 고민해 봐야 할 것이다.

브라질의 생태도시 꾸리찌바, 독일 또는 핀란드의 생태공원을 굳이 거론하지 않더라도, '광주 = 생태관광도시' 이미지를 만들 수 있는 기회일 터이다. 좋은 환경 속에서 살고 싶어하는 고급 두뇌들을 유혹하는 도시로 탈바꿈할 수도 있으련만.

좋은 도시, 좋은 동네란 좋은 삶, 좋은 비즈니스의 기본이다. 작지만 내 손으로 내 느낌 풍부하게 살고 싶어하는 21세기 도시인, 광주가 그런 도시인들을 기쁘게 해 주기를.

텃밭으로 쓰이고 있는 공터들

보스턴의 에메랄드 네클리스(Emerald Necklace)

●●

19세기 미국 보스턴의 광역 생태계획을 만든 주인공은 조경건축가 프레데릭 로 옴스테드다. 뉴욕의 센트럴 파크를 만들었을 때 뉴욕시의 조경 커미셔너로서 디자인을 하기도 한 사람이다. 보스턴의 광역 생태계획은 자연보전 숲과 도시 공원과 인공 호수를 이으며 약 50여 km 직경의 원을 이룬다. 지방 타운마다 숨쉴 공간을 제공하고 보스턴 도심까지 들어오는데, 도심 안에 들어오면 공원뿐 아니라 거리까지 녹지로 연결된다는 점이 흥미롭다.

'커먼웰스 애비뉴(Commonwealth Avenue)' 거리와 '백베이(back bay)' 동네가 그래서 생겨났고, 녹지는 보스턴 역사를 상징하는 '퍼블릭 가든(Public Garden)'에서 마무리지어진다. 이 녹지 띠를 그들은 '에메랄드 네클리스'라 부른다. 푸른 보석 에메랄드로 만든 목걸이라. 우리의 비취만큼이나 고급스럽다. 산이 많은 우리 환경에서 많은 도시들이 이미 산으로 이루어진 목걸이를 두르고 있다. 예컨대, 서울 경우에는 내사산(內四山)이 워낙 짜임새 있게 목걸이를 이룬다. 안타깝게도 성이 없어지고 도시화가 이루어지면서 푸른 목걸이가 아니라 점점(點點) 보석만 되어 버렸다고 할까.

광주도 도시를 크게 보면 산으로 둘러싸여서 큰 비취 목걸이 형상이다. 광주가 폐선 부지로 녹지 띠를 만든다면 도심에 비취 목걸이를 갖는 유일무이의 도시가 될 터이다.

보스턴의 에메랄드 네클리스

코비카

서울 | 세운상가

남북 산경축(山景軸)을 잇는 '메가 건축'

하나의 건축물이 하나의 동네가 되는 시대다. 기술 발달되고 건물 규모 커지니, 마치 SF 영화에서처럼 점차 하나의 건물 안에서 모든 것이 이루어질지도 모른다. 이름하여 '메가(mega, 초대형) 건축'. 그 효시인 세운상가는 어떤 동네, 어떤 의미일까?

【 세운상가, 하나의 생명체 】

종로 종묘 앞에서부터 충무로 대한극장 앞까지 이어지는 약 1 km 길이의 세운상가(실제로는 진양-신성-삼풍-세운상가 4블록) 축은 우리나라 최초의 메가 프로젝트다. 1967년에 태어났으니 35살이 되었고, 잘만 관리하면 100살까지 살 수 있다는 구조 진단이 내려져 있다. 20년도 채 안 되어 부수고 재건축하자는 우리 풍토에서는 놀랍도록 생명이 긴 셈이다.

그 기능적 생명도 끈질기다. 용산전자상가 생길 때, 강변 테크노마트 생길 때 곧 죽을 거라 했지만 세운전자상가는 여전히 성업 중이다. 몰카와

음란 비디오 천국'이라는 악명도 있지만 '있는 기기 없는 부품 가장 싸게 살 수 있는 동네'라는 명성은 사라지지 않는다. 충무로 쪽 진양상가는 영화가와 더불어 꽃동네, 홈패션 상가로 자리잡았다.

상가뿐 아니라 아파트도 627채 있다. 교통 요지에 인기 높은 작주근접 아파트다. 오피스, 호텔도 있다. 90%를 호화 아파트로 채우는 요즘 '무늬만 주상복합'과는 비교가 안 되는 진짜 복합도시다. 3,000여 개 업체, 고용인구 2만, 이용인구 30여 만 명이 꿈틀거리는 메가 생명체다.

【 "도로냐 건물이냐?", "장벽이냐 연결이냐?" 】

세운상가 프로젝트의 역사는 한 편의 드라마다. 일제 강점기에 폭 40미터의 소개도로를 강제로 만들었다. 방재용이라지만 태평양 전쟁의 위기의식 조성용일 가능성도 높다. 한국전쟁 후 판잣집으로 덮였던 이 공간. 1960년대 불도저 시장 김현옥은 도로냐 건물이냐를 고민하다가 당시 한국종합기술개발공사의 팀장 건축가였던 고(故) 김수근의 도로+건물의 양수겸장 제안을 채택했다. 최초의 도심 재개발 입체적 복합 프로젝트가 된 것이다.

세운상가만큼 혹평과 칭찬을 오가는 프로젝트도 없다. 도심을 동서로 나누고 햇볕 안 드는 도로를 만든 '흉물 장벽'이라는 혹평이 있나 하면, 3가 일대의 자생적 산업기능을 결집시킨 성공적 개발이자 도심 남북을 연결한 혁신적 프로젝트라는 칭찬도 있다.

▲ 데크 위의 상점들

세운상가의 파워는 명쾌한 구성에 있다. 건물만 올린 게 아니라 도시를 입체적으로 엮는 도시 프로젝트

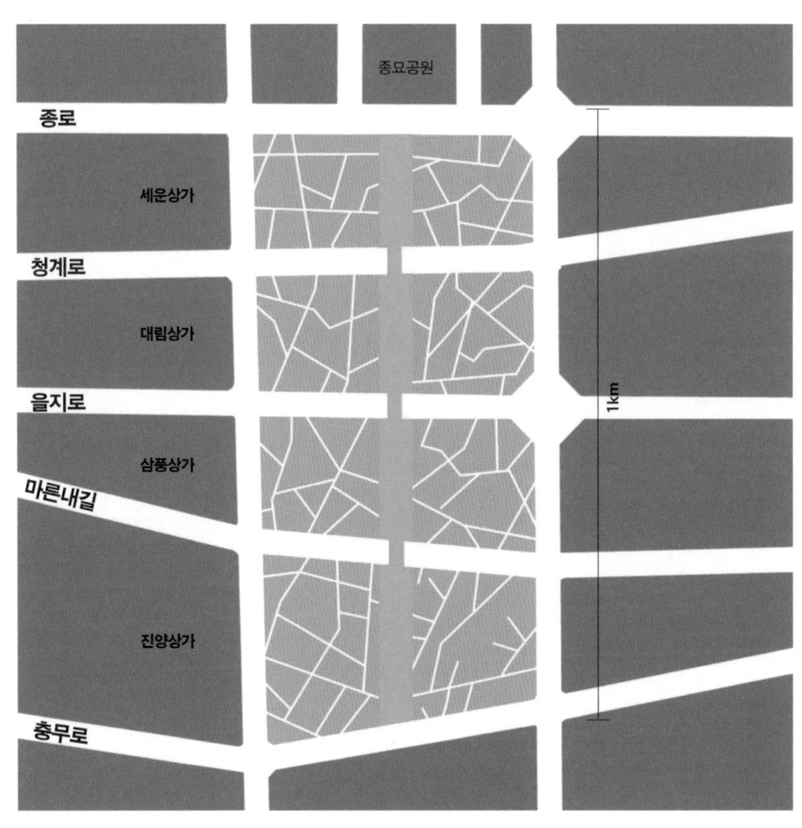

▲ 서울 세운상가.
5개의 주요 동서도로를 걸치고 북한산-창덕궁-종묘-남산을 잇는
서울의 산경축(山景軸)을 인공적으로 잇는 형국.
세운상가 축, 양쪽 블록의 내부는 옛 골목 패턴이 살아 있어
청계천 특유의 골목 산업복합체를 이루는 동네다.

다. 남북 산경축을 3층 높이의 보행 데크로 잇는다.

저층 상가와 고층 아파트 사이에는 하늘로 뚫린 옥상정원이 있다. 동서 방향의 종로, 청계천로, 을지로, 마른내길, 충무로는 그대로 통하면서 또한 남북도 입체적으로 이어진다. 이런 느낌을 맛보려는 사람들이라면 한번 보행 데크 위를 걸어 보라. 북쪽으로 걷자면 종묘와 창덕궁의 녹음과 북한산까지 이르는 겹겹 북녘 산들이 나에게 달려오는 듯하다. 남쪽으로 걷자면 남산 정상이 점점 가깝게 다가온다. 서울의 산경축을 온 몸으로 느낄 수 있는 드라마틱한 체험이다.

문제는 디테일과 사후관리. 1960년대, 국민소득 600불 시대의 산물답게 재료는 빈곤하고 서울시의 인프라 투자 역시 빈곤하여 보행 데크가 제대로 활용되지 못했다. 에스컬레이터는 생각조차 못하던 시대였으니 말할 것도 없다.

▲ 세운상가 동쪽 데크

▲ 세운상가 서쪽 데크

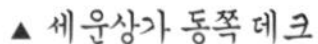

▲ 남북 세운상가 산경축(山景軸) (북한산-남산)

공교롭게도 서울의 산경축(山景軸)과 수경축(水景軸)은 1960~1970년대에 모두 개발되었다.

▶ 동서 청계천 수경축(水景軸)

▲ 청계천 변

▲ 보행 데크 위와 밑

서울시는 세운상가 양쪽 블록에 재개발지구 계획을 세웠고 동측에는 30미터 폭의 '녹도(綠道)'를 지정해 놓기도 했다. 반듯반듯하게 체계적으로 개발이 일어나기를 기대했겠으나, 지정된 지 20여 년이 지나도록 그 계획에 의해 실제로 일어난 민간 개발은 하나도 없다. 수요가 없는 건가, 계획이 잘못된 건가?

이 동네는 전기전자, 공구, 기계, 스포츠용품, 인쇄, 출판, 가공업 등 소규모 도심형 산업이 밀집한 지역이다. 땅은 8만 평인데 필지는 4,200개이고 그 중 3,900개가 60평 미만이다. 계획대로 재개발하려면 수십 필지를 묶어야 하는 데다가 90%를 넘는 임대 영업자들의 권리금 처리가 난감하니 못하겠고, 재개발지구에는 2층 조적 건물만 개축할 수 있게 묶어놓았으니 건물은 점점 낙후될 수밖에 없는 난처한 상황에 몰려 있다.

재개발 지구 지정이 안 된 충무로와 을지로 서측 블록에는 중고층 신축 건물들이 자율적으로 생기는 것에 비하면, 재개발 지구로 묶어서 초고층 건물을 짓겠다는 계획이 오히려 이 동네의 자생적 성장을 막고 있다고 볼 수도 있다.

【 동네와 도시를 껴안는 발상의 전환을 】

세운상가 프로젝트가 지혜로웠던 이유는, 최소한의 재개발을 통해 도시를 입체적으로 엮고 동네에 필요한 기능을 담았다는 것이다. 세운상가가 있음으로 해서 청계천과 종로변 일대가 먹고 살았고 지금도 여전히 먹고 산다.

세운상가의 잠재력은 지금도 크다. 건물 리모델링을 멋지게 하고 보행데크의 환경 개선에 서울시가 투자를 한다면 서울의 산경축 명소로 다시 태어날 터이다. 남산에서 푸른 나무가 우거진 세운상가를 내려다본다고 상상해 보라. 가슴 시원해지리라. 세운상가에서 배울 것은 확실히 배우자. ☰

▲ 서울 사대문안에 남아 있는 골목의 유기적 체계

청계천 복원: 또 다른 개발인가 진짜 복원인가

청계천 복원이 3기 민선 시장의 선거 공약으로 등장하면서 청계천 일대가 새삼 주목을 끌고 있다. 복원이라는 말이 워낙 매력적으로 들려서 절대선(善)으로 보이지만 건천인 청계천에 자연수를 흐르게 하는 복원은 현실적으로 불가능한 것으로 결론이 났고, 2003년 초에 결국 인공 하천으로 복원하는 것으로 계획이 세워졌다.

인구 백만의 수원천은 상류에 저수지가 있기 때문에 물이 흐르고, 광주천은 무등산이 있음에도 점점 물이 줄어들고, 대구의 신천이나 서울의 양재천은 그나마 도심에서 벗어나 있기에 일정 수량이 있다. 연중 강우의 90%가 장마기에 내리는 우리의 기후 조건에서 파리의 세느강과 비교하지 않는 것이 현명하다. 복원된 제주의 산지천은 용천수가 솟고 바닷가라서 밀물 때 해수가 들어오기 때문에 하루 두 번 물이 찬다. 인공수로 청계천에 물을 채우면서도 꼭 복원이라는 명제를 붙일 것인지는 고민해야 할 것이다.

청계천 복원을 통해 청계천 주변 지역의 재개발을 촉진하겠다는 것도 순서가 바뀐 듯싶다. 생업에 매달린 주변 상인들에 대한 세심한 배려 없이 복원을 먼저 한다는 것은 일방적이다. 3가에서 7가에 이르는 청계천 연변 지역은 일종의 '골목 복합 산업체'로서 독특한 역할을 하고 있는데, 이 지역을 결국 초고층 건물로 채운다는 것인지? 고가도로를 없애면 교통 문제는 악화될 텐데 고밀 개발을 한다는 것이 논리에 맞는 것인지?

청계천의 미래에 대한 구상과 함께 사대문안 도심의 미래에 대한 구상 또한 필수적이다. 과연 고층 재개발을 할 것인가? 도심을 고층 타워로 채울 것인가? 과연 도심 안의 산업 기능을 어떻게 살릴 것인가? 호화 주상복합이나 첨단 오피스만이 사대문안 도심의 기능이어야 하는가? 부디 청계천 복원을 서두르지 않기를 바라는 바이다. 너무도 중요한 과제이기에.

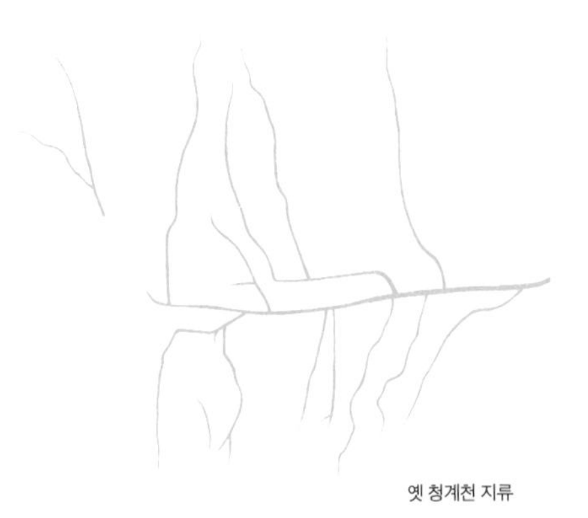

옛 청계천 지류

옛 서울 한양 그리기

●●

옛 서울 한양의 가장 유명한 지도는 고산자 김정호가 만든 '수선전도(首善全圖)'다. 정확한 수치지도는 아니지만 도시를 구성하는 산, 강, 성, 명당, 길, 동네의 여섯 요소들을 간결한 방식으로 표현한, 일종의 '이미지 지도'로서 정말 우아하다.

1988년에 밀라노에서 열린 서울 전시회를 준비하면서 나는 수선전도를 보고 또 보면서 요소별로 나누어 보는 작업을 했다. 하나하나 분해하여 보니 한양을 구성하던 도시의 중요한 요소가 더욱 간결하게 다가왔다. 나는 이것을 '수선전도 분해' 작업이라 부른다.

수선전도는 다음과 같이 6가지로 분해된다.

- 산 _ 도시를 겹겹이 보호하는 내사산과 외사산
- 강 _ 젖줄. 내수(內水, 청계천)와 외수(外水, 한강)
- 성 _ 보호와 소통(성문)
- 명당 _ 명당을 먼저 찾는 독특한 전통도시 만들기 방식
- 길 _ 주요한 축만 만들고 나머지는 뿌리처럼 자라는 길
- 동네 _ 서로를 다치지 않고 질서를 이루는 사회 위계. 또한 좌청룡 · 우백호 · 북현무 · 남주작의 상징적 수호동물도 도시에 얹혀진다.

2000년에 또 다른 서울 전시회에서 '수선전도 분해도'를 차례차례 판각으로 찍으면서 옛 서울 한양을 완성하는 작업을 전시했다.

관람객들이 한지 위에 직접 목판을 찍어보는 참여 전시, 인기 만점이었다. 줄을 서서 기다리는 관람객들. 그것이 도시를 사랑하는 '시민'의 마음 아닐까.

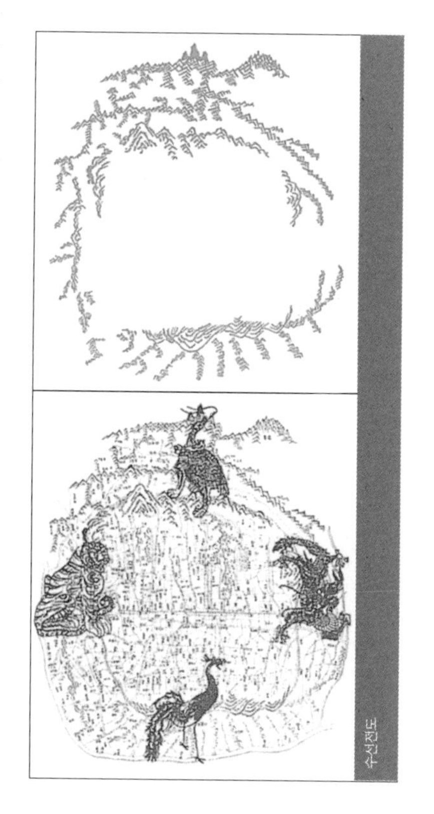

수선전도

사진_박정훈

서울

한강

W자 모양의 한강, 세계는 여기에 흐른다

서울을 그릴 때 나는 제일 먼저 W자 모양의 한강부터 그린다. 옛 서울을 그릴 때 동서남북 산(山)부터 그리는 것과는 사뭇 다르다. 그만큼 한강은 서울의 중심이다. 천만 도시 서울을 둘로 나누고 또 하나로 묶어 준다. 전통적인 '산의 도시 서울'에 새로운 '물의 도시 서울'까지 선사한 한강. 한강을 따라 기적은 이어지리라.

【 한강의 기적은 이어지리라 】

한강이 없었던들, TV 드라마의 연애는 어디에서 하며 영화의 드라마틱한 장면은 어디에서 찍는다? 시민 절반이 뜨거운 한여름 밤을 어떻게 보낸다? 무엇보다도 한강 젖줄에서 생명을 잇는 이천여만 인구들은 어떻게 살까?

지난 반세기 동안 서울에서 가장 잘 된 개발이라면, 1980년대의 '한강종합개발사업'일 것이다. 비록 콘크리트 둔치가 아직 못마땅하고, 강변에 연이은 멋대가리 없는 고층아파트들이 꼴사납고, 성수대교 붕괴라는 아픈 역사도 겪었지만, 한강 사업은 인프라 개념을 제대로 적용한 대역사였다.

한강을 따라 중요한 역사적 장면도 연출되었다. 88 올림픽을 통해 '20세기 한강의 기적'을 세계에 알리는 데 한강은 극적인 역할을 톡톡히 했다. 한강을 배경으로 잠실 올림픽경기장 위에 터지던 불꽃놀이의 드라마틱한 장면을 기억하는가. 2002 월드컵이 이번엔 서북부 한강변 상암에 나타난 것은 우연일까 필연일까? 과장해 보자면, W자 모양의 한강은 '세계(World)'와 운명적인 관계인지도 모른다.

【 물의 도시 서울을 만든 한강 】

인천국제공항이 개항한 후, 서울로 진입하는 광경은 온통 물이다. 아니 서울이 이렇게 물의 도시였던가? 세계인들은 한강의 드넓음에 깜짝 놀란다. 한강 뒤로 터프한 산세가 있어 더욱 강렬하다. 아니 어떻게 이런 대도시에 저렇게 큰 산이 이렇게 가깝게 있으며, 이렇게 드넓은 강이 도시 한가운데에 있는가. 시원하다. 다이내믹하다.

한강은 사실 도시 안에 품기에는 부담스러울 정도로 큰 강이다. 좁은 곳도 1 km를 넘어 걸어다니기 부담스럽고, 매년 장마를 안아야 할 뿐 아니라 몇십 년에 한 번씩 오는 대홍수를 막아야 하기 때문에 둔치에 마음놓고 큰 나무도 못 심는다. '반도'라는 그리 크지 않은 땅에 어떻게 이렇게 드넓은 대유역(총 연장 497.5 km)이 있는지, 크지 않을래야 않을 수 없는 서울의 운명인가? 옛 서울 한양의 터잡기는 그만큼 '위대한 포석'이었다.

드넓은 한강 덕분에 서울은 언제나 전체를 조망할 수 있는 도시다. '도시를 그대 품안에' 안을 수 있는 도시다. 거대 도시치고 이렇게 도시 전체를 아우를 수 있는 풍광을 가진 경우는 세계적으로도 희귀하다. 출퇴근길에 한강 다리를 넘나드느라 힘든 시민들도 이런 행운만큼은 잊지 않으면 좋겠다.

▲ W자 모양의 한강의 기적. 둔치의 시민공원, 밤섬, 선유도, 난지도의 생태 복원.

▲ 한강의 축(軸)으로 만들어진 서울의 중심들
●2개의 남북의 월드이벤트 중심, ●5개의 떠오르는 비즈니스 중심

한강은 심장이고, 허파이고, 시원한 눈이다.

한강은 눈으로만 보는 강이 아니라 가까이 가는 삶의 공간이다. 80년대 인프라를 정비하며 등장한 이래 한강변은 삶의 공간으로 끊임없이 가꾸어져 왔다. 둔치에 펼쳐진 잔디공원, 수영장, 유채꽃밭, 자전거길, 운동장, 유람선 등, 시민공원 크기만도 200만 평이다. 한강이 없다면 우리가 어디서 이렇게 큰 공간을 만끽하랴.

눈에 보이지 않지만, 물 속에는 한강에 살던 38종의 어류도 거의 다 돌아왔고(1984년엔 19종이었다), 헤엄을 칠 만큼은 아니라도 낚시를 할 만큼 수질도 좋아졌다. 새들은 또 오죽 많은가. 나무와 수초와 풀과 꽃과 새와 고기와 곤충과 미생물이 사람들과 같이 살아가는 생명의 공간이다.

한강의 섬들도 다시 태어났다. 밤섬은 여전히 아름다운 철새의 도래지이고, 선유도는 생태공원으로, 쓰레기더미였던 난지도도 난지생태공원으로 다시 태어났다. 중지도, 뚝섬에 더해진 새로운 명소들, 난지도 월드컵공원 앞의 제트분수가 한강을 축복한다.

【 세계의 한강으로, 제3의 동네로 】

세계 속의 한국이 될수록, 세계도시 서울이 될수록, 한강을 따라 새로운 중심 공간들도 늘어날 것이다. 20세기에 만들어진 여의도, 강남, 잠실에 더하여 용산과 뚝섬, 그리고 상암의 DMC(디지털 미디어시티)는 21세기에 새롭게 등장할 한강 연변의 중심들이다. 올림픽 때의 한강 동남부와 월드컵 때의 한강 서북부. 한강을 통해 남북통합과

동서통합도 이루어지는 것일까?

물론 한강을 가꾸고 또 즐기는 주체는 바로 우리다. 한강은 우리 서울 사람을 하나로 묶어주는 '제3의 동네' 아닐까? 서울을 느끼려면 한강을 찾는다. 우리는 하나임을 다시 느끼기 위해서. ☰

한강의 이름과 "Walk to Hangang River"

●

한강의 영어 표기를 'Hangang River'로 했으면 좋겠다는 소망이 있다. 'Han River'라 표기되고 있는데, 우리가 부르는 '한강'과는 너무 다르지 않은가. 한국 사람도 한강, 세계 사람도 한강이라 부르면 좋겠다.

강남 강변도로 '올림픽대로'와 쌍으로 강북 강변도로를 '월드컵대로'로 명명하는 것에 대해서는 대찬성이다. 이름 붙이기도 그 어떤 '화룡점정(畵龍點睛)'이 필요하다. 그 동안 아껴둔 덕에 아주 좋은 기회가 되었다. 내친 김에, 최근 개통한 가양대교도 '월드컵대교'가 되면 좋지 않을까? 물론 우리가 잃어버린 한강의 옛 이름들도 찾아야겠다. 나루, 동호, 서호 등 서울의 풍경은 언제나 물을 끼지 않는가. 한강다리를 비추는 야경도 좋지만, 한강 위에 뜬 보름달은 여전히 가장 드라마틱한 밤이다. 한강에 쉽게 걸어가는 'Walk to Hangang River(한강 가는 길)' 만들기는 앞으로의 과제일 것이다. 어떻게 하면 시민 누구나 어디에서나 차 안 타고 걸어서, 또는 자전거 타고 한강으로 갈 수 있을까? 한강의 18개 다리 위를 걸어다닐 수 있을까? 세계 어디에서나 'Hangang'의 기적을 알기를 바라며.

서울 그려보기 프로젝트

●●

전문인만 자기 도시를 그려보라는 법은 없을 것이다. 자신의 도시, 자신의 동네를 자기 나름대로 그려보는 것은 색다른 체험이다. 이른바, 마음속에 그리는 이미지 맵이다. 우리 집에 찾아오라고 약도를 그려주는 것과 별 다름이 없지 않을까.

나의 서울 그려보기 프로젝트는 다음 순서와 같다.

1 _ 'W' 자 한강을 그린다.
2 _ 내사산과 외사산을 그린다.
3 _ 강북 옛 한양을 그린다.
　내수 청계천도 같이 그린다.
4 _ 강남 격자형 도시를 그린다.
　고속도로도 같이 그린다.
5 _ 수도권 신도시들을 그린다.
6 _ 서울의 외곽선을 그린다.
　마치 꽃 같은 모양이다.

서울 그리기

【동네산조 六】

광·장·이··된··거·리·

2002년 6월 월드컵에서 우리는 크나큰 감동을 맛봤다.

울고 웃으며 그 감동에 빠졌다. ◉ 나에게 가장 인상적이었던 현상은 '거리를 광장으로 만드는 마술'이었다. ◉ 우리가 그 언제 이렇게 긍정적으로 광장성을 맛봤던가. ◉ 순간적으로 광장으로 바뀐 거리에서 우리는 마음껏 우리 몸, 우리 소리로 '우리'를 확인했다. ◉ 마치 마술과도 같이 거리를 광장으로 만드는 사람들. ◉ 이 현상 이후 새삼 도시에 '광장을 만들자'는 움직임도 커졌다.

과연 우리는 우리 도시에 '광장'을 만들어야 하는 것일까? ◉ 서구 도시의 대표적 산물인 광장을 과연 우리 도시에 꼭 만들어야 하는 것일까? ◉ 광장은 우리에게 어떤 의미일까?

사진 _ 박정훈

서울

광화문

광화문 네거리와 시청앞 광장

2002년 6월 월드컵에서 우리는 크나큰 감동을 맛봤다. ______ 울고 웃으며 그 감동에 빠졌다. ______ 나에게 가장 인상적이었던 현상은 '거리를 광장으로 만드는 마술'이었다. ______ 우리가 그 언제 이렇게 긍정적으로 광장성을 맛봤던가.

【 그것은 마술이었다 】

그것은 마술이었다. 2002년 6월의 멋진 구경거리. 수많은 사람들이 저도 모르게 공간을 완전히 바꾸어 놓는 광경이란…. 어디에서나 한결같았다. 월드컵 경기가 열렸던 도시들은 물론, 조그만 지방 도시에서도. 또 농촌에서도, 산골에서도, 섬마을에서도. 모일 수 있는 곳에는 어디나 사람들이 모였다. 그 중에서도 서울의 광화문 네거리와 시청앞 광장의 변모는 정말 신비스런 마술 같지 않던가.

시시각각 변하는 타임랩스(time lapse) 영상을 보면 마치 미래영화의 한 장면 같다. 아침 출근시간 무렵부터 삼삼오오 붉은 점박이가 생기더니, 점심시간부터 붉은 반점이 아메바처럼 시시각각 커지다가, 순식간에 온 공간이 붉

▲ 시청앞 광장

은 파도로 넘실대던 풍경, TV 덕분에 온 세계에 알려진 마술적 장면이었다. 외국 기자들이 이 장면을 중계하면서 흥분된 목소리로 하는 말은 하나같이 똑같았다. "I've never seen anything like this!(이런 것, 본 적이 없습니다!)" 그렇다. 이런 장면, 우리도 본 적이 없다.

그 장면 한가운데로 들어가면, 그야말로 환희와 감동이었다. 마음껏 웃고, 목청껏 소리지르고, 온 몸을 태극기로 휘감고, 저도 모르게 눈물 흘리고, 모르는 사람들과 껴안고 맴맴 돌고 기차놀이하고 사진 찍고…. "대 ~ 한 민국"과 "짝짝~짝~짝짝"의 엇박자로 하나되는 순간….

새벽의 광경까지 TV에 중계되지는 않았지만, 그 시간에 가 보면 정말 믿어지지 않았다. 여기가 지난 밤 그렇게 붉게 타오르던 공간인가? 그 수십만 사람들의 소리짓과 몸짓이 뜨겁던 그 공간인가? 믿을 수 없을 정도로 새벽의 풍경은 차분한 일상 공간으로 돌아와 있었다. 정말 그 많은 사람들이 나서서 열심히 청소들도 했구나, 쓰레기 한 점 없었다. 보고 또 봐도 2002년 6월의 감동적인 광경, 도대체 우리의 도시가 이렇게 감동의 물결로 넘실댄 적이 있었던가. 평소엔 차로 꽉 차던 공간을 사람들이 차지했으니 더 신났던 체험이었다. '거리를 광장으로 만드는 마술'이라 할까? 우리 모두가 만든 마술적 풍경이다.

월드컵 거리 응원이 펼쳐지던 것을 보면, 이른바 '카오스 이론'이 절묘하게 들어맞는다는 게 신기할 정도다. '나비 효과(butterfly effect)'인 셈인데, 한 마리 나비가 날갯짓을 하면 그 어디선가 엄청난 결과가 일어날 지 모른다는 효과, 바로 그대로다. 그 날갯짓을 '붉은 악마'가 시작했고, 인터넷과 핸드폰,

대중매체를 거쳐 온 국민의 마음을 파고들면서 광화문 네거리와 시청앞에 모이도록 한 것은 참으로 절묘한 마술이 아닐 수 없다.

이 마술적 장면이 우리 사회에 미친 영향은 엄청나다. 아마도 21세기를 통해서 두고두고 우리 역사의 중요 장면으로 기록될 것이다. 세계적으로도 감동적 장면으로 기억될지도 모른다. 파편같이 흐트러지는 세태에 하나되는 순수성을 보여 준 감동적 장면을 보고 세계인들도 깜짝 놀랐으니 말이다.

【 '가자, 광화문으로!', '모여, 시청앞에서!' 】

왜 사람들은 광화문 네거리에 모일까, 왜 시청앞에 모일까? 일각에서는 흥미로운 논쟁도 벌어졌다. "어디가 원조야?" 광화문 네거리인가, 시청앞 광장인가?

굳이 따지자면, 광화문 네거리가 맞을 것이다. 거리 응원의 시작은 여기서부터였다. 광화문 네거리는 보행공간도 넓은 편이고, 지하철 연결 좋고 사방팔방 고층 건물마다 전광판이 있고 언론사들이 모여있는 곳이라 중계를 보기도 좋고 홍보도 잘 되고 젊은이들이 모이기에 적격이다. 월드컵 전에도 사람들이 곧잘 모였었다. 광화문 네거리의 남서쪽의 월드컵 소광장과 광화문 빌딩 앞의 넓은 공간은 사람들이 모이기 좋은 공간인지라 인기 1순위이고, 교보빌딩 앞의 넓은 공간, 동아일보사 앞, 그리고 세종문화회관 쪽 코너 순으로 사람들이 모이다가 차선을 하나 둘 넓혀나가면서 드디어 광화문 네거리 전체를 차지하게 되었던 것이다.

시청앞이 새삼 광장으로 등장한 것은 한국 대 미국 전이 펼쳐질 때였다. 거리 응원객은 점차 늘어나는데, 혹시나 세종로 미국 대사관 부근에서 사고라도 생길까봐 사람들을 시청앞 쪽으로 유도한 덕택이다. 차량을 통제해서 광장을 보행인에게 개방했고, 거리 전광판 차량도 늘렸고, 방송사도 가세해

▲ 시청앞 광장

월드컵 거리 응원이 펼쳐지던 것을 보면 이른바 카오스 이론이 절묘하게 들어맞는다는 게 신기할 정도다。 나비 효과(butterfly effect)인 셈인데 한 마리 나비가 날갯짓을 하면 그 어디선가 엄청난 결과가 일어날지 모른다는 나비효과 바로 그대로다。 그 날갯짓을 붉은 악마가 시작했고 인터넷과 핸드폰 대중매체를 거쳐 국민의 마음을 파고들면서 광화문 네거리와 시청앞에 모이도록 한 것은 참으로 절묘한 마술이 아닐 수 없다。

▼ 광화문 네거리

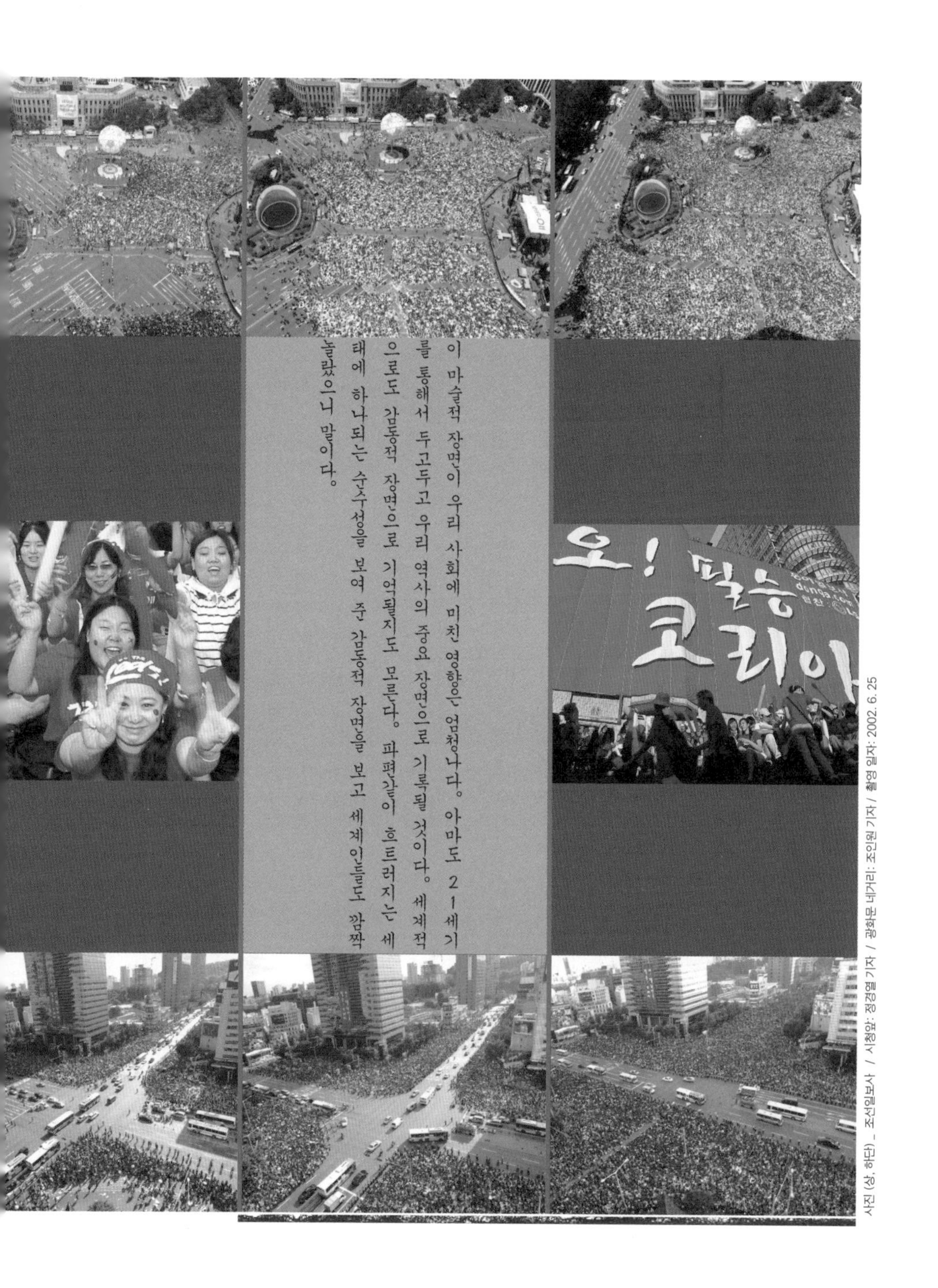

이 마술적 장면이 우리 사회에 미친 영향은 엄청나다。 아마도 21세기를 통해서 두고두고 우리 역사의 중요 장면으로 기록될 것이다。 세계적으로도 감동적 장면으로 기억될지도 모른다。 파편같이 흐트러지는 세태에 하나되는 순수성을 보여 준 감동적 장면을 보고 세계인들도 깜짝 놀랐으니 말이다。

사진 (상, 하단) _ 조선일보사 / 시청앞: 정경열 기자 / 광화문 네거리: 조인원 기자 / 촬영 일자: 2002. 6. 25

서 거리 응원 쇼를 펼치면서 사람들의 발길을 유혹했다.

서울시는 이번에 서울 시청의 위치에 진정으로 감사했을 법하다. 광화문 네거리보다 훨씬 더 드라마틱해서 TV 화면에 더 자주 잡혔으니 말이다. 마침 월드컵을 기념하는 '월드볼'도 만들어져 있겠다, 가로 세로 150미터 사다리꼴 모양의 공간에 사람들이 빼곡히 차고 거대한 태극기가 사람들 머리 위로 물결처럼 흘러가니 오죽 근사한 파노라마인가?

이를테면, 광화문 네거리는 '씨앗 공간'의 역할이 지대하며, 일단 꽃이 피면 시청앞은 '활짝 공간'의 역할을 한다고 할까? 지금도 마찬가지다. 자그만 불꽃이 광화문 네거리에서 켜지고, 이 불꽃이 달아오르면 시청앞으로 크게 확산된다. 젊은이들의 말마따나, "가자, 광화문으로!", 그리고 "모여, 시청앞으로!"

【 언제나 우리 맘 속의 광장 】

월드컵 덕분에 그 상징적 의미가 새삼 드러났지만, 세종로와 시청앞은 언제나 역사적 사건의 현장이었다. 안타깝게도 대개는 우리가 아프게 기억하는 사건들로, '독립'과 '민주화'를 향한 역사적 사건들이었다. 하지만 '역사'는 언제나 시청앞과 광화문네거리를 점령한 사람들 편이었다.

어르신 세대들은 세종로의 가장 좋은 기억으로 1945년 해방을 꼽는다. 당시의 서울 백만 인구가 다 나왔던 것 같다며 월드컵보다 더 좋았었다는 회고도 있다. 세종로 끝에 있던 '조선총독부'(지금은 벌써 그 존재가 있었던 것조차 잊혀져 버렸다. 1948년 이후 줄곧 정부청사로 쓰이다가 중앙박물관 역할을 잠시 했고, 1995년 드디어 역사 속으로 사라졌다) 건물에 걸린 커다란 태극기를 배경으로 했던 대한민국 정부수립 행사도 역사적인 장면 중 하나다.

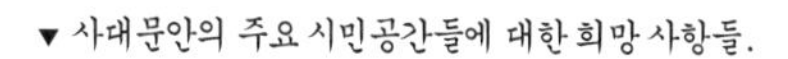

▼ 사대문안의 주요 시민공간들에 대한 희망 사항들.

- 세종로(광화문 네거리) : 광화문과 경복궁을 느끼며 걸을 수 있는 공간을!
- 시청앞 광장: 보다 자유로운 시민행사를 포용할 수 있는 공간을!
- 남대문 광장: 남대문에 가깝게 다가가서 만져볼 수 있는 공간을!
- 서울역 광장: 서울 허브(hub)를 느낄 수 있는 좀더 격조 있는 공간을!

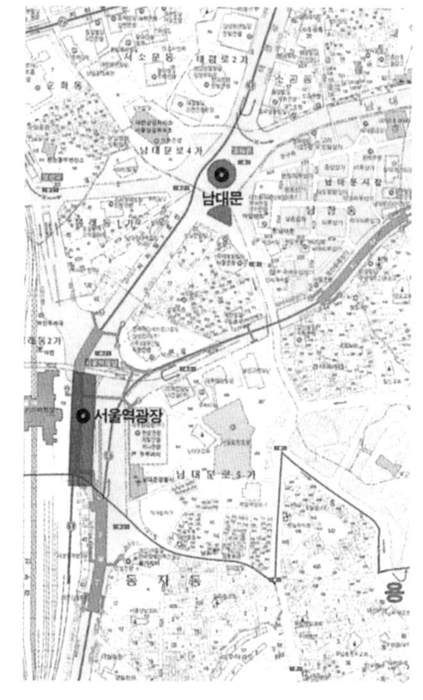

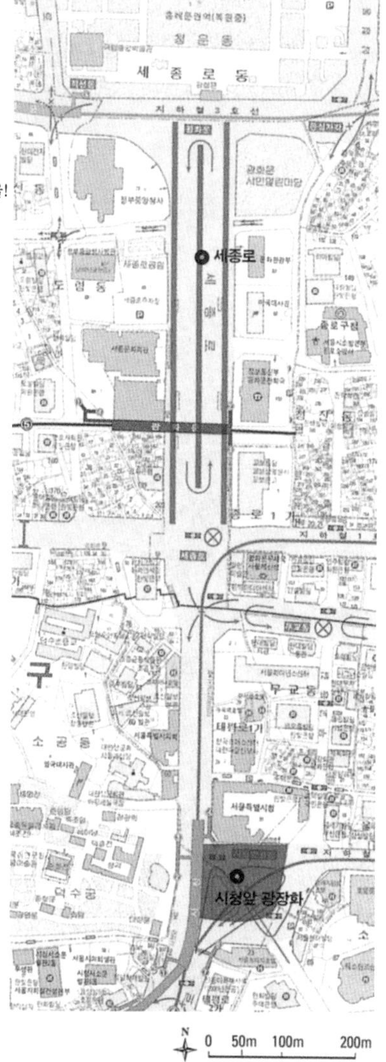

4 · 19와 5 · 16, 그리고 1970-80년대를 수놓았던 수많은 민주화 시위, 1980년 '서울의 봄' 부터 1987년 6.29 선언을 끌어낸 시민 시위까지, 광화문 네거리를 지나지 않은 민주화 운동은 없다.

광화문 네거리는 세종로 남북 방향의 '국가 상징' 축과 종로의 동서 방향 '시민 공간' 축이 교차함으로써 중요한 시민운동을 많이 담을 수 있었다. 1990년대에 종묘 앞 시민공원이 생긴 뒤로는 종로에서 출발한 시민 행사도 상당히 많아졌다. 광화문 네거리는, 남북 – 동서가 교차하는 공간이자 사대문안 역사의 중심으로서, 대한민국의 상징 공간인 것만은 분명하다.

그러나 정확히는 우리나라 시민운동의 진원지는 시청앞이라 해야 옳을지도 모른다. 바로 3 · 1 운동 때문이다. 덕수궁 대한문(당시는 '대안문'(大安門)이라 불렸다) 앞에서 열린 대한제국 고종 황제의 장례식은 독립만세운동을 촉발했다. 지금도 소규모 시위는 대한문 앞을 자주 이용하는데, 사회적 메시지를 전하기에 효과적인 공간이 아닐 수 없다.

시청앞의 대표적 장면은 무엇보다도 이한열 열사의 장례식 때일 것이다. 커다란 공간에 빼곡히 모인 사람들의 운구 행렬과 함께 전통적인 수직 걸개와 대형 그림 걸개가 비장한 장면을 만들어 냈다. 고종의 장례식 장면을 상기시키는 역사적 장면으로서, 이 사건이 87년의 6 · 29 선언을 이끌어 내었으니 더욱 운명적이다. 광화문 네거리와 세종로가 기다란 선형(線形) 공간이어서 '진행하는 공간' 으로서의 성격이 더 강하다면, 시청앞 공간은 '머무는 공간' 으로서의 성격이 짙다. 세종로는 연이은 고층 건물들 사이로 멀리 보이는 광화문과 인왕산의 스카이라인이 일품인데, 사람들이 가득 모이면 마치 큰 배

▲ 덕수궁 대한문 앞 고종 장례식

▲ 광화문을 보는 육조거리(현 세종로)

▲ 육조거리 전경

를 타고 다 같이 어디로 떠날 듯한 느낌이 든다. 시청앞은 태평로-세종로-을지로-소공로-시청옆길-정동길-서소문로 등 자그마치 일곱 개의 도로가 들어오는 공간으로서 마치 심장처럼 불끈불끈 동맥이 드나드는 형국이라, 마치 두근두근 뛰는 듯 역동적인 장관을 만들어 낸다.

【 21세기를 연 행운의 장면, 그 이후 】

월드컵 이후 '광장 만들기' 움직임이 본격적으로 일어났다. 많은 문화인과 지식인들이 이 시대에 떠오른 광장의 의미를 강조했고 시민단체들도 적극적으로 광장 만들기 제안을 했다.

광화문 네거리에 대해서는, 시민단체들이(〈문화연대 도시건축네트워크〉의 2002년 제안) '세종로의 광장화'를 주장하고 나섰다. 세종로의 차도를 줄이고, 보도를 늘리고, 그 공간에 사람들이 모일 수 있는 광장을 만들자는 제안이다. 말하자면 '선형(線形) 광장'이다. 광화문 네거리와는 다르지만, 세종로를 마무리하는 광화문 앞에 열린 광장을 만들자는 제안도 있었다(〈광화문 열린 포럼〉의 1999년 제안). 가장 눈에 띄는 움직임은 서울시가 추진하는 '시청앞 광장 만들기'일 것이다. 2002년 7월 1일, 3기 민선 시장이 취임하면서 2002년 10월 말 '서울 시민의 날'까지 공사를 끝내겠다는 발빠른 행보도 보였었다. 숙고하자는 의견에 따라 2003년에 설계와 시공을 하겠다고 했지만, 2002년 말에 시의회 측에서 좀 더 심사숙고하자고 제동을 건 상태다. 역시 관건은 교통이다. 하루에 23만 대가 다니는 시청 앞을 보행 광장으로 만드는 데 따르는 교통 문제 해결 전망이 불투명한 것이다.

이에 대한 찬반 논란도 뜨겁다. 사람들이 자유롭게 쓸 수 있는 공간이 늘어나는 것에 대해서는 원론적으로 환영하지만, 현실적으로 과연 가능한 것인지, 과연 꼭 필요한 것인지, 광장화의 의미를 어떻게 봐야 하는지에 대해서 각양각색의 의견과 해석이 있다.

【 광장, 만들긴 만들어야 할까? 】

정말, 광장을 만들기는 만들어야 하는 건가? 광장은 꼭 '선(善)'이기만 한가?

사실 시청앞과 세종로 광화문 앞의 광장화에 대한 제안은 건축계로서는 아주 해묵은 제안이다. 기억하기로는 1970년대 나의 대학시절부터이니 30여 년은 되었다. 몇 년에 한번 꼴로 거론되었고, 각종 전시회와 공모전의 단골 주제 중 하나였다. 나 역시 1991년에 여러 건축가, 전문가들과 함께 광화문부터 서울역까지의 미래에 대해 연구한 적이 있다.

서울시도 몇 번 씩 검토를 해 온 사안이다. 세종로의 경우에는 광화문 앞의 광장에 대해 여러 번 검토했었지만, 일찍이 포기했었다. 박정희 정권 때 세워진 광화문(이것은 원형 그대로의 복원은 아니다. 구조상으로 전통 공법도 아니거니와 위치와 축도 원래 있던 광화문과는 다르다) 앞에 동서 방향으로 달리는 율곡로(이 길도 옛 한양 사대문안의 길은 아니고 일제 강점기 시절 만들어진 길이다. 옛 세종로는 육조 거리로서 광화문과 경복궁이 종착점이 되는 길이었다)의 교통량을 다른 방법으로 소화할 수 없기 때문이다. 현재 진행되고 있는 경복궁 복원과 함께 다시 한번 고려하기도 하였으나 결국 포기했다(경복궁 담장의 위치도 원형 그대로는 아니다. 경복궁 옆으로 도로를 만들며 선형이 바뀌었다. 예컨대, 동십자각은 경복궁 밖으로 나와 있고 서십자각은 아예 없어졌다. 문화재청은 궁극적으로 경복궁의 외곽 선형을 원형으로 만들고자 하는 의지를 갖고 있다).

반면 세종로의 보행공간 넓히기는 끊임없이 검토되어 왔다. 양편의 보행공간을 넓히는 것은 교통 조정에 따라 가능할 수도 있는 사안이라서 여러 번 검토되었는데, 이미 보도가 서울의 다른 길보다 상당히 넓은 편이고, 이 주변이 공공 건물 위주라서 보행자들이 그리 많지 않다는 사실도 실제 추진되지 않은 이유로 작용했다.

역사학계와 문화계에서는 세종로 한복판에서 광화문과 인왕산을 볼 수 있게 하자는 제안을 해 왔다. 이 장면은 옛 사대문안에서도 가장 인상적인 경관이고 여러 옛 그림에서도 표현된 명장면인데, 육조 거리의 가운데에서 사람이 걷는 눈 높이로 광화문과 인왕산을 볼 수 있다면 얼마나 좋겠는가. 이런 제안의 연장선에서, 서울시는 보도 확장보다도 세종로의 중앙 공간, 현재 녹지분리대로 쓰이는 공간을 보행 공간으로 넓히는 계획을 2000년에 검토하였으나, 이 역시 유보되고 말았다.

극단적인 제안으로 세종로 전체를 보행공간화 하자는 의견도 있었다. 율곡로의 교통은 남겨두되, 세종로를 보행도로화 하고, 세종문화회관 뒤와 교보 건물 뒤에 세종로와 평행하게 달리는 이면 도로를 일방향으로 이용하자는 것이다. 이 안은 워낙 극단적인 아이디어라서 현실적으로 진지하게 고려된 적은 없었지만, 적어도 세종로를 사람들 발에 돌려주자는 욕구가 그만큼 크다는 것을 시사한다.

시청앞의 보행 광장화도 여러 번 검토되었었다. 다만 현재의 교통 노선을 살리는 것을 원칙으로 도로의 지하화를 검토하였으나, 여러 지하철 노선이 지하에서 엇갈리고 있고 여러 길들이 시청앞을 통과하고 있어서 현실적으로 어렵다는 것이 대세였다.

현재 서울시에서 추진하고자 하는 보행 광장화 계획은 아주 대담하다. 을지로 방면, 소공동 방면의 교통을 아예 막거나 우회시키는 교통 구조 개편을 하고 시청앞 공간을 완전 보행 광장화 하겠다는 것이니, 혁명적 발상이라고 할 만하다. 확실히 월드컵의 열기가 세긴 세었던가.

【 우리 문화는 광장문화는 아니다 】

그렇지만, 이 시점에서 되물어보자. 광장을 꼭 만들어야 할 이유가 뭘까? 우리에게 정말 광장이 필요한가?

전통적으로 우리 도시문화는 '광장문화'는 아니다. '광장 없이 도시 없다'는 서구 도시와는 근본적으로 다르다. 도시를 운영하는 차이점 때문에 그러할 것이다. 이른바 '아고라(agora)'와 '포럼(forum)'의 그리스 · 로마 전통에서 출발한 유럽 도시들은 신권(神權)과 왕권과 시민권의 삼각 체제 속에서 서로 같이 살아가야만 했기에 세력 균형에 대한 확인을 끊임없이 필요로 했다. 전쟁, 권력 다툼, 정체성 확인 등 외적 · 내적 분쟁이 일상적이었던 유럽 사회는 광장에서 협상, 선동, 설득, 카타르시스를 담아 낼 필요가 있었으니 광장은 시빅(civic, 공공적, 시민적) 공간으로서 그런 욕구를 담아내는 소통 공간이었다. 이른바 '옥외 의회 공간'으로서 직접 정치의 공간적 증거품이라 할 만하다.

물론 상업과 교역이라는 도시의 경제 기반도 무시할 수 없는 변수였다. 광장은 사 · 농 · 공 · 상이 얼키고 설키는 네트워크 공간이다. 광장은 정치와 재판과 상업과 축제의 활동을 담으면서, 권위, 공공성, 번영, 민주주의를 잉태했다. 광장의 중요성은 서구 도시에서 맥이 끊이지 않는다. 로마시대의 포럼은 유럽 곳곳에 뿌리박고 아메리카 식민지에까지 퍼져 나갔다. 독일권의 플라츠(platz), 프랑스권의 플라스(place), 스페인권의 플라짜(plaza), 영어권의 스퀘어(square), 미국권의 플라자(plaza) 등 이름을 약간씩 달리할 뿐, 시대와 위치에 따라 때로는 종교적 속성, 때로는 정치적 속성, 때로는 상업적 속성이 강해질 뿐이다.

왜 동아시아 문화권에서는 광장이 생겨나지 않았을까? 중동 아시아의 이슬람 문화권, 인도 등의 힌두 문화권에서도 광장은 필수적인 존재였다. 아마도 유교 문화 전통 때문일 것이다. 동아시아 문화가 강력한 종교 문화가 아니었다는 것도 이유로 작용했을 것이다. 중앙집권적인 사회였기 때문이라고 보기는 어렵다. 일본의 통일은 17세기에 이루어졌으나 일본 도시에서도 광장은 별로 발달하지 않았다. 말하자면 위계가 중요했으며, 정통성에 대한 도전이 허용되지 않고 그런 도전을 꿈꿀 수도 없는 사회였기 때문에 굳이 공개적인 소통이 필요할 이유가 없었던 것 아닐까. '권위는 태어나고 이어지는 것'이기에 특별히 대중을 설득할 이유도 없었고, '즐거움은 자제되어야 하는 것'이기에 광장이라는 집합 공간을 통해 공공적인 카타르시스가 필요하지도 않았을 것이다.

【 우리의 '마당문화'와 거리문화 】

물론 우리 문화에는 '마당 문화'가 있고 '거리 문화'가 있다. 동아시아권 도시 문화의 특징이다.

'마당'이란 넓고 비어 있으며 사람이 모인다는 점에서는 광장과 비슷한 공간적 속성을 가지지만, 한 가지 점에서 확연히 다르다. 마당은 특정한 영역 안에 만들어지는 것이다. '주인이 분명한 영역'이라 해도 좋다. 집의 마당은 물론, 궁궐의 마당, 절의 마당, 서원의 마당, 종묘의 마당 등. 하물며 마을의 마당도 마찬가지다.

▲ 경복궁 마당

▲ 창덕궁 마당

마당에는 서로 아는 사람끼리 모인다. 마당은 가까운 사람들 사이의 '공동체' 공간이다. 도시의 광장이 '공공체' 공간인 것과는 사뭇 다르다. 익명적 공개성이라기보다는 선별적 공개성을 가진다. 그 안에 들어가면 '그 무리'가 되어야 하고, 또한 '한 무리'로 인정받는다. 전통 도시, 전통 마을은 '마당'의 연속으로 이루어진다. 전통적으로 '길'보다는 '동네'에 주로 이름을 붙였던 것도 이와 같은 맥락일 것이다. 우리 도시의 골목 곳곳 집안에 아름다운 마당들이 숨은 보물처럼 가득 찬 것도 이 때문이다.

전통적으로는 '마당 문화'가 강했던 반면, 우리의 현대 도시 특징은 '거리 문화'라고 할 수 있다. 오밀조밀한 가게와 노점상으로 붐비는 거리, 영세한 경제에서부터 출발했던 거리는 경제 규모가 커져도 화려한 상점으로 바뀔 뿐 거리 문화는 이어진다. 우리의 도시는 일상성과 친밀성이 돋보이는 도시다. 공공적인 행위보다는 상행위가 더 가깝게 느껴진다. 물론 서구문화에도 독특한 거리 문화가 있지만, 동양 도시처럼 거리 어디에도 상점이 넘쳐나지는 않는다. 구멍가게에서 24시간 스토어까지, 자그만 식당에서 화려한 카페까지, 거리란 사람의 냄새를 맡으며 서로의 존재를 확인하는 생존의 터전이자 신뢰의 장소다.

종로가 그렇게 끈끈하게 생명력을 유지해 왔던 것도 이 때문일 것이다. '운종가'로 불렸던 대표적 상업거리, 가가(假家, 가게의 원조 말, 가짜 집이라는 뜻)와 상점과 작업장과 주거가 어우러지던 종로 상점가는 일제 강점기에도 절대로 그 상권을 놓치지 않았고 지금도 여전히 대표적인 거리 문화를 이루는 곳이다. '거리'란 여하하든 한국 사람이라면 마음 푹하니 안심할 수 있는 공간이다.

【 '광장 알레르기'와 '공원 이상주의' 사이에서 】

그런데, 현대 한국의 도시에는 광장이 만들어졌을 법도 한데 왜 만들어지지 않았을까? 도시설계나 건축계, 문화예술계에서는 광장에 대한 동경이 강한 편이라서(많은 사람들이 서구에서 공부한 까닭에 서구 도시를 이상적인 도시로 생각했던 탓도 있다) 수없이 광장을 제안했지만, 서울 강남과 같은 신시가지에서는 물론 신도시에서도 광장을 도입한 곳은 거의 없다. 몇몇 교통광장이 만들어졌고 일부 공공기관 앞에는 너른 공간이 생기기도 했지만 '광장'이라 이름 붙일 만한 것은 없다.

왜 그랬을까? 아마도 '광장 알레르기'가 작용했었던 것 같다. 1960년대 초의 4 · 19 학생 운동이나 1970년대의 반 독재 데모 등을 보면서, 이른바 도시 만들기의 주역이었던 '관'은 넓은 공간이라면 질색을 했다. 하다 못해 길 내는 방식도 데모 막는 루트로 정한다는 말이 나올 정도였으니 말 다했다. 아마도 독재 정권은, 가능했더라면 정치 유세가 열리는 역전 광장이나 강변의 백사장도 없애버리고 싶어했을지도 모를 일이다.

1960-80년대 우리 사회는 독재 사회이면서도 광장 알레르기에 시달리는 이중적 구조였다. 그만큼 절대적인 독재는 아니었다고 볼 수 있을지도 모른다. 절대 독재 사회에서는 과시용 광장이 많이 만들어진다. 구 소련 모스크

▲ 집회 때의 여의도 광장

▲ 여의도 광장에서 자전거 타기

의 붉은 광장. 무솔리니의 임마누엘 2세 광장, 히틀러의 뉘른베르크 광장, 중국 베이징의 천안문 광장, 평양의 김일성 광장과 같은 광장이 만들어졌을 법도 한데, 군사독재 정권 동안 우리 사회에서 광장은커녕이었다. 독재와 반독재, 전체성과 시민성이 충돌하는 사회 분위기였기 때문일 것이다.

예외가 있다면, 안보와 국방력을 과시하기 위한 '여의도 광장'이다. 공식적으로 '광장'이라 이름 붙은 첫 광장이었다. 여의도 광장은 당초의 국가적 목적에도 불구하고 수백만이 모인 종교 집회, 남북 이산 상봉 등의 민간 행사로 유명해졌고, 실제로 가장 활발하게 쓰인 것은 시민들의 '자전거 광장'으로서였다. 수많은 시민들이 마치 활주로 같이 펼쳐진 막막한 여의도 광장에서 자전거를 타면서 자유를 만끽했었으니 아이러니는 아이러니다. 그러나 이 여의도 광장도 결국은 '공원'에 자리를 내주었다. 1990년대 민주화 무드 속에 등장한 공원화 열기 속에서 공원은 시민적이고 민주적이며 공익적인 공간으로 보는 이상주의가 등장했다. 지금도 공원 만들기는 완벽한 선(善)으로 여겨질 정도로 공원에 대한 이상화 열기는 뜨겁다. 시민들의 발길이 잦던 여의도 광장도 1995년 최초의 민선 서울 시장의 등장과 함께 공원으로 탈바꿈해 버렸다.

나는 여의도 광장의 공원화를 아쉬워하는 축에 속한다. 유일하게 광장의 역할을 했던 공간을 그냥 나무 심고 풀 있는 공원으로 만든 것은 너무 단순한 발상이었다. 민주 사회, 시민 사회에 부합하는 시민 광장화에 대해서 보다 열심히 고민하고 적극적인 안이 모색되었더라면 세계적으로도 독특한 공간이 되었을 터인데, 아쉽다.

【 '광장성'과 '광장화' 】

그만큼 광장이란 우리에게 정서적으로 그리 편안한 공간은 아니다. 우리에게 광장은 실제 공간이라기보다는 개념 공간으로 자리했었다고 보는 편이 더 맞을 것이다.

작가 최인훈이 그의 소설 『광장』에서 절묘하게 포착해 냈듯, 광장은 우리에게 그 어떤 딜레마적 선택을 해야하는 '상황의 공간'이었다. 갑자기 만인이 주시하는 광장으로 끌려나와서 그 어떤 선택을 해야만 하는 상황에 처한 듯한 느낌, 당황스러운 상황이다. 숨겨 왔고 미루어 왔던 그 어떤 선택을 해야 하는 '광장성'에 대면하는 외로운 순간이다.

반면, '거리를 광장으로 변신시키는 행위'는 얘기가 다르다. 그것은 자연스럽고 마음 편하고 충만해지는 상황이다. 수많은 사람들이 함께 만드는 것이기 때문이다. '거리를 점령하여 필요할 때마다 광장을 만든다는 행위'는 숭고하고 대의명분이 있으며 도덕적으로 느껴지고 정서적으로 안전하며 참여함으로써 안도감을 주었다. 거리는 일단 편안한 일상 공간이라는 점, 그 일상 공간을 다른 사람들과 함께 차지할 때 느껴지는 안도감과 함께 평소에 다니지 못하던 공간을 차지할 수 있기에 해방감이 더해진다.

최인훈의 『광장』이 개인의 실존적 선택이 일어나는 광장성을 대면해야 하는 갈등적인 상황을 그렸다면, 거리를 광장으로 만드는 광장화는 집합적인 해방감을 맛볼 수 있는 시간적 상황이라는 점에서 우리 식의 광장 개념이라 해석할 수 있다. 지난 백여 년 동안 관에서 그렇게 누르고 눌러도 '거리를 광장으로 만드는 사건' 들이 수없이 일어났던 연유일 것이다.

2002년 6월이 그렇게도 좋았던 것은, 그렇게도 기쁜 일로 거리를 광장으로 바꾸어 냈기 때문이다. '광장화' 라는 행위를 통해서 '광장성' 이란 개념이 처음으로 누구에게나 긍정적으로 작용한 역사적 사건이다. 도시는 거리를 기꺼이 광장으로 할애했고, 시민들은 스스로 광장을 채웠으며, 스스로 광장의 질서를 만들었고, 스스로 광장의 의미를 새겼으며, 스스로 광장의 즐거움을 만끽했다. '사람'이 '공간'을 만든 것이다.

【 '거리를 광장으로 만드는 마술' 】

그런데, 그 6월을 기념한다고 여느 때도 사람들이 드나들 수 있는 광장을 실제로 만들면, 그러한 공간은 우리들에게 어떤 작용을 할까? 이른바 서구적인 광장의 존재가 우리 시민들을 '광장적 시민' 으로 만들게 될까?

고민이 되는 대목이다. 무작정 '광장 만들기' 가 정답은 아니리라. 꼭 교통 해결의 문제가 걸리지 않더라도 나는 이 시대의 물리적 광장 만들기, 특히 기념비성을 지닌 시민 광장 만들기에 대해서 회의적이다. 두 가지 이유다. 첫째, 우리에게 익숙한 공간은 '거리' 이고, 우리가 심정적으로 기대는 공간은 '마당' 과 같은 공간이다. 우리 문화의 공간 심리는 '친밀성' 에 기울어 있다. 둘째, 우리가 쌓아온 광장성이란 '필요할 때 순식간에 광장을 만들어 내는 마술적 능력' 이다. '정서적 공감대가 이루어질 때'가 '광장이 필요할 때' 다. 광장은 오히려 시간적 개념이고, 항상 광장이 거기에 공간적으로 존재해야 할 필요는 없다.

그렇다면, 우리가 진정 고민해야 할 것은 우리의 공간 문화적 정서에 맞으면서 우리의 능력을 최대한 발휘할 수 있게 하는 공간의 모습 아닐까? 서구적인 광장의 모습이 그대로 우리의 광장이 되지는 않을 것이다. 서구의 유명한 시민 광장은 대체로 기념적인 성격이 짙다. 개선, 교황과 제왕의 등극, 혁명 등을 기리며 만든 광장. 그런 광장이 지금 우리에게 필요할까?

오히려 우리에게는 '광장화 할 수 있는 공간'이 있고 '광장화 할 수 있는 마술적 능력'이 있으면 충분하지 않을까? 광화문 네거리와 시청앞이 지극히 매력적이고 또한 지극히 한국적인 문화 상상력이 개입된 공간일 수 있는 것은, 그 '변신 능력' 때문이다. 다용도, 다기능의 공간이라고 해도 좋다. 마치 우리의 전통적인 '보자기'처럼, 어떻게 쓰느냐에 따라 수많은 활용, 수많은 변신이 가능한 것이다.

【 광장보다는 마당을 】

그렇다고 해서 전혀 광장과 같은 비어 있는 공간이 필요 없다는 뜻은 아니다. 다만, 서구의 시민 광장처럼 기념비성을 위해서 광장을 만든다는 것에 대해서 나는 신중할 뿐이다.

기념비적 광장 대신 우리가 좀 더 열심히 만들어야 할 것은, 크지 않은 규모로 사람들이 모여서 서로간의 공동성을 확인할 수 있는 '마당 공간'이다. 가능하면 동네 한복판에, 사람들이 이미 많이 모이는 거리 한편에 쓸만한 마당을 만들어 주는 것, 이것이 오히려 우리의 공간 문화 심리에 더욱 부합될 수 있을 것이다. 이런 마당 공간을 굳이 서구 도시의 광장에 비유한다면, 중소 도시의 광장, 상업 거리의 광장, 동네의 광장일 것이다. 그런 공간들은 이름 역시 피아자(piazza)라든가 플레이스(place) 라는 식으로 작은 스케일의 이름을 붙인다. 작지만 시민과 친밀한 공간이다. 가게들과 붙어 있고,

마실 물도 있고, 쉽게 파라솔을 두고 옥외 카페를 만들기도 하는 친밀한 생활 광장이다.

예를 들자면, 로마의 계단으로 유명한 스페인 광장, 꽃 시장으로 많이 쓰이는 피아짜 나보나, 시청 주위로 상가로 둘러싸인 시에나의 캄포 광장, 나무 몇 그루와 분수 하나 정도 있는 파리의 몽마르트르 동네의 작은 광장들, 상가와 키오스크 노점상이 즐비한 바르셀로나의 라 람블라 거리 등은 일상성과 친밀성이 돋보이는 공간이다. 우리의 마당과 똑같지는 않지만 '마당스러운 광장'이라고 하면 맞을 것이다. 서구 도시들의 동네에는 이런 작은 광장을 만들어 주는 것을 당연시 여기는데, 이것이야말로 우리가 좀 더 적극적으로 시도해 볼 만한 방향 아닐까? 우리 문화에 적합한 공간은 도시의 기념성

▼ 01 _ 스페인 계단, 로마 02 _ 캄포 피아짜, 시에나 03 _ 벨가모의 동네 광장
04 _ 피아짜 나보나, 로마 05 _ 비제바노 피아짜, 비제바노

▲ 01 _ 성베드로 광장, 바티칸 02 _ 트라팔가 광장, 런던 03 _ 천안문 광장, 베이징
04 _ 산 마르코 광장, 베니스 05 _ 김일성 광장

을 기리는 광장보다는, 시민의 일상적인 활동과 쉽게 연결될 가능성이 높은, '거리와 붙어 있는 마당'이다.

【 광장으로의 변신이 가능한 공간으로 】

서구의 도시로 여행을 다녀 본 사람은 알 것이다. 이른바 시민 광장이라는 기념비적 광장은 평소에 텅텅 비어있다. 관광객 외에는 사람들이 많지 않고 일반 시민들의 이용도는 무척 낮다. 모스코의 붉은 광장, 마드리드의 마드리드 광장, 바티칸의 성베드로 광장, 런던의 타임즈 스퀘어, 하물며 평양의 김일성 광장조차도 대체로 비어 있다. 아

마도 유일하게 붐비는 광장은 베이징의 천안문 광장일 것이다. 중국의 인구 밀도가 느껴질 만큼 항상 사람들이 붐비는 것이 신기할 정도다.

물론, 광장은 그저 '비워 둔 공간'으로서 숨막히는 도시 안에서 숨통을 만드는 역할도 지대하다. 그러나 잊지 말 것. 서구의 시민 광장은 대체로 '빈 공간'이다. 조각이나 조명이나 분수나 나무도 최소한의 장치일 뿐, 광장은 평소 비어 있다. 사람들이 모여야 비로소 기능하는 공간이 시민 광장으로, 이벤트가 열릴 때는 드라마틱할지 몰라도 평소에는 오히려 불친절하기조차 한 공간이기 십상이다. 작금의 시민 도시화, 정보 도시화, 상업 도시화, 관광 도시화, 세계 도시화하는 환경적 변화의 와중에서 서구 도시에서는 '광장의 몰락'이라는 말로 공공성의 쇠퇴를 애도하곤 한다. 그만큼 일상의 도시 라이프에서 예전의 시민 광장의 역할은 점점 줄어들고 있다는 것이다. 우리 역시 이 시대에 도시에 시민 광장을 새로 만들자는 것에 대해서는 신중해야 할 필요가 있다. 시청앞을 서울의 시민 광장으로 바꾸려는 것에 대해서도 다각도로 따져 봐야 한다. 우리에게는 어느 때나 필요할 때 광장을 순간적으로 만들 능력이 충분히 있는데, 평소 비어 있을 가능성이 농후한 시민 광장을 굳이 만들어야 할 이유가 있을까. 만약 비워 놓지 않고 나무를 심거나 사람들이 앉고 모이는 시설물을 설치하면 또 수많은 사람들이 모일 때에는 장애물이 될 것이다.

우리 도시, 우리의 정서에 맞는 '광장화의 변신 가능성이 있는 공간'을 디자인한다는 것은 참으로 어렵다. 예컨대, 시청앞도 도로의 포장을 바꾸고 평소에는 차와 사람도 다니면서 좀 더 격조 있게 만들면 어떨까? 사람들이 소규모, 중규모, 또는 대규모로 모일 때 좀 더 다양하게 쓸 수 있도록 도로의 선형을 개선하는 것은 어떨까? 평소에도 사람들이 걸어 들어갈 수 있는 '보행 섬'을 만들면 어떨까? 생각해 볼 수 있는 방식은 수없이 많다. 도시의 공간이란 그만큼 다양한 상황에서 다양한 사람들에 의해 다양한 방식으로 쓰이기 때문에 변신할 수 있는 공간을 만든다는 것은 그만큼 어렵다. 다양한 방식으로 쓸 수 있는 '멋진 보자기'를 디자인하는 어려움이라고 할까? 그러나 충분히 고민해 볼 가치가 있다.

【 나비들이 날아오는 '멋진 보자기' 마술은? 】

이 글을 쓰는 중에도 광화문 네거리와 시청앞에는 또 다른 마술들이 수없이 펼쳐졌다.

2002년 말의 '촛불바다'는 한 밤에 장엄한 경관을 만들어 내었다. '반짝 반짝 작은 별'처럼, 반딧불처럼 퍼진 촛불바다. 연말연시가 되면 화사하게 켜지는 시청앞부터 광화문까지의 가로조명도 이 촛불바다의 아름다움 앞에서는 빛이 흐려졌다. 추모의 물결에는 젊은이들뿐 아니라 가족들, 어린이들도 함께 동참했다. 6개월 전 감동을 기억하기 때문에 기꺼이 모였을 것이다. 이런 마술적 순간들은 도시에 절실하게 필요하다. 우리가 여기에 함께 살고 있음을 확인하는 순간이다. 사람들의 존재를 느끼고, 그 마음과 혼을 느끼고, 서로 몸을 부대끼며 서로를 확인하는 순간이다. 다같이 나비가 되어 하나의 보자기 안에서 펄럭이는 순간이다. 우리가 이 시간 이 공간에 같이 있음을 감사하는 순간이다.

어떻게 하면 그런 마술적 순간들을 좀 더 멋지게 우리의 도시에 우리만의 방식으로 담을 수 있을까? 광화문 네거리나 시청앞이 있는 서울 외의 다른 도시들도 이런 고민을 안고 있을 것이다. 깊이 고민하고 우리의 도시를 가꾸어 보자. 2002년 6월은 그때의 감동뿐 아니라, 그 마술적 광경을 통해 우리 도시에도 좋은 영향을 주었음이 미래에 기억되기를 진정으로 바란다. ☰

West
GREEN LIGHT

II

진짜 도시인은 도시를 사랑한다

진짜 도시인은 도시를 사랑한다

도.시.를.. 예.찬.한.다

물론 나도 채찍을 휘두를 수 있다. 우리 도시의 천박성에 대해서, 우리 도시의 이악스러운 자본주의적 속성에 대해서, 우리 도시의 어지러운 이미지에 대해서, 마음을 산란하게 하는 소음에 대해서, 시끄럽게 소리를 지르는 듯한 울긋불긋 원색 간판들에 대해서, 숨막히는 먼지와 공해에 대해서, 아무 때나 막히는 교통 체증에 대해서, 아무 데나 올라서는 자동차에 대해서, 여기 저기 뒹구는 쓰레기에 대해서, 자기만 잘났다고 뻐기는 건물들에 대해서. 그리고 물론, 어디나 엇비슷하게 만들어지는 우리 도시의 빈약한 상상력에 대해서, 그렇게 만드는 사람들의 상상력 빠진 삶에 대해서, 우리 자신의 빈약한 의지에 대해서….

그러나 이 모든 채찍질을 품에 안고 나는 여전히 우리 도시를 사랑한다. 팔이 안으로 굽어서만도 아니고, 내가 살고 있기 때문만도 아니다. 나의 몸,

나의 세포, 나의 유전자에 도시 사랑이 새겨져 있다. 아무래도 나는 '진짜 도시인'인 것 같다.

【 '진짜 도시인' 】

진짜 도시인이란? 그 모든 해악에도 불구하고 진정 도시를 좋아하고 즐기는 사람이다. 도시 누비기를 좋아하는 사람, 도시 탐험하기를 즐기는 사람, 거리의 변화를 느끼는 사람, 동네의 변화를 알아채는 사람, 길이 막혀도 웃을 줄 아는 사람, 기다리면서 뭐든 할 거리를 찾는 사람, 뭐 하나 사느라 길게 줄을 서는 것도 도시에 사는 맛임을 아는 사람, 맛있는 요리 찾아다니는 즐거움을 아는 사람, 분위기 있는 곳을 찾으면 기뻐하는 사람, 단골로 혼자 앉을 곳 하나쯤 갖고 있는 사람, 도시에서 사계의 변화를 느끼는 사람 등….

'진짜 도시인'의 조건을 요약해 보면 다음과 같을 것이다.

- 도시의 익명성을 사랑하는 사람
- 도시의 자유를 즐기는 사람
- 도시의 무질서를 견딜 줄 아는 사람
- 도시의 무질서 속에서도 자신의 질서를 찾을 줄 아는 사람

이 기준들로 보면 나는 확실히 진짜 도시인이다. 첫째, 나는 도시의 으뜸 본질인 '익명성'을 아주 사랑한다. 남이 나를 모르는 것이 좋다. 어떻게 하고 다니든 별로 신경 쓸 필요가 없다는 게 좋다. 간단한 공중 예의만 지키면 만사 오케이다. 아는 사람들 틈에 끼여 그들의 눈과 입을 의식하며 살기보다는 모르는 사람들과 적당히 모른척 하고 사는 게 훨씬 맘 편하다. '도시의 익명성이 문제'라는 사회 비판이 있지만, 도시 사람들은 은근히 익명성의 혜택을 누리고 있지 않을까?

▲ 자생적인 도시 성장: 지형의 맥을 따라 길이 나고 집이 들어선다.

둘째, 나는 도시의 자유가 정말 좋다. 도시가 아니라면 어디 이렇게 자유스럽게 살 수 있으랴. 선택의 자유가 있고 선택하지 않을 자유도 있다. 물론 경제적 여건은 항상 선택권을 제약한다. 그러나 도시야말로 상대적으로 싸게 온갖 자유를 누릴 수 있는 곳 아닌가. 볼 자유, 갈 자유, 쓸 자유, 보여 줄 자유, 해 볼 자유…. 물론 이 모든 것을 안 할 자유도 도시 안에 있다. 젊은 세대만이 아니라 실버 세대도 도시 생활의 자유를 즐긴다. 도시가 남자의 영역이라고들 하지만 자유의 맛을 터득한 여자들은 도시를 훨씬 더 즐길 줄 안다. 자유란 그렇게도 달콤하고 짜릿한 것이다.

셋째, 나는 도시의 무질서를 견딜 줄 안다. 무질서의 존재를 인정할 정도로 도(?)가 트였다고 해도 좋을 것이다. 자유에 따르는 무질서는 도시의 한 부분임을 받아들인다. 어떤 사람이나 단점이 있듯이, 무질서는 도시의 단점에 불과하다. 물론 무질서도 무질서 나름이다. 만약 안전이 보장되지 않는 도시, 범죄와 폭력이 설치고 시설물이 언제 무너질지 모르는 도시라면 탈출하고 싶을 것이다. 그러나 대체로 도시의 무질서란 그러한 무차별 위험까지는 아니다. 복잡하고 더럽고, 시각적 · 청각적으로 기분 나쁘고, 불친절하고 야비한 속임수가 있고, 폭력의 징조가 막연히 느껴지고, 길 찾기 어렵고, 분위기가 익숙지 않고, 시간이 얼마 걸릴지 예측할 수 없는 등 '불쾌지수'와 '당황지수'를 높이는 무질서의 종류는 수없이 많다. 그러나 도시에 사람들이 모여 사는 한 이런 무질서를 완벽하게 없앨 수는 없다.

넷째, 나는 이런 무질서 속에서도 질서를 찾아가는 비결이 있다. 나 나름대로 도시의 정글에서 살아남는 방식이고, 그 정글을 탐험하는 방법이고,

도시 사는 맛을 즐기는 방식이다. 『본 아이덴티티 The Bourne Identity』라는, 내가 아주 좋아하는 추리소설이 있다. 1980년대를 풍미한 추리작가 로버트 러드럼(Robert Ludlum)이 쓴 3부작 소설 중 첫 권인데, 수년 전 우리말로 번역이 되었고, 2002년에는 맷 데이먼 주연으로 두 번째로 영화화되기도 하였다.

이 소설에서는 무차별 총상으로 기억상실증에 걸린 정보 요원이 자기 몸속에서 발견된 쪽지 하나를 단서 삼아 비엔나에서부터 출발하여 유럽의 온 도시들을 배경으로 쫓고 쫓긴다. 결국 이중첩보원이었던 자신의 정체도 발견하고, 과거에 자기가 죽이려 했고 지금은 자기를 죽이려 하는 암살범 카를로스와의 대결도 펼치며, 결국엔 살아남는다. 본이라는 남자가 도시를 헤쳐 나가는 방식은 가히 정글에서 생존하는 것과 같이 흥미진진하다. 고급 호텔에서부터 사창가까지, 샹젤리제 같은 명품 거리에서 이름도 모를 으스스한 뒷골목까지, 고급 식당과 거리 카페까지, 성당에서 묘지까지, 그는 도시 곳곳에 숨어 있는 위험들을 알아채고 또 피할 단서를 찾아낸다. 동네 분위기, 거리의 특색, 건물의 용도나 형태도 단서요, 거리의 간판, 골목의 모양, 쓰레기통, 가판대의 신문, 쇼윈도, 흘러가는 전자뉴스도 단서이고, 하물며 사람들이 모이는 방식, 걷는 스타일, 옷 스타일, 말하는 방식도 하나하나 도시를 헤쳐 나가는 단서가 된다. 도시에 산다는 것, '진짜 도시인'이 된다는 것은 이렇게 도시라는 정글에서 자신의 항해 방식을 찾는 과정일지도 모른다.

【 도시는 정말 '악(惡)'이기만 할까 】

그렇지만, 과연 도시란 정글에서 어떻게 살아남느냐만을 걱정해야 하는 곳일까? 도시는 그렇게 부정적이기만 할까?

오천여 년 도시 역사 중에, 도시를 순수하게 선(善)으로 인식할 수 있었던 시대는 유일하게 그리스 도시국가 시대가 아니었나 싶지만, 실은 이것도 환상이다. 그리스 도시는 '선택된 시민들'에게나 선이었을 것이다. 수많은 노예들이 존재했고 여자는 시민조차 될 수 없었던 시대에 자유 시민들만이 자유와 책임과 행복을 구가했던 그리스적 이상도시. '이상도시'란 현실에서는 불가능한 것일 게다.

근대화를 겪은 사회일수록 도시를 악으로 보는 현상은 필연적인 듯 싶다. 산업화를 주도한 영국에서는 18세기에 질병, 화재, 범죄, 사고, 폭력, 오염 등 끔찍할 정도의 도시악을 겪었다. 그래서인지 영국에서는 '도시와 전원(town and country)'에 대한 고민을 심각하게 했고, 이 둘을 통합해 보려고 '전원도시'와 '신도시'를 고안하기도 했다. 19세기에는 유럽의 많은 도시들이 산업도시화의 딜레마를 겪었고, 미국 도시들도 19세기 말 20세기 초에 심한 도시화의 열병을 앓았다.

20세기 중반 이후, 거의 모든 나라들이 폭발적인 도시화 과정을 거쳤으니 도시에 대한 부정적인 생각 역시 전세계적이 되었다고 해도 과언이 아니다. 사람들은 대체로 "도시란 필요악이다."라고 생각한다. 먹고살기 위해서, 좀 더 나은 경제 생활을 위해서, 좀 더 나은 교육 기회를 위해서 할 수 없이 도시에 살지만, 도시란 그리 살 만한 곳은 못 된다고 여긴다.

우리 사회는 어땠을까? 그야말로 '도시 폭발'이다. 20세기 중반 이후에 본격적인 도시화를 겪은 우리 사회의 근대도시 역사는 겨우 반세기다. 해방될 때 도시에 살던 사람이 10% 정도였는데, 지금은 90% 이상이 도시에 산다. 서울 같으면 1945년 인구 백만이었는데 지금은 서울 안에만 천만이 살고, 수도권까지 합하면 이천만이 산다. 20세기의 개발도상국가 범주에 속했던 나라들 중에서도 우리 나라는 남미나 아시아 다른 어떤 나라보다도 더 극단적인 도시 빅뱅을 겪었다. 이런 사회에서 도시를 악으로 보지 않는다면 그것도 이상한 일일 것이다. 그러나 지금도 도시 인구는 늘어만 가고, 자의건 타의건 사람들은 도시로 몰려든다. 전원 회귀의 움직임이 있지만 이것도 완

▶ 강남에 처음 집들이 들어설 때의 모습:
어느 도시나 개발의 초기는 마치 폭격 맞은 듯 보인다.
어떻게 성숙한 도시가 되게끔 하느냐. 쉽지 않은 과제다.

전한 도시 탈출이라기보다는 일종의 '도시 더부살이' 다. 도시를 근거지로 살면서, 도시를 편리하게 생각하고 문명의 이기를 도시에서 기대하며 '잘 살게 되긴 했다' 는 자평도 하면서 산다. 입으로는 도시살이에 불평을 하더라도 몸으로는 도시살이에 길들여지고 있는 건지도 모른다.

이렇게 도시에서의 삶이 일반화된 사회에서 '도시는 악' 이라는 막연한 혐오감을 가지고 산다는 것은 그 자체로 불행한 일이 아닐 수 없다. '도시는 악' 이기도 하다는 사실 그 자체를 없앨 수는 없다 하더라도, '도시는 선' 이기도 하다는 사실을 어떻게 하면 즐길 수 있을까?

【 서울라이트 · 부사니언 (Seoulite · Busanian) 】

역시 사람에게 달렸다. 우리는 바야흐로 진짜 도시인이 되어야 하는 단계에 있다. 도시를 즐길 줄 알고 도시를 사랑할 줄 아는 이, 도시의 익명성을 인정하고 그것이 주는 자유를 즐기는 이, 도시는 무질서의 공간이지만 또한 자신만의 질서를 만들 수 있는 공간임을 아는 '진짜 도시인의 시대' 를 기대해 볼 만하다. 여기에는 '도시 세대' 의 등장도 빠뜨릴 수 없는 변수일 것이다. 20대의 50%, 10대의 70%, 0대의 90%가

도시에서 태어나고 자란 도시 세대다. 이들 도시 세대들이 진짜 도시인 시대를 열어갈 것이라는 기대도 커진다.

자존심 높은 진짜 도시인의 존재 없이 매력적인 도시가 된 사례란 없다. 하물며 그런 도시들은 그 도시인을 나타내는 고유명사까지도 유행시켰다. 예컨대, 그 유명한 파리지앵Parisian, 파리지엔느Parisienne. 예술도시, 문화도시, 세계도시 파리를 만든 것은 그들의 자존심이다. 18세기 프랑스 혁명에서부터 격동의 1968년까지, 보헤미안에서 부르주아까지, 인텔리겐챠에서 프롤레타리아까지, 대통령에서 길거리 걸인들까지. 더 가진 사람들은 더 가진 사람들대로, 덜 가진 사람들은 덜 가진 사람들대로 도시를 즐기는 문화를 이룬 도시다. 도시로서의 파리를 나는 그리 좋아하지 않지만, 파리지앵 · 파리지엔느의 도시인 분위기만큼은 언제나 부럽다. 덜 분방하지만 더 신사숙녀 같은 런더너(Londoner). 적당히 거리를 지키는 철 들고 예의바른 사람들의 분위기가 느껴진다. 동명의 잡지까지 유행시킨 뉴요커(New Yorker). 키 높은 톱 해트를 쓴 신사의 커리커쳐를 담은 잡지 「뉴요커」는 19세기에 뉴요커의 자존심을 불러일으켰고, 이제 뉴요커라면 속속들이 도시 마인드를 가진 코스모폴리탄의 이미지로 자리잡았다. 다른 도시들도 나름의 도시인의 특색이 있다. LA의 로스앤젤리노(Los Angelino), 비엔나의 비에니즈(Viennese), 베를린의 베를리너(Berliner), 워싱턴 D.C.의 워싱터니언(Washingtonian) 등.

'개인성'과 '시민성'을 중시하는 서구 문화와 달리 동아시아 문화에서는 도시인을 앞세우는 전통은 약한 듯 하지만, 깊숙이 들여다보면 꼭 그렇지도 않다. 예컨대. 베이징 사람과 상하이 사람은 느낌이 다르다. 사람들 눈빛과 말투도 다르고 인상도 다르다. 일본에서도 도쿄 사람과 오사카 사람 마인드가 그리 다르고, 역사도시 교토 사람의 자존심 정도쯤 되면 건드릴 수 없는 영역이다. 다만, 동아시아 도시에서는 이런 '도시 사람의 자존심'이 안으로 감추어져 있을 뿐 아닐까?

01 _ 비엔나. 도시형 건축(오토 바그너가 설계한 100년 전 근대 건축)은 질서정연하지만 주말 벼룩시장에선 남자들도 흥겹다. 02 _ 부산 국제시장. 전통 건축에 간판이 즐비하고, 뒤쪽에 용두산 타워도 보인다. 즐기는 건 사람들. 즐거운 건 사람.

이제는 우리도 사람에 주목할 만도 하다. '시민 헌장'에나 나오는 모범 시민으로서가 아니라 도시를 즐기는 사람의 스타일을 드러낼 때도 되었다. 예컨대, 일본의 후쿠오카에서는 '후쿠오카 스타일'이라는 이름으로 잡지도 내고, 시민 이벤트, 문화 예술 활동, 건축에서도 '후쿠오카 스타일'이라는 말을 공식적으로 쓰는 것은 상당히 인상적이다. 다른 대도시들에 비해 규모는 뒤지지만, 특색 있는 지역 문화와 활력 있는 비전으로 승부하고픈 시민들의 욕망이 그런 대담함을 자아낸 듯싶다.

우리도 좀 더 대담해질 필요가 있지 않을까? 서울 사람은 서울라이트(Seoulite), 부산 사람은 부사니언(Busanian)으로? 영어가 싫다면, '서울 사람, 부산 사람'이라는 말도 좋다. '서울 깍쟁이'나 '부산 머슴애'라는 말이 더 정겨울지도 모른다. 당신이 사는 도시에 당신이라는 사람을 표현하는 말이 있다면 좀 더 근사할 것 같지 않은가. ☰

동.네.가..모.여..
도.시.가.. 된.다

【 '동네 모임'으로서의 도시 】

도시 자체가 아니라 사람이 도시의 중심이 되고 보면, 도시란 참 단순한 것 아닐까.

도시에 대한 나의 꿈은 소박하다. 점심 먹고 유유자적 산책할 수 있으면 좋겠다, 주정꾼 걱정 안 하고 밤거리를 걷고 싶다, 길 걷다 기대 앉을 데가 있으면 좋겠다, 주머니 사정 걱정 안 하고 요기거리 살 수 있으면 좋겠다, 그늘 밑에서 또는 햇볕 쬐며 먹을 수 있다면 더 좋겠다, 가게 앞과 집 앞에 주인의 손길이 느껴지면 좋겠다, 화분이든 마당이든 쇼윈도든 텃밭이든 건물이든 사람 정성이 느껴졌으면 좋겠다, 꽁초, 침, 껌 걱정 안하고 철퍼덕 주저앉을 수 있으면 좋겠다, 나무 한 그루 푸르름이 있으면 좋겠다, 꼭 한강 둔치까지 가지 않더라도 가족들과 동네에서 산책할 수 있으면 좋겠다, 젊은이 어르신 어울리는 가족들을 많이 만났으면 좋겠다, 손잡고 다정한 실버 커플을 길거리에서 많이 봤으면 좋겠다 등. 누구나 이보다 더 긴 리스트를 만들 수 있을 것이다. 이런 작은 기쁨들이 일상의 갈피에 끼어 있다면 도시살이를 훨씬 더 맛나게 할 수 있을 듯싶다.

도시에서 작은 기쁨을 만드는 비법은 '동네'에서 나온다. 왜 동네일까? 동네는 손에 잡히고 그림이 그려지기 때문이다. 사람의 체험이란 대개 그 어떤 범위 안에서 이루어진다. 너무 크면 잘 안 잡히고 그림이 잘 안 그려진다. 반대로 너무 작으면 별로 인상에 안 남는다. 너무 큰 지역은 발로 찾기 힘들고, 또 달랑 건물 하나만으로는 오래 남는 인상을 주지 못한다.

사람들의 행동 반경에는 체험 한계가 있다는 것도 작용한다. 예컨대, 1km 길은 너무 길다. 반경 5백여 미터 정도면 최대일 것이다. 대체로 2-3백여 미터 정도면 아주 적당하게 쾌적하다. 시간의 길이도 물론 작용한다. 한 곳에서 두세 시간 이상 있거나 30분 이상 걸으면 사람들은 피곤해 한다. 가장 좋기는 2-30분 정도 걷되, 사이사이 쉬고 놀고 보면서 한두 시간 정도 머물 수 있다면 가장 바람직한 시간 호흡이다.

실례를 들어보자. 인사동 동네는 남북으로 6백 미터에 동서로 4백 미터 남짓하다. 동네로서는 딱 손에 잡히고, 눈에 잡히고, 발에 잡히는 규모다. 빨리 걸으면 15분 정도에 남북을 관통할 수 있지만, 한가롭게 골목 한 두 곳 찾아서 소요하면 한 시간 정도 걸린다. 먹고 마시면 두 시간 정도? 간단한 듯 싶지만 이런 기본 스케일이 동네 만들기의 비결이다. 예컨대, 한강은 전체로서는 무척 길지만 사람들이 가는 곳은 한강의 토막토막 그 어느 부분이다. 여의도 쪽, 한남대교 밑, 잠실대교 쪽 등. 다만 한강이 그렇게 시원하게 느껴지는 이유는, 당장 발을 딛고 있는 공간은 한강의 짧은 한 토막에 불과하지만, 눈으로 전체를 가늠하면서 심리적으로 더 넓은 공간감을 느낄 수 있기 때문이다. 도시가 이런 느낌을 자아낸다면 정말 근사할 것이다. 동네 하나하나가 독특한 느낌이 있고, 그 동네 옆에 또 다른 동네가 이어지리라는 기대감을 주는 도시, 이런 도시는 생명력이 길다. 이름하여, '동네 모임으로서의 도시'. 아무리 큰 도시라 하더라도 동네들의 모임으로 느껴지는 도시는 사람 사는 도시로 다가온다.

【 도시동네의 맛은 타인과의 우연한 어울림 】

그렇지만, '동네'라는 어휘에 대해서 오해는 하지 말자. 나는 여기서 '도시 동네'를 말하는 것이지 '농촌 동네'를 말하는 것은 아니다. 말하자면, '이웃끼리 가깝게 지내고 시시때때로 정을 나누고 먹을 것도 나눠먹는' '마을 향수'를 얘기하는 것은 아니다. 도시에서는 어차피 '농촌적 동네성, 농촌적 마을성'을 기대해서는 곤란하다. 도시는 어디까지나 도시이기 때문이다.

정으로 얽히며 전통으로 끈끈한 마을에 대한 향수는 어느 문화에서나 있는 듯 싶다. 익명적인 도시살이의 살벌한 긴장감에 대한 거부감 때문일 것이다. 하물며 전혀 그렇지 않을 듯 싶은 미국 도시에서도 그렇다. '어번 빌리저(urban villager, 도시 마을인)'라는 단어를 통해서 허버트 갠스라는 사회학자가 보스턴의 오래된 이탈리안 동네를 연구해서 끈끈하게 살아있는 전통 동네를 부각시켜 사반세기 전에 상당한 반향을 일으킨 적이 있다. 하지만 그것은 '익명 도시 속에서 살아남으려는 이국의 전통 동네'라는 미국적인 현상일지도 모른다. 마치 '차이나타운'이나 '코리아타운'처럼.

우리 사회에서도 옛 마을, 정든 동네의 끈끈한 정을 다시 찾자는 제안은 언제나 정서적 공감을 불러일으키곤 한다. 이웃들이 모여 잔치를 하고 담을 없애는 등, 가끔씩 뉴스 초점이 되는 이야기들이다. 그러나 이런 활동들을 옛 마을의 정서를 복원하려는 움직임으로 보는 것은 무리가 있다. 오히려 서로 잘 모르면서도 어떻게 같이 즐기며 사는 방법을 찾아볼까라는 관점으로 봐야 하지 않을까?

이 점에서는 미국의 사회학자 제인 제이콥스가 『미국 도시의 흥망성쇠 The Death and Life of American Cities』에서 제기한, '익명성 속에서도 도시를 즐기는 관계'를 주목할 만하다. 이 책은 1970-80년대 미국 사회에 '도시 동네의 맛'과 '도시인의 삶'을 부활시키는 파장을 불러일으켰다. 퇴락해 가는 도심의 매력을 부각시키면서 도심의 활성화를 촉진했을 뿐 아니라, 1980년대 젊은 전문직업인인 여피(Yuppie, Young Urban Professional의 준말), 1990년대 '보헤미안적 마음을 가진 부르주아'라는 '보보스'의 등장을 촉발하기도 했다. 유럽 도시에 대해

01 _ 뉴욕의 페일리 소공원. 바쁜 거리에서 비켜 서서 사람 보는 재미.
02 _ 남인사마당. 사람 보는 재미다.
03 _ 프랑크푸르트 도심의 거리. 사람을 보러 사람들이 나온다.

서 은근히 콤플렉스를 가진 미국 도시에 자긍심을 심어 주고 도시살이의 맛을 긍정하게 만든 저작이다.

이 책은 익명으로 서로 모른 척 사는 듯 싶지만, 실제로 활력 있고 활발하게 사교하는 동네 사람들의 모습을 설득력 있게 그린다. 24시간 구멍가게, 찻집, 식당, 공원, 길거리의 코너, 서점 등에서 사람들은 여전히 만나고 삶을 확인하고 관계를 주고받는 것이다. '타인과의 의미 있는 우연의 만남'이 그럴 듯하게 일어나고 있는 동네란 사회 문화적으로 중요할 뿐 아니라 사회 정서의 안전망이자 유기적인 경제 가치가 있다는 제인 제이콥스의 통찰은 시간이 흘러도 여전히 그 가치를 인정받을 만하다.

20세기 말에서 21세기 초, 디지털 혁명과 더불어 새롭게 제기되는 이슈는 '거리의 소멸'이다. 인터넷과 휴대폰과 인터넷몰 등 멀티미디어의 일상화로 특정한 공간에 사람들이 구애받을 필요가 없어진다는 것이다. 정말 거리는 소멸할까? 사람들이 모이는 공간이라는 의미는 퇴색될까? 동네, 도시라는 물리적 실체는 별 의미가 없어지고 모든 것이 통신매체와 미디어에 의해서 사이버 공간을 위주로 일어날까?

생각해 볼 만한 의문이다. 정보통신의 혁명 속에서 분명 '공간'의 의미는 달라지고 있기 때문이다. '비트의 도시'(건축미디어 학자 윌리엄 미첼이 저술한 책 제목)에서는 미디어 공간이 동네 공간, 도시 공간을 완전히 대체하게 될까? 미디어에 익숙해진 젊은 도시세대들은 실제 공간에 대해서는 별로 관심이 없어질까?

【 제1동네, 제2동네, 제3동네 】

디지털 혁명의 여파로 인해 현대 도시에서 공간의 의미가 약해지는 것처럼 보이지만, 또 다른 방식으로 공간의 의미는 더욱 강해지리라고 나는 생각한다. 땅에 뿌리박고 사는 식물적인 농촌인과는 달리 유목민처럼 돌아다니며 사는 도시인들은 다른 방식으로 도시 공간의 의미를 찾을 것이다. 다양한 문화에 촉수를 뻗치며 즐기려 하는 도시인들에게 문화적 특색이 강한 동네일수록 더욱 유혹적으로 다가온다. 이 점에서 도시인들에게는 특히 '제3의 동네'라는 개념이 중요해진다.

우리 도시인은 3가지 차원의 동네에 살고 있다고 할 수 있다. 제1동네, 우리의 집이 있는 동네다. 통상적으로 우리가 기꺼이 '우리 동네'라 부르는 곳이다. 내가 살고, 나의 가족이 살고, 나의 아이들이 초등학교를 다니며, 이웃이 있는 동네다. 밤에는 꼭 돌아가는 동네다. 제2동네, 일하는 동네다. 비즈니스의 동네이고 중·고등학교 동네, 대학 동네일 수도 있다. 동료의 동네이며 협력의 동네이자 경쟁의 동네다. 낮의 동네, 또는 업무 시간의 동네다. 제3동네, 도시의 그 어떤 동네다. 내가 살지 않는, 내가 일하지 않는, 다른 동네들이다. 비(非)일상의 동네다. 어쩌다 가는 동네다. 일부러 찾아가는 동네다. 가장 중요한 점이라면, '내켜서 찾아가는' 동네다.

우리가 동네, 동네 할 때는 대체로 제1동네를 의미한다. 전통적인 개념의 동네다. 제2동네를 자기의 동네로 여기는 사람들도 있다. 그만큼 일과 삶이 긴밀하게 짜여져 돌아가기 때문이다. 그런데, 진짜 도시인들은 제1동네, 제2동네보다도 오히려 제3동네를 더 특별하게 생각하곤 한다. 저녁 시간, 주말 시간, 또는 휴가 시간에 무언가를 찾아 일부러 들르는 곳으로서의 제3동네.

이것이 '진짜 도시인'의 특징일 것이다. 도시인은 필요성보다 선택성, 삶의 일상보다도 삶의 비일상을 가치 있게 여긴다. 그런 비일상이 삶의 귀한 일상이 되어버리는 것이 도시인들의 독특한 삶의 양식이다. 두근두근 무언가 일어날 것을 기대하며 집과 직장을 벗어나서 또 다른 체험을 얻고자 하는 심리, 이것이 도시인 특유의 사교성이며 도시인 특유의 촉수 넓은 삶의 본질이다. 진짜 도시인은 그 어느 동네에 뿌리내리는 이상으로 여러 동네를 탐험해 보고 싶어한다. 그 어떤 동네도 자신의 동네로 소화하려는 의욕을 보이며, 비판을 하더라도 좋은 것은 좋게 보고 즐길 것은 즐기려 한다. 진짜 도시인이라면 제1의 동네를 제3의 동네로 볼 수도 있고, 제3의 동네를 제1의 동네로 볼 줄도 안다. 사는 동네만 동네로 보는 것이 아니라 도시 전체를 자기 동네로 삼고, 때로는 세계 어느 곳도 자기 동네로 삼을 줄 안다.

진짜 도시인은 도시를 긍정한다. 이것이 도시인의 핵심이다. 우리도 진짜 도시인이 되어 우리가 사는 도시를 긍정해 보자. 우리 도시를 너무 부정적인 시각으로 보지 말자. 긍정할 때 본 모습도 보이고 그 가치도 보이고 좋아하는 점도 찾게 된다. 우리 도시를 긍정하려면 있는 그대로 우리의 시각으로 볼 필요가 있다. ☰

잡.종.으.로.서.의..
우.리.도.시

【 유럽 도시, 미국 도시 콤플렉스에서 벗어나기 】

이제쯤이면 우리도 콤플렉스를 좀 버리자. 우리 도시들은 유럽 도시나 미국 도시와 비교하는 콤플렉스, 이른바 서구 콤플렉스, 질서 콤플렉스에 시달리고 있다. 그러나 깊이 생각해 보자. 우리는 유럽 도시와 근본적으로 다르다. 미국 도시와도 엄청나게 다르다. 근본적으로 다른 것에 대해서 비교 콤플렉스를 가질 필요가 있을까? 과연 유럽 도시, 미국 도시가 꼭 좋은 도시의 전형일까?

미국 도시들은 대체로 좋은 도시라 보기는 어렵다. 차 없이 살기 힘들고 안심하고 나다니기 힘들다는 가장 기본적인 이유 때문이다. 물론 괜찮은 도시들도 있다. 유럽 도시의 전통을 안고 있는 도시들, 특히 그 도심들이다. 보스턴, 샌프란시스코, 시카고, 필라델피아, 워싱턴 D. C., 시애틀, 뉴올리언즈, 뉴욕(9 · 11 테러로 그 이미지가 많이 쇠퇴했지만) 등. 이런 도시들은 차 없이 살 만하고 거리도 안심하고 걸을 만하다. 밤에 다니기는 꺼려지지만 낮에 활보할 수 있는 것만 해도 감사할 지경이다.

그러나 이런 괜찮은 지역도 이 도시들의 10% 정도에 불과하다. 대개의 도시들은 교외로 뻗어나가서 차로 한정 없이 달려야 하고, 잔디밭은 그림처럼 아름답지만 사람 걷는 모습은 보기 힘들고, 여기에도 사람이 사나 싶게 집이 듬성듬성하고, 사람 모이는 곳은 오로지 간판 휘황하고 주차장 널찍하게 둘러진 쇼핑센터들 뿐이다. 미국 도시들은, 그 대륙의 크기와 그 중추 산업과 그 문화 속성답게 '차의 도시'다.

01 _ 플로렌스. 유럽의 도시형 건축은 길을 따라 가지런히 들어서는 약속이 되어 있다.
02 _ 프랑크푸르트. 가지런한 건물들이 기본 바탕으로, 현대식 타워 건물은 기존 바탕과 대조되면서도 조화를 이룬다.

반면, 유럽 도시들은 확실히 '사람의 도시'다. 넘쳐나는 관광객은 제외하더라도 길거리에 사람들의 발길과 눈길이 있다. 차 없이 살 만하고 밤에도 안심하고 걸을 만하다. '인간 자연화한 도시', 유럽 도시들에 대한 나의 가장 큰 찬사다. 그토록 자연스럽게 느껴진다면 도시도 이미 자연과 다름없지 않은가. 베니스도, 로마도, 밀라노도, 바르셀로나도, 파리도, 런던도, 나무나 꽃이 없더라도 건물과 길거리 포장과 간판과 가로등까지 자연스럽다.

유럽 도시는 철두철미하게 '그들의 도시'다. 관광객이나 방문객은 잠깐 스쳐갈 뿐이다. 바로 이 점이 유럽 도시를 매력적으로 만드는 핵심이고, 우리가 배울 점이기도 하다. 스치는 사람들에 관계 없이 자신의 삶을 즐기며 살아가는 유럽 사람들은, 확실히 진짜 도시인이고 특색 있는 도시 분위기를 만드는 문화 인프라다. 잠시 스치는 관광객들마저도 그 분위기에 취해서 마치 그 도시 사람처럼 굴게 만드는 힘이란 큰 매력이 아닐 수 없다.

유럽 도시의 단점을 찾기란 그리 쉽지 않다. 매력적인 도시 라이프에 도시는 질서정연하며, 건축물은 웅장하고, 거리는 아름답고, 눈에 보이는 하나하나에 짧게는 2-3백 년에서 길게는 이천 년 역사의 내공이 느껴진다. 특히 대도시보다도 중소도시들은 부럽다 못해 눌러앉고 싶을 정도로 사람 사는 맛이 난다. 그러나 굳이 두 가지 단점을 찾아보자면, 첫째, 나는 유럽 도시의 그 '짜임새'에 좀 질식할 것 같다. 너무 질서정연하여 숨이 막힐 듯 답답하게 느껴진다. 둘째, 유럽 도시의 그 '눈에 보이는 질서'는 결코 우리 것이 될 수 없다는 사실 때문에 갈등을 느낀다.

이것은 나의 질투 섞인 반응만은 아닐 것이다. 유럽에 장기 체류를 하던 사람들이 우리 도시로 돌아오면 처음엔 혼돈스러워 하다가도 조금 지나면 우리 도시의 그 어떤 자유로움의 맛을 느끼게 된다는 얘기들을 한다. 잘 상상이 안 된다면 일본과 비교해도 좋다. 시스템이 강한 일본 사람들이 우리나라에 오면 한편 혼돈스러워 하면서도 화끈하게 자유롭다는 것에 매력을 느낀다고 한다. 유럽에 처음 갈 때는 질서정연한 매력들에 공감하다가도, 몇 번을 가고 나면 그 꽉 짜인 모습이 좀 답답하게 느껴진다는 얘기를 하는 사람이 나만은 아니다.

이처럼 유럽 도시와 우리 도시가 다른 점은 확실하다. '눈에 보이는 질서'가 확고한 곳이 유럽 도시들이다. 공공의 질서, 규범의 질서가 강하다. 도시는 잘 짜인 조직으로, 건물은 '거리를 만들기 위해' 존재한다. 유럽에서는 도시가 건축보다 더 중요하게 여겨지며, 따라서 건축물 하나 하나가 튀는 것을 억제한다. 유럽의 건물들을 보면 놀라울 정도로 서로 비슷한데, 그만큼 강한 통제가 있는 것이다. 사회 문화적 질서를 가시적인 질서로 만들려고 하는 욕구, 유럽 도시의 특징이다. 이런 유럽 도시의 특징이 과연 우리에게 적합할까? 우리가 가질 수 있는 질서일까? 우리가 지향해야 할 가치일까? 의문은 남는다.

【 우리 도시는 어떤 종(種)? 】

그렇다면, 우리 도시는 어떤 종일까? 외국 도시들에 비해서 어떤 점에서 다를까?

인구 밀도 측면에서 우리 도시는 유럽 도시들에 비해서 서너 배, 미국 도시들에 비해서 열 배는 높다. 가장 근본적인 차이다. 사람 수가 얼마나 되느냐, 한 사람당 사용할 수 있는 땅이 얼마나 넓으냐, 공간의 면적이 얼마나 되느냐는 도시살이의 가장 중요한 변수가 아닐 수 없다. 인구 밀도의 차이에 따른 문화적 차이도 상당하다. 수많은 사람들과 부대끼며 살고 있는 우리와 듬성듬성 사는 서구 사람들의 프라이버시에 대한 생각이나 행태가 서로 크게 다름은 이미 잘 알려진 바이다.

속도 측면에서는 어떨까? 유럽 도시의 대부분은 차 없는 시대에 '마차의 속도'와 '기차의 속도'에 맞추어 만들어졌다. 미국 도시들은 유럽 도시의 전통을 갖고 있지만 '차의 속도'에 맞춰서 만들어졌다. 기실, 미국은 대륙의 크기에 비례하여 '비행기 속도'에 맞추어 도시가 만들어진다고 해도 과언이 아닐 것이다. 우리는 어떨까? 땅의 크기로는 기차의 속도에 맞는다고 볼 수 있지만, 차의 가치가 가장 우세한 시기에 대부분의 도시가 차를 중심으로 만들어졌다. 일본과도 상당히 다르다. 일본의 도시들 역시 유럽 도시와 비슷하게 마차와 기차의 속도로 만들어진 전통이 더욱 강하다.

성장 역사를 본다면, 미국 도시들은 19세기까지 30%, 20세기 중반까지 70% 정도가 만들어졌다. 유럽 도시는 19세기까지 70%, 20세기 중반까지 30% 정도다. 우리 도시는 90% 이상이 20세기 중반 이후 만들어졌다.(1945년 해방 무렵 우리 나라의 도시화 정도는 10여 퍼센트에 지나지 않았다. 당시 서울의 인구가 백만, 정확히 지금의 1/10이었다.) 새롭다 새롭다 하지만 우리 도시들은 이렇게 극심하게 새롭다.

도시를 만드는 가장 큰 변수인 권력과 돈의 흐름 측면에서는 어떤 차이가 있을까? 유럽 도시의 대부분이 왕과 귀족의 권위적인 파워가 확고하던 시

01 _ 미국의 전원. 차 타고 나가서 푸른 잔디밭에 듬성듬성.
02 _ 뉴욕시의 돌연변이적 마천루 군. 이제 월드트레이드센터는 없어졌다.

대에 도시의 근간이 형성되었다(물론 유럽에도 봉건시대 이전 로마제국의 식민도시 역사가 있다). 미국 도시는 자본주의를 기반으로 개인주의와 법치주의의 토대가 확실한 시대에 만들어졌다(물론 미국에도 그야말로 무법천지였던 서부개척시대가 있다).

우리의 도시는 농경시대의 행정 도시로서의 전통을 지녔으며 상업 도시의 활동은 상대적으로 약했다. 불행히도 20세기 초 일제 강점기 시대에야 근대 도시화의 시동이 걸렸고, 1960년대 이후 독재 자본주의 시대에 경제 개발의 도구적 수단으로 도시 개발이 촉진되었다. 21세기 초인 지금은 국내 자본뿐 아니라 세계 자본까지 동원되면서 극도의 이윤을 추구하는 무차별 자본주의를 근간으로 도시 개발이 불붙고 있다(현재의 부박한 자본주의 현상을 비판하는 '천민 자본주의'라는 말까지 쓰고 싶지는 않지만, 뿌리가 튼튼하지 못하고 중심을 잡지 못한다는 점에서 유감스럽게도 부분적으로 공감한다).

문화적으로는 어떨까? 유럽 도시들의 이른바 '유럽 중심주의'는 뿌리 깊다. 그 내부 국가들 사이에서 문화 교류가 활발했음은 물론, 동방의 이질적 문화도 자기 것으로 소화 흡수해 내는 역량도 뛰어나다. 자신 있는 '순종(純種) 문화'라 할까? 유럽의 많은 도시들이 뿌리는 유사하지만 각기 색다른 색깔을 만들게 된 것도 이런 '순종 문화'적 자존심 때문일 것이다.

유럽 문화의 이식에서 출발한 미국의 문화는 어떻게 정통성을 만들어

냈을까? 미국의 문화는 자타가 인정하는 '신종(新種) 문화'다. 새로움에 대한 발군의 도전 정신을 갖고 있다. 신천지이기에 거침없이 미지의 것을 만들어 낼 수 있는 토양은 도시에서도 다르지 않다. L.A.와 뉴욕이라는 미국 특유의 양대 도시는 그야말로 돌연변이다. 이런 도시는 그 이전엔 없었다. '물처럼 흐르는 도시 L.A.', '산같이 솟은 도시 뉴욕'. 프리웨이(freeway)와 스카이스크래퍼(skyscraper), 도시 곳곳을 누비는 고속도로와 도시 곳곳에 하늘을 찌르는 마천루, 그야말로 돌연변이적 신종이다.

그렇다면, 우리의 도시는 어떤 종일까? 한마디로 하면, '잡종(雜種)'이다. 물론 우리 자신의 '순종'적인 요소도 적잖다. 그러나 현재의 급변하는 우리 도시에는 얼마나 수많은 갈등이 있는가. 전통과 현대, 동양과 서양, 첨단 추구와 회귀 욕구, 사이버 공간과 실제 공간, 초고층과 뒷골목, 간판과 건물 등. 새로운 혁신을 이루기에는 내공이 딸리고 순종성을 지키기에는 변화에 예민할 수밖에 없는 운명을 갖고 있다. 삶의 질만을 따지기에는 생존의 경쟁력에 고민해야 하고, 환경의 순도만을 따지기에는 경제 활력 유지의 압박이 크다. 변화의 속도는 무서울 정도로 빠르고, 변화하지 않으면 살아남기 어렵고, 변화를 만드는 사람들은 수도 없이 많다.

이런 딜레마적인 상황에서 택하기 가장 좋은 전략이 바로 '잡종'이다. 순종성 지키기에 너무 연연하지 않고 신종 만들기에 너무 주눅들지 않으면서 살아남을 수 있는 방법이다. 생물의 세계에서 잡종은 번식 능력이 없지만, 사람이 만든 세계에서는 오히려 잡종의 번식 능력이 뛰어나고 끊임없이 새로운 변종을 만들어 내는 변이 능력 또한 뛰어나다.

【 잡종은 매력적이다 】

잡종. 우리 도시를 잡종이라 부르면

어쩐지 기분이 언짢은가? 뭔가 격이 떨어지는 것 같은가? 어딘지 씁쓸한가?

그러나, 잡종은 지극히 매력적이다. 복잡하기 때문에, 다양한 성격이 교차하기 때문에, 수없이 많은 변종들이 만들어지기 때문에, 살아있는 '이 시간'을 표현하기 때문에. 나는 우리 도시의 잡종성에 매력을 느낀다. 물론 전통적으로 순종성이 강한 공간의 매력을 모르는 것은 아니다. 마치 시간이 정지한 듯한, 시간이 무한한 듯한 전통 마을, 전통 동네, 전통 건축의 그 순수한 공간의 멋에 빠지는 것도 좋다. 전통 공간을 잘 보전하지 못하는 것에 대해서 마음을 끓이기도 하고 보전하는 일에 목청을 높이기도 한다. 그럼에도 불구하고 나는 여전히 우리 도시의 잡종성에 은연중 끌린다.

잡종성은 빠르게 변하는 문화에서 나타난다. 이 점에서는 우리 도시들뿐 아니라 아시아의 다른 도시들도 마찬가지다(사실은 유럽과 미국 외 세계의 모든 곳이라 해도 과언이 아닐 것이다). 그러나 아시아의 모든 도시들이 같은 종류는 결코 아니다. 잡종이므로 오히려 각기 색다른 특색이 있다.

일본 도시들은 상대적으로 긴 시간에 걸쳐 현대도시화 했으므로 잡종화의 정도는 덜한 편이다. 일본 도시들은 전체적으로 잡종성은 있으나 내부 구성을 보면 일본화한 신종 문화와 일본 고유의 순종 문화가 모자이크처럼 짜여져 있다. 각각의 동네에서 느끼는 체험은 놀라울 정도로 '일본적'이다. 내가 '일본적'이라 칭할 때는 일본 전통을 느낀다는 뜻만은 아니다. 자그만 것에서조차 느껴지는 세밀한 정성, 작은 공간의 활용, 절제된 색조, 엄격한 질서, 미니멀한 일본 특유의 분위기를 말한다.

홍콩이라는 이상한 도시는 잡종 도시라기보다는 '혼성 도시'다. 잡종과 혼성의 차이는 무엇일까? 잡종이 상대적으로 단순한 차원의 복합체라고 한다면, 혼성은 좀 더 구조적으로 진화된 차원의 복합체라고 할 수 있겠다. 홍콩이라는 혼성 도시는 완전 돌연변이로, 새로운 태동의 씨앗을 갖고 있는 것처럼 보인다. 중국적이지만도 않고 서구적이지만도 않은, 자신만의 독특한 혼성적

01 _ 홍콩이라는 혼성 도시. 02 _ 일본 오사카. 정교한 잡종 도시.
03 _ 서울 강남. 초고층 바로 옆에 주택 동네. 04 _ 상하이. 여러 시간대가 섞여 있는 도시.

색깔을 갖고 있는 도시로서, 홍콩은 '선과 악', '미래와 과거', '동양과 서양'이 교차하고 충돌하는 흥미 만점의 도시다.

싱가포르라는 또 다른 이상한 도시는 '특수종'이라 부를 만하다. 아시아라는 이 복잡다단한 상황에서 어떻게 그리 독야청청(?) '클린 도시'를 만들어 낼 수 있었을까? 지극히 아시아답지 않은, 또는 아시아를 벗어나려고 하는 '반작용'이 철저하게 작용했다는 점에서 지극히 아시아다운 도시다.

그런가 하면, 새로운 자본주의의 천국으로 떠오르는 상하이는 싱가포르와 홍콩과 뉴욕, 그리고 유럽과 중국이 이상스럽게도 섞여 있는 도시다. 극단적으로 표현한다면 이렇게 말할 수도 있을 것이다. "상하이에 가 보면 세계 모든 도시에 가 본 것과도 같다."

나는 아시아의 다양한 잡종 도시들이 좋다. 그 복잡성의 매력에 끌린다.

나는 강력한 시스템이 느껴지는 미국 도시에 별로 가고 싶지 않고, 강렬한 정연함이 돋보이는 유럽 도시들에도 이제는 그리 매혹되지 않는다. 오히려 수많은 갈등을 가지고 살아 남은 도시들에 매력을 느낀다. 동아시아 도시들의 강렬한 에너지에 매력을 느끼는 것은 물론이고 동남아의 도시, 중동의 도시, 남미의 도시에서 더욱 우리와 혼이 통함을 느낀다. 유럽에서도 복잡성의 묘미가 있는 그리스나 터키의 도시들이 더 매력이 있다. 유럽 도시 안에서도 근대의 부분보다는 중세나 고딕 시대의 부분에 마음이 기운다. 많은 사람들이 감탄한다는 파리를 나는 그리 좋아하지 않는다. 샹젤리제는 너무 관료적으로 느껴지고, 차라리 몽마르트르 언덕이나 마레 구역이 더 좋다. 파리보다는 런던이 더 흥미롭다. 런던은 아시아 도시만큼은 아니더라도 시간이 뒤죽박죽 섞인 듯한 매력이 있어서 좀 더 가깝게 느껴진다.

잡종 도시에 대한 나의 편애에는 물론 나의 개인적인 취향이 작용함을 부인하지 않는다. 그러나 그보다는 우리 도시, 우리 사회, 우리 문화의 속성에 대해서 긍정적인 시각을 갖고, 우리 도시의 현장에서 출발한 우리의 해법을 찾아보고자 하는 것이다. 나는 서구 콤플렉스도 없고 질서 콤플렉스도 없다. 유럽에 대한 품격 콤플렉스, 전통 콤플렉스도 없고 미국 도시에 대한 대형 콤플렉스, 호화 콤플렉스도 없다. 이른바 선진 사회의 도시들도 모두 장단점을 가지고 있으며, 그 사회, 그 문화의 소산일 뿐이다. 담담하게 그 속을 들여다보고 배울 점은 찾되, 무작정 따라하려 들거나 막연히 동경하는 것만큼은 이제 벗어날 만도 하다.

【 잡종 도시의 특색 】

그렇다면, 우리와 같은 잡종 도시는 어떤 특색이 있을까? 구성적인 면에서 보면 다음 특색이 두드러진다.

첫째, 개별성이 강하다. 전체에 대한 계획성보다는 수많은 개별 행위들에 의해서 스스로 전체가 만들어진다. 자연 발생적이고 즉흥적인 점이 많으며, 정확히 표현하자면 개별 상황에 대한 반응도가 높다.

둘째, 많은 요소들이 섞여 있다. 개별성이 강한 만큼 쓰이는 요소가 많을 수밖에 없다. 사용 용도도 다양하고, 건물의 크기도 가지각색이고, 유행과 취향에 따라 다양한 요소들이 쓰인다. 재료와 색채와 형태와 용도가 섞여, 태생적으로 복합 용도이고 복합 이미지다.

셋째, 시간에 따라 변화하는 모습이 일률적이지 않다. 변화의 시간대가 길고, 그 긴 시간 속에서 건축 유행이 바뀌고 가게의 성격도 바뀌니 그런 변화가 중첩되며 더욱 더 복잡한 모습이 나오는 것이다.

넷째, 유기적으로 서로 끈끈하게 연결되어 있다. 기능 면에서 엮이기 때문이다. '유유상종(類類相從)'이 긴밀하게 현장에서 일어나는 것, 우리 사회의 경제적 특성과 맞물려 일어나고 있는 특유의 문화 행태다. 시장(市場)을 연상하면 적확하다.

다섯째, 역사적 특징이 중첩된다. 아시아 도시들과 남미 도시들처럼 근세기에 식민통치를 겪었던 도시들에서 나타나는 특징이기도 하다. 우리 도시에는 고유의 전통성과 강제 이입된 일제 강점기 동안의 갈등적인 근대성이 중첩된 가운데, 현대의 빠른 변화가 섞인다.

여섯째, 여러 문화로부터의 '차용(借用)'에 너그럽다. 민간 경제 활동과 상업 활동의 변화가 엄청나게 빠르게 변하기 때문에 유행에 너그러운 것이다. 동경 심리도 작용하면서 세계 곳곳 문화적 양태를 별 거부감 없이 사용한다. 쉽게 버리고 쉽게 택한다.

그렇다면, 잡종 도시의 결과적 현상은 어떤 특색으로 나타날까?

첫째, '사진발'이 그리 좋지 않다. 하나의 이미지로 읽히기 어렵고 많은 요소들이 한데 섞여 있기 때문에 사진에서 그리 근사해 보이지 않는다. 사진

01 _ 옛 한양의 사대문안. 동일한 건축형으로 통일.
02 _ 서울 보문동 1988. 도시형 한옥이 가지런히 조화를 이루던 동네.
03 _ 서울 보문동 2002. 다세대 다가구 주택으로 동네 조직이 깨져 나간다.

한 장으로 그 분위기를 잘 잡기도 어렵다. 우리 도시를 사진으로 담을 때 드라마틱한 산과 강을 배경으로 한 '원경'으로 주로 묘사되는 것도 이런 이유가 작용할 것이다.

둘째, 길을 찾기 어렵다. 지도로 만들기 어렵다고 할까? 주(主)와 부(副)가 명확치 않고 시작과 끝이 확실치 않다. 따라서 모르는 사람들은 방향 감각을 갖기 쉽지 않다. 길을 모르는 사람들에게 길을 설명해 주기도 만만치 않다. 그 동네를 잘 아는 사람들만이 뭔가 '눈에 보이지 않는 질서'를 잘도 알고 있다.

셋째, 건물이 배경이라기 보다는 주역으로 나서려 한다. 가만히 있어주는 것이 아니라 사람보다 먼저 나선다. 화려하고 자극적인 물성(物性)이 사람의 심성을 압도하려 든다.

넷째, 정보가 직설적이다. 찾기 어렵고 구성 요소가 워낙 많으니 직설적으로 정보를 전달하고 싶어한다. 간판은 그래서 많아진다. 전광판에 대해 너그러운 것도 플래카드 달기 좋아하는 것도, 직설적 소통 방식을 선호하기 때문이다.

다섯째, 지역적 문화 특성을 금방 느끼기가 어렵다. 물론 여기가 대한민국이라는 것을 모르기는 어렵다. 우리는 이 안에 계속 살고 있기 때문에 잘 못 느끼지만 우리의 도시들은 지극히 한국적이다. 다만, 도시별 차이, 동네별 차이는 점점 더 모호해지고 있다. 무차별한 잡종 교배의 결과다.

여섯째, 시간의 흐름을 느끼기 어렵다. 너무도 많은 변화 속에서 시간 감각을 갖기도 변화 감각을 갖기도 어려울 정도로 시간에 둔감해지기 십상이다. '찰나적'이라고 느껴진다고 해야 할까? 무르익기도 전에 또 다른 변화가 찾아올 것이라는 예감이 강하게 든다.

우리 도시의 이런 구조적, 현상적 특색에 대해서 우리는 어떤 태도를 취해야 할 것인가? 알다시피 이런 특색들이란 그대로 좋다고 받아들일 수만도, 또 나쁘다고 고치자고만도 할 수 없는데다가, 또 마음대로 고칠 수 있는 것도 아니다.

예컨대, 어지러운 간판이나, 도시별 문화적 특색이 없다는 현상적 문제는 누구나 고쳐야 한다고 얘기할 수 있지만, 우리의 도시가 수많은 개별행위로 이루어지며 상업적인 문화적 차용이 일상화되어 있다는 사회 운영 구조를 이해하지 못한다면 실제로 고칠 방법을 찾기란 어렵다.

예컨대, 길을 찾기 어렵다라는 점 또한 나쁘게 보이지만 꼭 나쁜 것만은 아니다. 계획적 조성 부분보다 자생적 부분이 많은 우리 도시에서 길을 찾기 어려운 것은 오히려 자연스러운 일이다. 서구 도시의 잣대로서가 아니라 우리만의 길 찾는 방식이 무엇이냐를 고민하고 길 찾기 어려운 도시의 매력이 어디에 있는가를 찾는 것이 더 현명할 것이다.

예컨대, 일제 강점기에 만들어진 길이나 건물들 역시 불쾌한 기억임에도 불구하고 무작정 없애자고 할 수도 없는 일이다. 해외 도시들에서도 문화권이 충돌하는 도시들, 이를테면 이스탄불이나 예루살렘이나 코르도바 같은 도시들에서는 수많은 문화적 충돌이 그 안에서 일어나고 있는 것이 자연스럽고, 오히려 그러한 충돌을 소화함으로써 지나간 역사의 흔적을 의미 있게 품고 있다. 일제 강점기의 흔적을 적잖이 품고 있는 우리 도시들에서도 역사의식은 견지하되 보전과 포용의 정신 또한 필요하다.

만약, 우리가 잡종도시의 특색을 입체적으로 이해하려는 노력을 한다면, 적어도 우리의 도시의 현상을 무턱대고 비판하는 우(遇)에서 벗어나 우리 도시에 대해서 긍정적인 시각을 가질 수 있는 가능성도 커질 것이다. ≡

도 . 시 . 는 . . 지 . 금 . 도 . .
진 . 화 . 한 . 다 .

【 우리 도시는 어떻게 진화해야 할까 】

그렇다면, 우리 도시와 같이 잡종성이 강한 도시의 미래는 어떤 것이어야 할까, 과연 우리 도시는 어떻게 될까 라는 의문에 봉착한다. 이 의문에 확실한 답을 할 수 있다면 얼마나 좋을까? 그렇지만 명쾌한 답이 있는 것은 아니다. 절대적인 답이 있지는 않다는 것을 인정하는 것으로부터 우리는 고민을 시작해야 한다. 어떤 가치관을 가지느냐에 따라 우리는 완벽하게 다른 행위를 선택할 수 있고 완벽하게 다른 미래를 그릴 수 있기 때문이다. 미래는 선택이다.

예컨대, 우리 도시의 잡종적인 성격에 질색을 하고 완전한 탈바꿈을 시도할 수도 있다. 너무 혼란스럽고 너무 어지러우니 어떻게든 새로 만들어야 한다는, 여전히 가장 위세를 떨치고 있는 '전면 개조적 가치관'이다. 기존의 동네를 철거해 버리고 행하는 수많은 전면 재개발, 재건축 사업들이 이러한 가치관을 전제로 하고 있다. 다른 한편으로는, 오랜 시간 동안 쌓아올린 생활의 보전에 더 가치를 둘 수도 있다. 겉으로 보이는 환경이 조잡하고 번듯해 보이지 않더라도 그 환경 속에서 살아가는 사람들의 생활을 이루는 수많은 개별 행위, 유기적인 기능, 생명력을 살리면서 변화해야 한다는 '진화적 가치관'이다. 환경 보전, 점진적인 환경 개선, 개별 건축물의 개조 등의 변화 방식이 이러한 가치관을 바탕으로 하고 있다.

어느 가치관이 절대적으로 옳으냐 그르냐를 말할 수는 없다. 도시란 경제, 기능적 관계성, 산업 구성, 사회 안정, 시민 문화, 정치 의도 등의 다양한 변수가 서로 복합적으로 작용하면서 변하기 때문이다. 도시 역시 나이 들고 늙어가고 힘이 빠지며 바뀌고 없어지고 새로 생기기도 하는 생명의 이치를 갖고 있다. 또한 거시적으로 본다면, '전면 개조'와 '진화'가 당연히 함께 일어나게 마련이다. 다만, 시대적인 흐름에 따라 어떤 가치관에 좀 더 힘을 싣느냐를 짚을 수는 있을 것이다. 지금 이 시대는 '진화적 가치관'으로 전환되는 단계에 있다고 본다. 몇 가지 이유에서다.

첫째는 물론, 개발 수요 증가세가 상당히 둔화되었다는 구조적 요인이다. 특히 주택개발 수요는 지난 사반세기 동안 그야말로 총력전으로 아파트를 지어 온 덕분(?)에 많이 완화된 편이다. 경제 성장률이 상대적으로 낮은 안정세로 지속되면서 여타 기능의 개발 수요들도 둔화 추세다.

둘째, 다양하고 섬세한 경제활동이 생기고 있다. 경제규모가 커지고 소비 문화가 다양해지면서 새로운 종류의 경제활동이 생겨나고 있는 것이다.

셋째, 주민들의 자생적 목소리가 커지고 있다. '잡종 도시'의 개별성이 강화되고 '깨인' 목소리들이 생기고 있다는 증거다. 시장 여건을 지혜롭게 관찰하면서 나름대로 살아 갈 방법을 모색하는 것은 그만큼 개별 행위 주체의 경제력이 향상되었고 운용할 수단도 많아졌다는 것을 뜻한다.

넷째, 획일적인 개발에 질려 하는 반응도 늘고 있다. 잘 살게 되면서 오히려 복고, 전통, 자연, 전위, 첨단, 세계문화 등 다양한 체험을 원하고 복합적인 가치를 즐기는 생활 문화가 보편화되고 있는 것이다. '진화적 가치관'이 새삼 부각되는 추세에는 물론 환경 보전 의식이 높아졌다는 점도 크게 작용한다. 삶의 질과 환경 보전에 대한 높은 욕구는 이들이 사회 전반적으로 지향해야 할 가치로 인정받고 있다는 것을 뜻한다. 여기에는 시민 단체, 환경 단체의 활발한 움직임도 큰 역할을 하고 있음은 분명하다. 물론 아직도 '전면 개조 가치관'이 승세를 떨치고 있다. 부동산 개발이라는 파괴력 높은 유혹, 아파트, 상업 시설, 유통 시설이 점점 대형화, 초고층화해 가는 추세는 무서울 정도로 거세다. 이런 개발 열기는 완전히 없앨 수도 없으려니와 도시가 있는 한 절대로 없어지지 않을 것이다.

현실에서는 어떻게 조화시켜야 할까? '신중하라'는 원칙과 '위치 선정을 잘 하라'는 원칙을 잊지 말자. '개조적 가치관'의 효용성이 확실한 부분은 과감하게 개발하는 것도 필요하다. 지속적인 수요가 있는 외곽의 신도시, 특히 생산과 유통, 비즈니스 중심으로서의 신개발은 그야말로 혁신적인 '신종'을 만들어 낼 수 있는 상상력과 창조성이 필요하다. 다만, 기존 도시의 기성 시가지와 도심의 동네를 흔들지 말아 달라는 것이 나의 최소한의 바람이다. 기존 동네는 '잡종의 매력'을 차츰차츰 번지게 할 수 있는 잠재력이 크기 때문이다. 오래된 동네, 주민 스스로 성격을 만들어 낸 동네는 부디 건드리지 않기를 바란다. 사실 근대 도시, 현대 도시의 연륜이 짧은 우리 도시에서는

01 _ 서울 익선동의 한옥 동네: 2002년 현재, 도심 재개발로 철거되고 있으며 곧 아파트가 들어설 것이다.
02 _ 서울 동소문동 재개발 아파트: 1990년대에 들어선 산등성이 위 고층 아파트.

백년 동네도 무척 오래된 동네이고, 2-30년 된 동네도 오래된 동네에 속한다. 10여 년 정도의 짧은 연륜이라 할지라도 독특한 특색을 스스로 만들어 낸 동네라면, 우리에게는 아주 소중한 자산이다. '시간'과 '스스로 만들어짐'이라는 진화적 가치가 스며 있는 동네는 우리에게 무척 희귀한 존재들이기 때문이다.

한 걸음 더 나간다면, 우리의 도시 만드는 방식을 '진화를 가능케 하는 방식'으로 전환할 필요가 있다. 아파트 단지나 대형 단지 개발을 내가 바람직하지 않게 보는 것은 바로 이런 이유 때문이다. 단지 개발치고 좋은 동네로 자라나는 동네는 극히 드물다. 무차별적이고 획일화된 성격이 되는 경우가 허다하다. 더구나 대형 단지일수록 어느 시점이 되면 완전히 바꾸어야 하는 충격적 변화에 직면한다. 수많은 아파트 단지에서 이미 일어나고 있는 일이다. 그럴 때마다 얼마나 사회적으로 요동을 치는가, 그럴 때마다 얼마나 수많은 자원이 쓸모 없이 버려지는가, 얼마나 경제적 여파가 큰가.

우리 도시는 어떤 모습으로 진화해야 할까? 이 질문에 대해서 다소나마 명쾌한 대답을 해 보자면, '이미 진화의 가능성을 담고 있는 동네는 되도록 보전하고, 새로 만드는 도시는 진화가 가능할 수 있는 바탕을 만들어 주는 것'이 최적의 선택일 것이다. 동네의 단위를 적절하게 만들고, 길을 살리고, 되도록 개별 건축물의 단위로 개발이 이루어질 수 있도록 하면, 진화적인 도시의 바탕은 이루어지는 셈이다.

잡종 도시가 매력적인 것은 진화할 수 있는 무한한 가능성을 가지고 있기 때문이다. 변화의 종류가 많고 주인 되는 사람들의 숫자가 많아질수록 도시의 매력이 드러나고 더 잘 가꾸어질 가능성이 높아진다. 잡종 도시의 구성적인 특색을 충분히 인식하고, 그 결과적인 모습을 순화시키는 노력을 계속하면서, 우리 특유의 '잡종 도시'의 매력을 살려 나가자.

【 동네는 진화한다··· 동네의 유전자는? 】

도시란 끊임없이 진화한다. 우리의 동네들도 진화할 것이다. 이 책에서 다룬 22개의 동네 역시 끊임없이 변화하고 있다. 어느 동네나 태어남이 있고, 자라고, 늙으며, 때로는 죽고, 또 다시 태어나고, 이런 과정을 거치면서 조금씩 다른 종으로 진화하게 마련이다. 만약, 우리가 동네를 언급할 때 단순히 '변화'라는 말이 아니라 '진화'라는 말을 택한다면, 우리는 숱한 가시적 변화 속에도 불구하고 유지되는 내재적 유전자가 무엇일까 고민해야 할 것이다. 변치 않아야 할, 면면히 이어져야 할 그 동네의 유전자는 무엇일까?

예컨대, 나는 다음과 같이 생각한다. 서울 인사동에서는 '골목 패턴과 길의 스케일'이 이 동네의 유전자다. 건물은 계속 바뀐다 하더라도 나뭇가지 같고 뿌리 같은 골목 패턴과 마치 당장 손이 닿을 듯한 길의 스케일은 살아남기를 바란다.

서울 청담동에서는 4-6층 정도의 건물 스케일이 강력한 유전자다. 청담동의 '보보스인 척' 하는 화려함을 못마땅해 하는 사람도 있겠지만, 이런

01 _ 프랑크푸르트 도심의 시청 블록 안. 옛 로마 유적을 발굴해서 그대로 보전하고 있다.
02 _ 서울 도심. 산으로 둘러싸인 옛 사대문안은 여전히 숨막히도록 아름다운 경관이다.
03 _ 서울 인사동 골목 안에서 작은 아름다움을 찾는 기쁨.

동네도 꼭 도시에는 필요하다. 만약 이 동네에 어쩌다 고층 아파트가 들어온다면 이 동네의 맛은 깨지기 시작할 것이다. 인천 차이나타운에서는 동산처럼 느껴지는 전체 구성과 100여 년을 넘나드는 세계 곳곳의 스타일이 동네의 유전자다. 지키기 어려운 유전자가 아닐 수 없다. 큰 개발이 하나라도 일어나면 동산의 구성은 이내 무너지기 때문이다. 이 동네의 '세계 곳곳 스타일'은 조금만 주의를 기울이면 오히려 흥미롭게 진화할 수 있는 유전자가 아닐까?

고분을 복원한다는 목적 하에 곧 사라질 지도 모를 경주 쪽샘마을에서는 한옥이 유전자가 될 수 있을까? 나의 개인적 바램은 한옥 보전과 고분 복원이 사이좋게 일어나면 좋겠다고 생각하지만, 정 가능하지 않다면, 현재 '쪽샘길'로 불리는 골목들의 궤적이 오래오래 기억될 수 있는 유전자가 될 수 있을 듯 싶다. 상대적으로 작은 고분들 사이사이로 이런 길들이 살아남을 수 있다면 매력적일 것이다.

광주의 10.8km 푸른길의 유전자는 두말할 것 없이 그 길고 긴 연결성에 있다. 만약 이 연결성을 시각적, 보행적, 생태적으로 살려나갈 수 있다면 놀라운 진화가 되리라. 만약 연변에 있는 동네 사람들과의 교류가 확실하게 일어날 수 있다면 더욱 생명력 강한 진화가 일어날 것이다.

제주 산지천의 유전자는 세 가지 물(바다, 강, 샘물)과 돌의 만남이다. 사람들이 이 유전자를 계속 느끼면서 산지천 주변 동네를 활발하게 만들 수 있다면 제주시 특유의 동네 분위기가 될 터이다. 이제는 산지천 자체보다도 주변 동네에 어떻게 특유의 색깔을 만드느냐가 관건이다. 어떤 동네에서든 그 동네 특유의 유전자들을 캐내고 살려 나간다면 우리 도시의 미래는 밝다. 동네의 유전자와 사람의 유전자의 코드를 잘 맞출 수만 있다면, 사람들이 도시를 즐길 수 있게 될 터이다.

사람들이 그 동네 유전자 특성을 지키면서 끊임없는 진화를 통해 시대에 맞는 기능과 이용 방식과 모습을 담아 나간다면, 동네의 분위기도 살아나고 사람들도 좀더 즐겁게 도시를 즐길 수 있을 것이다. 간단한 과제가 아님은 분명하지만, 또 한편으로는 그리 어렵지 않게 도시인의 일상 생활에서 할 수 있고 또 해 내야만 하는 과제일 것이다.

우리 동네를 우리 눈으로 보고 우리 발로 걸으면서 우리 도시를 긍정하자. 도시 사는 맛을 즐기는 진짜 도시인이 되어 보자. 우리의 도시에 살고 있음에 감사하고, 또 우리의 도시를 예찬하면서. ≡

옛 사대문안을 그린 〈수선전도〉에는 동네 이름만 쓰여 있다. 바닥에 깔린 지도의 하얀 색 부분이다(밀라노 트리엔날레 서울 전시관의 강북 부분에서 수선전도를 직경 6미터로 재현해서 사람들이 밟을 수 있게 했다).

동네 이름을 많이 짓자 -'길'보다 '동네'에 이름 붙이던 우리 전통

서울 사대문안의 동네. 가회동, 통의동, 재동, 소격동, 팔판동, 익선동, 관훈동, 와룡동, 필동, 정동, 사간동, 인사동('관인방'과 '대사동'에서 한 자씩 딴 이름) 등. 참으로 고아하고 예쁜 이름들이다. 고산자 김정호 선생이 만드신 〈수선전도〉를 보면 수많은 이름들이 반짝반짝 박혀 있다. 모두 동네 이름이다. 전통적으로 우리 도시에서는 '길'보다 '동네'에 이름을 붙였다. 한양의 경우 길 이름이 있던 곳은 유일하게 육조 거리(현재 세종로)와 운종가(현재 종로) 정도다. 나머지는 모두 동네 이름이다. 주로 길에 이름을 붙이던 서구 도시와는 참 다르다. 상업 기능이 일찍이 발달되어 길이란 '정보와 사람과 물자가 다니는 정보통'이었던 서구 도시와의 차이라 할까? 지금은 우리 도시에서도 길 이름 붙이기가 유행이라서 작은 골목에까지 이름을 붙이곤 한다.

우리 전통에서는 왜 그리 '동네'가 중요했을까? '동질성'이 중요한, 끼리끼리 사는 '영역' 문화였던데다, 위계와 신분이 중요한 변수인 까닭이다. 이런 문화적 특징을 현대적으로 해석한다면, 동네 아이덴티티가 뚜렷하다는 장점이 있다. 이런 장점을 이 시대에 다시 살려 낼 수는 없을까? 동네 이름을 좀 작은 단위로 지어 보면 어떨까? 유서 깊은 북촌 종로구에는 87개의 동네 이름이 있다. 남촌 중구에는 74개의 동네 이름이 있다. 종로구나 중구보다 두 배는 큰 강남구에는 몇 개의 동네가 있을까? 15개다. 아무리 규모 커지고 속도 빨라진 시대라고 하지만 사람이 체감하기에 현대의 동네는 너무 크다고 하지 않을 수 없다. 행정 단위를 다시 백여 년 전의 규모로 돌리자는 것은 아니라도 동네 이름을 좀 더 작은 단위로 지어 보는 정도는 해 볼 만한 방법 아닐까? 이름을 지으면 좀 더 애착심이 커지기도 하련만.

뒷풀이 1

우.리.동.네.. 이.렇.게.. 가.꾸.자

시와 공무원에게 드리는 정책 제언들

● 본업이 본업인지라, 여러 도시 여러 동네를 돌아다니는 맛을 흠뻑 즐기면서도 머리 한쪽에서는 동네를 어떻게 가꿀 것인가라는 고민과 함께일 수밖에 없었다. 시청, 구청의 관계자들과 만나면서 자료와 귀한 말씀들을 얻는 와중에 나름대로 당면 과제에 대해서 자문성 조언을 하기도 했고, 서로 뜨거운 토론을 벌이기도 했다. 보람있는 순간들이었다.

그 중에서도 인상에 남는 일. 제주시의 산지천 공사 중에 갔다가 사람들이 물에 가까이 내려올 수 있도록 '친수(親水) 공간'을 더 크게 만들면 좋겠다고 현장에서 바닥에 그림까지 그리면서 토론을 했었는데, 담당 국장은 설계까지 바꾸어 가며 훨씬 더 큰 친수 공간을 만들어 놓았다.

'동네 자유 자문단'이라고 깃발을 내걸고 트럭 타고 도시 곳곳을 다니면서 도움말을 해 주면 좋을 것 같다고 혼자 상상하곤 했었다. 자유롭게 자문을 해 주면 훨씬 더 자연스럽게 의견을 받아들이는 이점이 있는 것 같다. 경험상 '용역'이라는 명목을 내걸고 일을 하면 견제하는 의견도 만만찮고, 항상 '예산'이라는 현실 문제에 부딪혀서 당장 안 된다고 하는 경우가 많은데, 그에 비해서 훨씬 더 마음 열기 좋을 것 같다. 어떤 분야의 어떤 사람들과 함께 어떤 도시들을 다녀보면 좋을까 열심히 생각도 굴려 봤다. 보람찬 일이기도 하려니와 물론 재미도 있을 듯 싶다.

그렇지만, 도시란 역시 그 안에 있는 사람들이 가장 잘 만들어 갈 수 있다. 그만큼 그 안의 사정을 가장 잘 알고 바람도 가장 절실하고 시민들의 마음도 가장 잘 헤아릴 수 있기 때문이다. 더욱이나, 도시를 만든다는 것은 성과도 중요하지만 사실 그 만드는 '과정'에 가장 의미가 있기 때문이다. 밖으로부터의 조언과 비판은 격려와 자극이 될 뿐일 것이다.

정말 고민은 많다. 문제가 없는 도시란 없다. 지역 상황에 따라서 무척 많은 변수가 있다. 하면 좋은 걸 알면서도 못하는 것들도 많다. 돈이 없어서, 민원 때문에, 의견이 조율되지 않아서, 제도가 마련되지 않아서 등. 그렇지만 어떤 경우에나 방향 설정이 가장 중요하다.

다행히도 또는 불행히도 지금의 우리 도시에서 가장 중요한 변수는 선거에 의한 '지방 자치'다. 선거에 의해 뽑힌 지방 자치 단체장의 역할은 무척 중요하다. 물론 지방 의회도 중요하지만, 단체장은 역시 도시의 향방을 정하는 조타수의 역할을 담당할 수밖에 없다.

지방 자치의 아주 좋은 점은 민심을 읽고 시민에 가까이 갈 수 있다는 점이다. 생활에 밀착된 사안들이 훨씬 더 중요하게 다루어질 수 있고 그만큼 시민 서비스도 좋아진다. 지방 자치가 실시되면서 환경, 녹지 조성, 문화재 보전 등에 대한 관심도 커졌다. 관광 개발에 대한 관심이 높아지고 축제가 많아지는 것도 공통적인 변화다. 예산이 허용하느냐에 따라서 이런 공통선(善) 사안들은 우선 순위를 잘 매기고 튼튼한 내용을 만들어 내면 좋은 성과가 기대된다.

그러나 지방 자치의 불행한 점은 민원에 의해 시정 방향이 흔들리거나 선심 행정이 생기기 쉽다는 점이다. 대형 고밀 개발을 쉽게 해 주는, 이른바 '개발 행정'은 가장 나쁜 선심 행정이 아닐 수 없다. 이제 지방 자치 3기가 되니, 시장이 바뀌면서 시정 방향이 바뀌는 경우도 왕왕 생긴다. 규제를 풀어 달라는 민원에 '표'를 생각해야 하는 단체장들로서는 버티기 어렵기도 하고, '재정기반 확보'에 신경 쓰지 않을 수도 없으니 이 개발 저 개발을 끌어들이고 싶어하는 단체장도 있다. 안타까운 일이다.

시와 공무원, 그 안에서 일하는 전문가들에 대한 믿음을 가지면서, 밖에 있는 사람으로서 격려와 자극이 될 만한 몇 가지 방향을 여기에서 정리해 드리고 싶다. 좋은 점은 살리고 위험한 점은 경계하면서, 도시 만들기와 동네 살리기에 대해서 다음 몇 가지 원칙들을 생각해 보면 좋겠다.

누를 데는 누르고 풀 데는 풀라

● 대형 개발, 고밀 개발의 압력이 없는 도시란 그 어디에도 없다. 큰 도시나 작은 도시나 마찬가지다. 기왕이면 고층 아파트, 큰 규모의 단지, 초고층 주상복합, 오피스텔, 쇼핑센터, 백화점을 짓고 싶어한다. 개발 회사들이 앞서는데다, 바람 잡는 조합들도 있고, 묵인하는 땅 주인과 부동산 값이 오르기를 은근히 기대하는 주민들도 있다. 민원은 끊임없이 들어오고 개발을 허용하라는 '정치적 압력'도 상당할 것이다.

누를 데는 누르고 풀 데는 풀라는 원칙 외에는 달리 방법이 없다. '기성 시가지, 산자락, 자연 환경이 빼어난 곳, 문화재와 문화환경을 보호해야 할 곳'에 대해서는 무슨 수가 있더라도 고밀 대형 개발을 누를 수밖에 없다. 인구 10만-50만 정도의 중소 도시들에서는 특히 아파트 단지 개발에 신중할 필요가 있다. 쉽게 아파트 단지들을 만들면 당장은 좋아 보일지 몰라도, 결국 기성 시가지들은 조만간 낙후되어 버리기 십상이라는 것을 유념하여 한정된 경제력을 효과적으로 사용할 필요가 있다.

그렇다고 개발하지 말라는 것은 아니다. '빈 땅 많은 곳, 평지인 곳, 강가 같은 곳, 환경 훼손이 덜한 곳'에는 제대로 된 고층 고밀 개발을 하여 적당히 개발 압력을 해소시켜 주는 것도 필요하다. 고층 아파트만이 아니라 집약적인 경제 활동까지 유치할 수 있으면 더 말할 나위 없이 좋다.

다만, 도심과 기성 시가지에 대해서는 신중할 필요가 있다. 비록 '번듯한 건물'이 아니라 할지라도 이미 상당한 문화적 경제적 자산과 생활기반 자산이 쌓인 동네이기 때문이다. 오랜 시간 동안 만들어진 동네이기에 한번 흐트러뜨리면 재생불가능한 곳이다. 잊지 말자. 개발은 언제나 할 수 있지만 보전은 바로 지금 아니면 못한다는 것을.

보전 동네를 '매력 브랜드 동네'로 키우라

● 모든 사람들이 새로운 개발을 원하는 것은 아니다. 모든 사람들이 고층 아파트를 원하는 것도 아니다. 이런 사람들이 안심하고 눌러 살게 할 방도는 무엇일까? '상대적 박탈감'을 '상대적 자랑감'으로 바꾸는 것 외에는 다른 방법이 없을 것이다. 분위기 좋고 살기 좋은 동네, 자랑하고 싶고 찾아가고 싶은 동네가 되게 하는 것이다. 이른바 '매력적인 브랜드 동네'다.

보전 동네를 매력 동네로 바꿀 만한 사회 · 경제 · 문화 환경은 충분해졌다. 소득도 늘었고 사람들의 놀이 욕구와 호기심도 충만하며, 주 5일 근무제로 여유 시간도 늘었다. 사람들은 떠나고 싶어하고, 뭔가 다른 체험을 얻고 싶어한다. 그런 욕구를 도시에서 푸는 도시 관광은 이 시대의 잠재력이다. 특히 도심의 동네는 하나하나 매력 동네로 다시 태어나야 한다. 꼭 서울의 인사동이나 명동만이 대표 동네라는 법은 없다. 어느 동네도 사람만 끌어들일 수 있다면 매력 동네로 바뀔 가능성은 충분하다. 이런 동네는 공연히 외형적 개발을 들쑤시지 않는 공공의 지혜가 필요하다. 이미 가지고 있는 매력을 살릴 수 있는 지원이 필요할 뿐이다. 공공에서 약간만 지원하면, 나머지는 그 동네에 살고 사업하는 사람들의 몫이다. '물리적인 공간계획은 최소한으로' 세우고, 실질적인 공공 지원을 해 주는 것이 최고다. 공공 시설(공공 주차장, 대중 교통)과 공공 서비스(관광 루트 서비스), 기타 공공 지원(세제 혜택, 업종 지원, 사업 네트워크)의 질을 높여 보라.

'문화산업' 없이는 무엇도 안 된다

● 21세기 매력 동네의 관건은 '문화산업'이다. 사람들을 끌어들이고 즐겁게 해 주는 문화산업 없이는 사실 어떤 명 동네도 당초 모습 그대로 보전되기 어렵다. 부가가치를 높이는 것이 필요한 것이다. 특히 한옥이나 소규모 근대 건축물들이 밀집한 동네를 보전하려면 문화산업화를 통하여 수익을 높여주는 내용을 담아야 뭔가 미래가 보인다.

1995년 지방 자치 시행 이후 가장 큰 변화는 굴뚝 없는 산업인 관광 자원의 발굴, 그리고 이와 맥을 같이 하는 문화 유적 복원 열풍이다. 어느 도시에서든 열심히 노력한다. 자랑거리를 소개하는 책도 많이 출간되고 홍보물의 품질도 일취월장했다. 이런 움직임을 한 단계 실질적으로 높이는 방향이 문화산업화가 아닐 수 없다.

문화산업을 너무 좁게 해석할 필요는 없을 것이다. 좁게 해석할수록 문화산업을 키우기란 오히려 어렵다. 순수 예술이나 인기 높은 대중문화뿐 아니라 일반적인 상업 활동 까지 문화산업화하는 전략이 필요할 것이다. 영화, 디자인, 패션, 액세서리, 생활 디자인, 식문화, 음(飮)문화, 전시, 축제, 공연, 학원, 가구, 생활 공구 등, 문화산업화함으로써 만들 수 있는 '도시 관광, 동네 관광'의 가능성은 무한하다. 우리 도시들은 아직도 채울 것이 엄청나게 많다. 적어도 국민 소득 3만 불 시대에 이를 때까지, 여행객이 지금의 서너 배 늘 때까지, 특히 외국 여행객이 열 배는 늘 때까지, 사람들이 즐기는 문화산업 키우기의 가능성은 이제 겨우 시작일 뿐이다.

'동네 분위기 만들기'에 주력하라

● 근사한 건물 하나, 근사한 공원 하나, 고급 시설 하나, 멋진 문화 유적 하나만 가지고서는 절대로 성공할 수 없다. 전체적인 동네 분위기가 훨씬 더 중요하다는 것을 인식할 때가 되었다.

'사업'이라는 명목으로 특정 시설이나 공원 만들기에 투자가 집중되는 한편, 그 주변환경은 그야말로 엉망진창이 되는 경우가 적잖다. 문화 유적지 주변이 3류 유흥업소로 가득 차는 것이 대표적인 예다. 이런 경우 개발의 긍정적인 효과는 반감된다. 사람들은 특정 시설을 방문하며 주변에 퍼지는 경향이 있으며, 이런 '퍼짐 효과'가 커질수록 개발의 긍정적 효과가 커진다.

특정한 시설을 개발할 때 주변 동네에 미치는 영향을 미리 예측하고, 필요하다면 동네에 대한 계획을 세우는 것도 무척 필요하다. 예컨대, 제주시 산지천의 경우는 산지천 복원 자체는 상당히 바람직하지만, 주변 동네, 특히 여관과 유흥시설만 있는 산지천변 동네에 대한 방향을 어떻게 세울지에 대한 계획이 없어서 동네 효과가 아주 낮으니 아쉬운 일이다. 진주시의 경우 강변 공원을 조성한 것은 좋지만 바로 옆의 낙후된 주거 동네는 그대로 놔두는 것은 너무 아쉽다.

서울 인사동 같은 경우에는, 인사동길을 업그레이드하면서 인사동 전체에 대한 지구단위계획과 문화지구 지정을 통해 전체적인 계획을 세울 수 있었던 행운의 사례다. 서울시에서 이런 투자를 하는 가운데, 이 동네의 가게 주인들은 나름대로 동네 분위기에 따라 자신의 사업 방향을 모색했고, 가게 품질과 서비스를 일신하려는 노력도 기울였으며, 이에 따라 자체적으로 '동네 분위기'가 만들어졌다.

동네 이미지를 단순화하라

● 동네 분위기를 제대로 만들려면, 그 동네의 성격을 단순화시키는 것이 중요하다. 이른바 차별화된 '이미지 메이킹'을 하라는 뜻이다. '이 동네 특유의 유전자'를 명확히 하는 것과 통한다. '이 동네 가면 뭐가 있다,' '이 동네 가면 뭐 하기 좋다,' '이 동네 가면 뭐 살 수 있다,' '그 동네 가면 어떤 모습이 인상적이다' 등의 명확한 이미지를 만들어 주는 것이다.

물론 '잡탕'도 하나의 전략이다. 예컨대, 대도시인 서울의 도심(청계천 3가, 동대문, 청계 8가까지)이나 부산의 도심(남포동-광복동-자갈치-국제시장)은 여러 기능들이 섞인 잡탕 문화다. 그렇지만 그 복잡함 속에서도 각 길마다 뚜렷한 특성이 있어서, 사람들은 그 차별성을 잘도 알고 찾아간다.

그러나 중소 도시의 동네들이나 대도시 안에서도 상대적으로 인지도가 낮은 동네는 그 성격을 명쾌하게 해야 할 필요가 있다. '길' 단위의 이미지 메이킹은 아주 효과적인 방식으로서 전통적으로 자연스럽게 쓰여온 방법이다. 사람들의 동선 흐름을 자연스럽게 포착한, 오랜 지혜가 아닐 수 없다. 이런 전략을 적재적소에 구사하라.

건축은, 물론, 무척 중요하다

● 동네의 전체적 분위기와 길의 환경이 중요하지만, 건축물 역시 무척 중요하다. 눈에 띄는 대상이기 때문이다. 솔직하게 인정하자면, 아직 우리 사회의 수준은 건축물에까지 정성을 쏟는 수준은 되지 못했다. 가끔씩 좋은 건축물도 있지만 대체적으로는 졸렬한 상업 건물이나 눈에 띄기 위해 일부러 현란하게 지은 건물들의 숫자가 지나치게 많다.

1970년대까지만 하더라도 동네마다 건축 스타일, 층수, 재료, 장식물 모티브, 색조의 통일이 이루어진 편이다. 상대적으로 겸손하면서도 수수하고 경제적인 건축물이 지어졌던 시대로 동네의 통합 이미지를 만들기에는 아주 좋았던 시대다. 한옥의 기와들, 붉은 시멘트 기와, 회벽과 타일 벽, 좁은 창문들 등 나름대로 두터운 격조가 있었다. 그런데, 1980년대 이후 이른바 '잘 살게' 된 후에는 오히려 건축적인 통일성은 심하게 깨지고 있고, 높이와 크기와 재료와 색깔이 다른 건물들이 우후죽순 들어서는 경우가 많이 생긴다.

이쯤 되면 건축물의 통합성을 어떻게 이룰 것인가, 어떻게 하면 좀 더 친절한 건축물이 되게 하느냐에 대해 공공 차원에서 제대로 고민할 때가 되었다. 예컨대, 일본 도시들이나 홍콩의 건축물들은 우리 도시보다 밀도도 높고 높이도 높지만 훨씬 더 통합도가 높으며 또한 친절한 건축물이다. 사람들이 길에서 쉽게 들어갈 수 있고 이용하기 좋다는 점에서 그러하다.

우리 동네도 이제는 건물 하나하나에 정성을 쏟을 수 있는 분위기를 만들 필요가 있다. 건축물의 개별적 자유를 존중하되, 서로 지켜야 할 기본적인 사항들에 대해서는 전면적으로 검토할 필요가 있다. 기존의 '도시 설계'나 '지구단위계획' 제도를 활용할 수도 있고, 전통 지구나 역사 지구에 대해서는 보다 구체적인 건축 지침도 필요할 것이다. 가장 바람직한 방향은 동네마다 주민들 사이의 '건축 협정'이 이루어지게 하는 것인데, 우리 사회도 이제 이 정도 수준에 오를 때가 되지 않았을까?

관은 '시장 형성 촉매' 역할에 집중하라

● 관이 나서서 할 수 있는 일은 무척 제한되어 있다는 것을 관은 알아야 할 것이다. 오히려 관이 너무 나섰다가 공연히 땅값이나 임대료를 올려놓아서 시장을 죽이는 경우도 적잖다. 그러나 전혀 민간 투자가 일어나지 않을 때 적절하게 공공 투자로 적절한 시설을 개발하여 주면, 시장을 형성해 주는 촉매적 효과가 크다. 어떻게 하면 관의 투자를 시장 활성화의 촉매로 활용할 것이냐를 면밀하게 따져 보고 개입할 필요가 있다.

통상 관에서 하는 사업은 규모가 큰 것 위주로 진행된다. 시민회관, 예술회관, 경기장, 박물관, 미술관, 공연장, 도서관, 기념관, 복지센터 등. 그런데 대형 시설들은 실제로 이용할 만한 이벤트가 그리 많지도 않고, 주변 동네에 미치는 영향력도 그리 크지 않다. 또한 크게 하다 보니, 예산 마련도 쉽지 않아서 추진이 어렵기도 하다.

'시장 형성 효과'를 일으킬 수 있도록 작게 여러 사업을 꾸준히 하는 전략을 고민해 보면 좋겠다. 구체적 사업일수록 동네 깊숙히 자리잡을 수 있는 가능성이 크기 때문이다. 예컨대, 진주의 남강 강변이나 제주 산지천 주변에 상당 규모의 공공 문화시설을 만들고 싶지만 마땅한 규모의 땅이 없다는 얘기들을 한다. 적어도 500-1,000평이 필요하다는 것이다. 그렇지만, 200여 평, 작게는 100여 평의 소규모로 생각해 보면 어떨까? 왜 공공시설은 공간이 커야 하는가. 작은 가게를 만든다고 생각하고 스케일을 줄여 보면 공공에서 할 수 있는 일은 훨씬 더 많아진다.

전주의 한옥마을에 시가 개입해서 만든 전통체험 한옥과 공예관들은 규모가 그리 크지 않지만 동네 분위기 조성에 미친 영향은 상당하다. 동네 몇 군데에 분산시키니까 효과가 더욱 커졌다. 이와 유사하게 하나의 사업으로서는 작지만, 동네에 분산시킬 수 있는 시스템을 생각해 보라. 예컨대, 서울의 북촌 가회동에서 이루어지고 있는 '전통 민박집'도 이런 점에서 성공적인 '시장 촉매'적 개발이다.

'매력 소프트웨어'에 신경을 써라

● 어떤 동네에 사람들이 모이는 것은 건축물이나 공원의 하드웨어가 얼마나 좋으냐가 아니라 그 곳에서 벌어지는 소프트웨어가 얼마나 재미있고 매력적이냐에 있다. 흥미로운 상품들, 고유한 맛, 친절함, 유쾌함, 즐거움, 독특한 서비스 같은, 이른바 '매력 소프트웨어'다. 물론 이런 것은 공공에서 직접 할 수 있는 일은 아니다. 다만, 분위기 띄우기 위해서 공공에서 지원해 줄 수 있는 것은 무척 많다. 쓰레기 제대로 처리하기, 편한 화장실 이용,

꽃과 풀과 나무로 푸른 동네 가꾸기. 그리고 꾸준히 열리는 '이벤트'들이 그 예들이다. 부지불식간에 사람들을 즐겁게 해 주는 것들로서, 이런 분위기는 결국 주민들에게 긍정적인 영향을 미친다. 상품도 개발하고 서비스도 개발하게 되는 것이다.

소프트웨어에 관련된 일은 관에서 직접 하는 것보다도 시민 단체와 지역 문화 단체를 재정적으로 지원하는 것이 가장 바람직하다. 관에는 전문 인력도 없거니와 아무래도 동네와 관련된 민간 단체들이 훨씬 더 애착을 가지고 꾸준하게 할 수 있기 때문이다. 나름대로 다른 수익 사업과 연결시킬 수 있는 장점도 있다.

한 가지 더 강조할 것은 '네트워킹'에 대한 각별한 배려다. 아주 좋은 상품, 좋은 서비스도 각개 전투만 가지고는 효율이 떨어진다. 이른바 '문화산업 네트워크' 같은 일에는 민간이 앞서되, 공공의 지원이 절대적으로 필요하다. 소비 · 유통 · 기획 · 디자인 · 제작 홍보를 긴밀하게 연결하는 적극적인 '교섭 역할'에 대해서 관은 고민해야 할 것이다.

'작은 동네 운동'에 시민들이 나서게 하라

● 도시에 애착을 갖는 시민, 그런 애착을 행동으로 옮기는 시민들이 늘어나는 것이 도시를 좋아지게 하는 왕도다. 물론 그런 애착심을 갖게끔 지원해 주는 일이 공공의 몫이기도 하다. 여차하면 재개발, 재건축할 수 있도록 하겠다는 공공의 막연한 분위기 띄우기는 시민들의 터전을 불안하게만 하는 것임을 명심해야 한다. 이런 분위기 속에서는 동네는 부동산이 될 뿐, 동네 라이프가 좋아질 가망은 희미하다.

일단 오랫동안 이 동네에 살 수 있다는 확신을 주고 나서는, 동네를 즐길 수 있는 '작은 동네 운동'에 시민들이 나설 수 있도록 지원 방식을 고민하자. 21세기의 '작은 동네 운동'은 사람들이 즐기며 사교할 수 있는 방식이 되어야 할 것이다. 방법은 여러 가지다. 텃밭 만들기 운동, 사계절 꽃 심기 운동, 눈 쓸기 운동, 자선 행사 운동, 울력 운동(힘 모아서 집 고치고 가게 고치고 길 만들기), 작은 운동회, 작은 잔치 등.

장사를 잘 하기 위해서, 집 값을 올리기 위해서, 임대를 잘 하기 위해서, 관광객을 유치하기 위해서 시민들이 나서게 해 보자. 동네 좋아지고 도시 살만해진다.

느릿느릿, 여유를 부려 보라

● '빨리빨리'의 장점도 적지 않지만, '느릿느릿' 천천히 해 나가는 미덕을 새삼 생각해 보기를 바란다. 지방자치제도에서 가장 불만스러운 것이라면 4년 안에 무언가 가시적인 것을 보여주려는 성향이다. 선거 제도의 폐해다. 가장 바람직한 것은 시정의 방향이 일관되게 4년, 8년, 12년에 걸쳐서 계속되는 것이다. 시장 활성화나 경제 조치와 공공 투자같이 경기와 단기적으로 밀접한 관련이 있는 사안들은 변동이 있더라도, 환경보전, 문화개발과 같은 사안들은 꾸준하게 일관된 원칙하에 진행되어야 한다.

어떤 점에서는 시가 느릿느릿 해야 할 필요도 있다. 지금 당장 하는 것보다 조금 더 있다 해야 좋은 일들도 있다. 지금의 경제력이 받쳐주지 않으면서 졸속으로 사업을 해 버리면 결국 다시 할 수도 없고 사후 관리비만 눈덩이처럼 불어날 수 있다. 있는 땅을 지금 다 개발해 버리면 미래를 위해 비축할 수 있는 여지가 없다. 미래의 시민들에게 할 일을 남겨 두는 것도 필요하다. '품질'을 보장할 정도로 예산이 확보되지 않고 사업 기간이 확보되지 않으면 사업 자체를 포기하는 용기도 필요하다.

이제는 하고 싶은 열 개 중 한둘만 하더라도 '제대로' 하는 것이 필요한 시점이 되었다. 소비자들이 그만큼 좋은 품질을 원하는 사회가 되었기 때문이다. 심각한 주택 부족 문제도 많이 완화되었고, 시민들이 '삶의 질'에 가치를 두게 되었으며, 시정에 직접 참여하고 싶어하는 시민들도 늘어나는 참여 사회로 나아가고 있다. 과정은 점차 길게 소요될 가능성이 크다. 오히려 집행 자체는 아주 빨리 할 수 있어도, 계획은 느릿느릿 신중하게 시간과 공을 들이는 것이 필요한 상황이다.

시와 공무원의 건투를 바라며, 당장 민원에 흔들리지 말고 항상 시민 편에 서서 의사 결정을 해 주기 바란다. 결국, 시간은 당신 편이다. ☰

뒷
풀
이

2

흥.겨.운..
동.네.. 탐.험.. 비.결

알게 모르게, 당신은 이미 동네 탐험을 하고 있을 것이다. 동네의 '추억거리'를 만들고 있을 것이다. 조금 더 의미를 담아 보자. 조금 더 스토리를 만들어 보자. 조금 더 적극적이 되어 보자. 조금 더 동네를 즐기자.

당신이 그냥 '도시인'이라면...다음 10가지를

01 만나라, 먹으라, 사라

● 사람을 만나면 사연이 쌓이게 마련이고, 먹으면 머물게 마련이고, 작은 물건 하나라도 사면, 이왕이면 그 동네에서 만들어진 것을 사면, 그 동네와 '인연의 끈'이 맺어진다. '추억'이란 이런 일상의 시간에서 만들어진다. 가장 쉬운 일이다. 그 짧은 시간을 근사하게 즐기라.

02 거닐라, 기웃거리라

● 걸으라. 걷는 동안 기웃기웃 하며 속도를 늦추어 거니는 기분을 가져 보라. 건물도 보고, 담장도 보고, 쇼윈도도 보고, 나무도 보고, 물론 사람들도 보고. 기웃거리며 여유작작 걷는 맛은 도시살이의 최고 맛이다. 다리 건강에 좋을 뿐 아니라 마음 건강에 좋고 돈 안 들어 더 좋다.

03 '주말 동네' 하나 둘씩 만들라

● 토요일 오후 또는 일요일에 가 보는 동네를 하나 둘씩 늘려 보라. 안 가본 동네, 낯선 동네 가 보는 것을 무서워하지 말라. 아이가 있다면 더욱이나, 낯설고 잘 모르는 동네를 같이 탐험하라. 아이의 눈을 통해서 세상 사는 모습을 새롭게 볼 기회다. 이왕이면 순번을 돌려 가며 여러 동네를 섭렵하면 더 좋다.

04 여행 코스에 도시를 넣으라

● 여행 코스에 도시를 넣으라. 유럽을 생각해 보라. 일부러 도시 여행을 가지 않는가. 우리 나라도 그렇게 되어야 한다. 고적이든 관광지든 도시를 끼지 않은 여행지란 거의 없다. 한나절을 부근 도시의 그 어느 동네에서 보내라. 먹고 마시고 거닐라. 다시 강조할 것. 뭐 한 가지는 꼭 사도록 하라. 그 도시에 대한 작은 선물이다.

05 다른 사람에게 자랑하라

● 자랑을 하려면 자랑거리를 찾아야 하고, 자랑을 제대로 하려면 얘기거리를 만들어야 한다. 자기 동네든 가 본 동네든 다른 사람에게 얘기해 주는 것만큼 그 동네랑 친해지는 것도 없다. 얘기를 하다 보면 자기도 모르게 나쁜 것보다 좋은 것을 찾게 된다. 우리 마음을 너그럽고 풍성하게 해 준다.

06 남들과 함께 품평하라

● 왜 좋은가, 왜 싫은가, 남들과 함께 토론해 보라. 갔다 와서 해도 좋지만 방문길에 토론하는 것이 최고다. 가장 감각이 생생한 때이므로. "그저 그래, 좋아, 별로다" 같은 무관심한 말 대신, 조금 더 당신만의 표현을 만들어 보라. 당신의 느낌, 감정, 떠오르는 사건, 장면을 당신의 말로 표현하고 남의 말에 귀기울여 보라.

07 다른 사람들을 데려가라

● 애인과 함께, 친구와 함께, 부부가 함께, 아이들과 함께, 부모님을 모시고, 직장 친구들을 데리고 가 보라. 같이 있는 사람에 따라 새로운 것이 보인다. 외국 친구를 데려가면 더욱 새로운 것이 보인다. 그 친구들의 느낌과 당신의 느낌이 만나는 그 순간, 사는 맛은 더해진다.

08 자신의 '테마', 자신의 '루트'를 만들라

● 모든 사람에게 같은 루트가 있을 이유는 없다. 지름길을 택할 필요도 없고, 유명 코스만 따라다닐 이유도 없다. 가장 맛있는 집, 가장 멋있는 집만을 찾아 다닐 이유도 없다. 당신의 '테마'가 그래서 필요하다. 당신의 관심을 끄는 주제, 당신을 유혹하는 루트를 찾아 보라.

09 살아보라, 정 안되면 잠을 자 보라

● 살아보는 것만큼 좋은 게 있을까? 나의 동네 기행 중 가장 큰 재미는 "어느 동네에서 한번 살아볼까?"를 생각하는 것이었다. '잠을 자 보는 것'은 차선이다. 주5일 근무도 늘어나니, 토요일 밤 또는 금요일 밤에 그 곳에서 자 보자. 저녁 무렵과 아침 일찍의 동네 모습을 보면 그 진면모가 보인다. 잠을 자면 '사연'이 생길 기회가 커진다.

10 당신만의 '사건'을 만들라

● 인생을 바꿀 사건, 기분을 바꿀 사건, 의욕을 나게 할 사건, 새로운 자극을 찾는 사건은 '여행길'에서 나올 가능성이 높다. 그런데, 일부러 사건을 만들 수는 없을 터이고 어떻게 한다? 남들이 잘 안 하는, 자기만의 '짓'을 해 보라. 그 비결은 당신만이 안다.

당신이 전문인이라면... 다음 6가지를

01 지도는 필수, 책은 선택이다

● 도로 지도, 지명 지도, 명소 지도, 그리고 고지도. 지도는 정보의 보고다. 지도와 함께 동네에서 시간을 보내면 훨씬 더 많은 것을 알아 낼 수 있다. 책은 보너스다. 책에서 동네에 얽힌 사연들, 살았던 인물, 유명한 특산품, 남아 있는 역사 유적, 사회 정치적 사건들을 보면, 아, 이 곳이 그런 곳이었구나 하는 감흥을 더욱 돋운다.

02 시청과 구청을 꼭 방문해 보라

● 시청과 구청에는 무척 많은 정보가 모여 있다. 자료실도 있고 도서실도 있다. '도시 박물관'이 아직 별로 없어 아쉽지만, 점점 생겨날 것이다. 담당하는 공무원들과 대화할 기회를 가져 보라. 민원 때문에 만날 때는 미처 몰랐던 공무원들의 도시 사랑도 느낄 수 있을 것이다.

03 역사책을 뒤적여 보라

● 역사를 돌아보는 것은 미래의 뜻을 찾기 위해서다. 어느 도시마다 역사책 한 권은 꼭 있다. 시에서 만드는 역사뿐 아니라 '동지(洞誌)' 나 '상인조합지' 같은 생생한 역사책들이 찾아보면 놀랍게도 많다. 전문인이라면 이 역사의 보고에서 새로운 문화의 단서, 새로운 디자인의 단서를 찾아내어 보자.

04 다른 도시, 외국 도시와 비교해 보라

● 다른 도시와의 비교는 그보다 나쁘다거나, 좋다거나, 또는 그렇게 되어야지 하는 것만을 생각하기 위해서가 아니라, 이 동네만의 성격, 특색, 테마, 이미지가 무엇일까를 고민해 보는 작업이다. 아시아의 도시들과 유럽의 도시와 미국의 도시들을 아울러 비교해 보며 이 동네의 매력을 찾아 보라.

05 변화를 관찰하라

● 그 동네에서 무슨 일이 벌어지고 있는지 귀 열고 살자. 신문, 방송의 뉴스는 물론, 출퇴근길, 방문길에 틈틈이 변화를 관찰하자. 어떤 집이 지어지는지, 사람들은 어디에 어떻게 모이는지, 어떤 나무가 잘 자라고 있는지, 예의 관찰하라. '더 좋은 변화가 무엇일까'를 고민하기 위해서다.

06 변화에 동참할 거리를 만들어 보자

● 그 동네를 사랑하며 실질적으로 변화를 일구어내는 사람들이 있을 때 동네는 좋아진다. 길거리 청소, 공원 가꾸기, 담장 가꾸기, 마을 가꾸기, 나쁜 개발 들어오지 못하게 하기, 좋은 변화 이끌어 내기, 그리고 자기 집, 자기 가게 가꾸기 등. 시민단체도 좋고 학술단체도 좋고 동호회도 좋다. 그 어딘가에 참여하자.

당신이 각양각색 예술인이라면... 다음 6가지를

01 시와 노래를 지어 주오

● 풍류를 알던 선인들은 좋은 곳에 가면 꼭 시를 짓고 목판에 써서 정자에 걸어 놓곤 했다. 선인들을 닮아 보자. 당신의 예술적 감흥을 이 시대의 시로, 이 시대의 대중 음악으로 읊어 다오. 여러 사람에게 전해질 수 있도록.

02 그림을 그려 주오

● 그림은 가장 좋은 '기록'이다. 사진보다 더 그럴 듯하게 분위기를 전달한다. 사진과 영상이 판치고 사실화나 풍경화가 영 약세인 현재에 이런 그림을 기대하기란 너무 큰 소망인가? 그렇지만 우리에게 이런 새로운 전통이 생기지 말라는 법이 있나.

03 영화 만들고 소설 써 주오

● 영화 만들고 소설을 쓰면 동네가 '사람 스토리'와 연결된다. 사람의 스토리가 되면 동네는 훨씬 더 깊이 인상에 박힌다. 부디 풍부한 공간 상상력을 동원해서 실제 배경의 공간을 더 풍부하게 하는 영화 작업, 소설 작업이 이루어지면 좋겠다.

04 하나의 동네를 길게 기록해 주오

● 동네의 어느 장면, 길거리의 어느 장면, 어떤 건물 하나를 오랜 시간 기록하는 사람들이 있으면 좋겠다. 봄 여름 가을 겨울, 새벽 아침 점심 저녁 밤, 비오는 날 눈오는 날, 동네가 시간에 따라 변하는 모습을 나름으로 기록하는 일은 '예술적'이다. '사진가'에게 기대해야 할까, '작가'에게 기대해야 할까?

05 '문화예술 친구'가 되어 주오

● 대중 문화인, 순수 예술인에게 기대하고 싶은 것, 그 어느 동네의 마음 속 친구가 되어 주는 것이다. 꼭 스타가 되어 인기 높은 때가 아니더라도, 오히려 길게 길게 그 예술적 재능으로 동네와 인연을 맺는 문화예술 친구가 되어 주기를.

06 당신 예술 하나 선사해 주오

● 공짜로 선사하라고 섣불리 말하기는 어렵지만, 자신의 예술품 하나가 그 동네 어느 찻집, 그 어느 길의 코너, 그 어느 집 앞, 그 어느 집 벽에 나타난다면 그 얼마나 보람있으랴. 예술과 동네가 행복하게 만날 수 있는 방식은 무엇일까? ☰

부록 ― 도움·도움말 주신 분들

(직함은 2001. 11. - 2002.8월 기준)

| 경 주 |
| 김. 경. 대 경주대학 도시공학과 교수 |
| 김. 인. 석 경주시 기획문화국장 |
| 송. 운. 석 경주시 문화예술과 문화재담당 |

| 광 주 |
| 임. 낙. 평 광주 환경운동연합 사무국장 |
| 심. 진. 섭 광주시 공원녹지과장 |
| 최. 만. 욱 광주 도심활성화 추진기획단 도시개발담당 |
| 정. 기. 용 기용건축 |

| 대 구 |
| 하. 재. 명 경북대학 건축학과 교수 |
| 김. 영. 창 대구시청 도시건설국장 |
| 하. 종. 성 대구시청 도시정비과장 |
| 이. 용. 식 (사)약령시보존위원회 이사장 |

| 대 전 |
| 김. 종. 헌 배재대학 건축학과 교수 |
| 송. 인. 연 대전시 문화과 |

| 목 포 |
| 최.　일 전남대학 건축학과 교수 |
| 김. 천. 환 목포시청 문예관광담당관실 |
| 박. 용. 규 목포시청 문예진흥과 |
| 박. 철. 린 목포시청 기획실장 |
| 최. 명. 호 목포시청 문예관광담당관 |

| 부 산 |
| 김. 민. 수 경성대 건축학과 교수 |
| 이. 인. 준 부산광역시 중구청장 |
| 윤. 철. 안 부산광역시 공보관실 |
| 박. 재. 관 부산광역시 부산시보 편집실 |
| 차. 용. 범 부산광역시 부산시보 편집실 |

| 수 원 |
| 김. 중. 영 수원시청 도시계획과장 |
| 이. 무. 광 수원시청 부시장 |
| 유. 동. 준 나혜석 기념사업회 회장 |

| 인 천 |
| 구. 영. 민 인하대 건축과 교수 |
| 김. 정. 훈 아키플랜 건축사사무소 |
| 전. 진. 삼 건축인 poar 편집인/GML |

| 전 주 |
| 채. 병. 선 전북대학 도시건축학부 교수 |
| 김. 완. 주 전주 시장 |
| 임. 채. 준 전주시청 도시개발과 |
| 김. 병. 수 한옥문화체험관 관장 |

| 제 주 시 |
| 김. 태. 일 제주대 건축학과 교수 |
| 조. 여. 진 제주시 도시건설국장 |
| 양. 기. 훈 (주)아라 기획이사 |

| 진 주 |
| 안. 재. 락 경상대 도시공학과 교수 |
| 정. 현. 태 진주시청 건설도시국장 |

| 포 항 |
| 구. 자. 훈 한동대학 건축도시토목조경학부 교수 |
| 김. 원. 태 포항시청 지역경제과장 |

| 하 남 |
| 김. 상. 범 하남시 도로교통과 도로시설팀장 |
| 남. 명. 현 하남시 도시공원국장 |
| 박. 우. 량 하남시 부시장(시장권한대행) |

| 서울 동대문시장 |
| 황. 기. 연 시정개발연구원 도시교통연구부 |

| 서울 인사동 |
| 정.　석 시정개발연구원 도시계획연구부 |
| 임. 옥. 상 화가 |

| 서울 성동구 |
| 민. 현. 식 한국예술종합학교 건축학과 교수 |
| 안. 준. 호 성동구청 생활복지국장 |
| 은. 희. 소 성동구청 지역경제과장 |
| 김. 현. 종 한국기술벤처재단 원장 |

| 서울 세운상가 |
| 김. 용. 중 서울 중구청 도시관리국 주택과 |
| 박. 순. 규 서울 중구청 도시계획과 계장 |
| 허. 병. 호 서울 중구청 도심재개발과 주임 |
| 이. 희. 검 대한주택공사 도심재개발부 |
| 윤. 승. 중 원도시건축 |

| 서울 청담동 |
| 송. 재. 호 아티그램 대표 |
| 서. 혜. 림 힘마건축 |
| 이. 인. 성 사진가 |
| 공.　철 KC건축 |

| 서울 한강 |
| 최. 용. 호 서울시청 한강사업기획단장 |

| 서울 홍대앞 |
| 김. 종. 휘 문화평론가/하자센터 |
| 윤. 웅. 원 제공건축 |
| 조. 윤. 석 상상가/상상력개발 대표 |

부록二 참고 자료

(주: 지도, 홍보물, 실무보고서, 통계자료는 포함치 않음.)

|경 주|
- 경주시, 『관광경주』, 2000.
- 경주시, 『경주고도유적 보존정비계획』, 문화예술과, 2002.
- 권오찬, 『신라의 빛』, 경주문화원, 2000.

|광 주|
- 광주광역시사 편찬위원회, 『광주역사』, 1998.
- 광주비엔날레 2002 작품해설집 『멈_춤, P_A_U_S_E』, 광주비엔날레, 2002.

|대 전|
- 대전광역시사 편찬위원회, 『사진으로 보는 대전시사』, 1997.
- 대전광역시사 편찬위원회, 『지도로 본 대전』, 2002.
- 대전도시건축연구원, 『대전 街曲 33선, 건축가들의 거리 읽기』, (사) 도시건축연구원, 2000.
- 대전도시건축연구재단연구원, 『대전지역 건축 탐방과 전망』, 1998.

|대 구|
- 대구광역시, 『가고 싶고 머물고 싶은 대구, 경상감영 400년』, 2001.
- 대구시 약령시보존위원회, 『대구약령시 한방문화연구』, 2001.

|목 포|
- 목포시, 『추억과 낭만의 도시, 목포에 가고싶다』, 2001

|인천|
- 인천광역시, 『개항기 근대건축물 보존 및 주변지역 정비방안』, (주)아키플랜 종합건축사사무소, 2001.
- 인천광역시, 『근대건축물의 보전 및 주변지역 정비방안에 관한 심포지엄』, 2001.
- 인천광역시, 『인천의 근대건축』, 한국도시건축병리연구소/(주)아키플랜 종합건축사사무소, 2001.

|수원|
- 수원시, 『수원시의 역사와 문화유적: 지표조사 보고서』, 2000.
- 수원시, 『수원　화성 도시대전』, 도시계획국, 2001.
- 수원시, 『수원　화성 도시건축전』, 도시계획국, 2000.
- 수원시, 『수원 근　현대사 증언자료집 I』, 문화관광과, 2001.
- 수원시 사예연구소, 『정조대왕 및 충　효 자료 도록, 이종학 선생 기증 자료』, 1997.
- 경기도, 『이곳에 와보셨나요? 경기도의 가볼만한 곳 100선』, 경기도 문화관광국, 2001.
- 한국사진작가협회 수원지부, 『수원풍물사진집』, 1995.
- 유봉학, 『꿈의 문화유산, 화성』, 신구문화사, 1996.

|전 주|
- 전주시, 『전통문화구역 지구단위계획』, 전북대학 도시공학과 채병선 책임, 2000. 12.
- 전주시, 『전통문화특구 기본 및 사업계획』, 전북대학교 도시 및 환경연구소, 1999.
- 전주 국제영화제 조직위원회, 『2002 전주국제영화제』, 2002.
- 윤흥길, 『윤흥길의 전주이야기』, 신아출판사, 1999.
- 장명수, 『성곽발달과 도시계획 연구: 전주부성을 중심으로』, 학연문화사, 1994.

|진 주|
- 진주시, 『신축건물 고도조정 및 경관기본계획 』, 건설도시국 도시과, 경상대 건설공학부 도시설계연구실, 2001.
- 진주시, 『진주의 뿌리』, 문화관광담당관실, 1996.

|제 주|
- 건립동 마을회, 『건립동지』, 2001.
- 한국건축가협회 제주지역추진위원회, 『제주의 건축』, 1999.

|서 울|
- 서울특별시, 『서울시 문화지구 지정 및 운영방안 연구』, 서울시정개발연구원, 2001.
- 서울특별시, 『 새서울, 우리한강 기본계획』, 서울시정개발연구원, 2000.
- 서울특별시, 『인사동 지구단위계획』, 서울시정개발연구원, 2002.
- 서울특별시, 『전통문화지대 복원정비 실시계획(안)』, 한국건축문화연구소, 1990.
- 서울특별시 성동구, 『성동생활안내도』, 2002.
- 서울시립대학교 서울학연구소, 『한국의 도성: 도성조영의 전통』, 서울학 심포지엄, 2001.
- 서울시정개발연구원, 『동양 도시사 속의 서울』, 1994.
- 서울시정개발연구원, 『서울과 세계대도시: 도시여건과 기반시설 비교』, 2002.
- 대한주택공사, 『세운상가 주변재개발』, 대한국토도시계획학회, 1998.
- 미 대사관, 『Habib House: The American Embassy Residence』
- 김진애, 『 서울性』, 서울포럼, 1991.
- 정운현, 『 서울시내 일제유산답사기』, 한울, 1995.

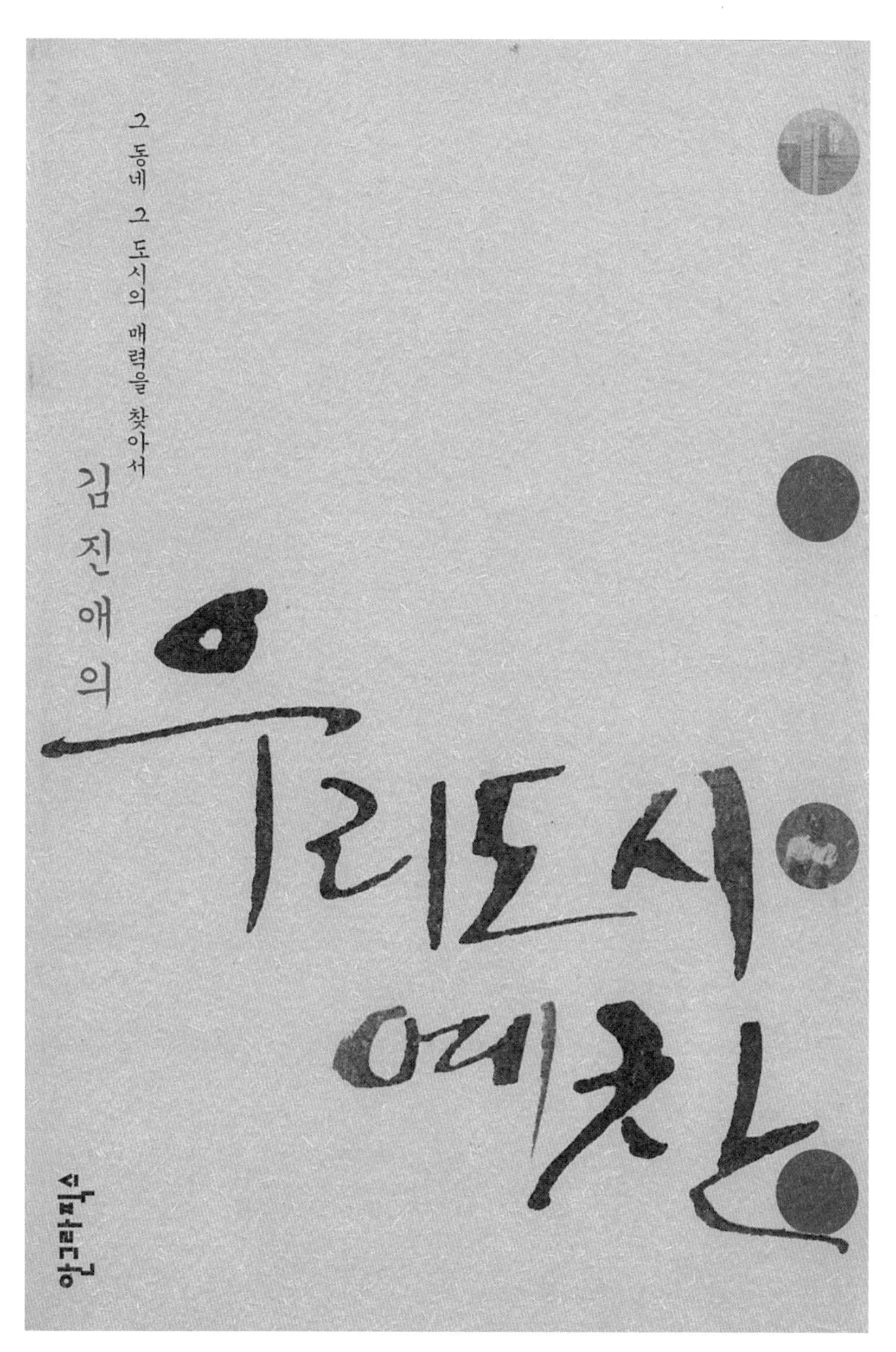

『우리 도시 예찬』 초판 표지 이미지

그 동네 그 거리의 매력을 찾아서

우리 도시 예찬

초판 1쇄 발행 2003년 5월 18일
초판 4쇄 발행 2007년 9월 7일

개정복간판 1쇄 인쇄 2019년 11월 8일
개정복간판 1쇄 발행 2019년 11월 18일

지은이 김진애
펴낸이 김선식

경영총괄 김은영
책임편집 임경진, 임소연 **디자인** 황정민 **책임마케터** 박태준
콘텐츠개발4팀장 윤성훈 **콘텐츠개발4팀** 황정민, 임경진, 김대한, 임소연
마케팅본부 이주화, 정명찬, 최혜령, 이고은, 권장규, 허지호, 김은지, 박태준, 박지수, 배시영, 기명리
저작권팀 한승빈, 이시은
경영관리본부 허대우, 하미선, 박상민, 윤이경, 권송이, 김재경, 최완규, 이우철
외주스태프 본문조판 디자인파크

펴낸곳 다산북스 **출판등록** 2005년 12월 23일 제313-2005-00277호
주소 경기도 파주시 회동길 357, 3층
전화 02-704-1724
팩스 02-703-2219 **이메일** dasanbooks@dasanbooks.com
홈페이지 www.dasanbooks.com **블로그** blog.naver.com/dasan_books
종이 (주)한솔피앤에스 **출력·제본** 갑우문화사

ISBN 979-11-306-2694-9 (04540)
979-11-306-2691-8 (04540) (세트)

• 이 도서의 국립중앙도서관 출판시도서목록(CIP)은 서지정보유통지원시스템 홈페이지(http://seoji.nl.go.kr)와 국가자료공동목록시스템(http://www.nl.go.kr/kolisnet)에서 이용하실 수 있습니다. (CIP제어번호 : 2019041855)